海船船员适任评估培训教材

雷达操作与应用

（第二版）

主　　编◉赵学军　朱世光
副主编◉付德刚　邹　涛
主　审◉张　钢

大连海事大学出版社

图书在版编目（CIP）数据

雷达操作与应用／赵学军,朱世光主编 . — 2 版.
— 大连：大连海事大学出版社，2024.12. —（海船船员
适任评估培训教材）. — ISBN 978-7-5632-4670-0

Ⅰ. TN95

中国国家版本馆 CIP 数据核字第 2025R0N642 号

大连海事大学出版社出版

地址：大连市黄浦路523号　邮编：116026　电话：0411-84729665（营销部）　84729480（总编室）

http://press. dlmu. edu. cn　E-mail：dmupress@ dlmu. edu. cn

大连金华光彩色印刷有限公司印装　　　　　　　　**大连海事大学出版社发行**

2015 年 4 月第 1 版　　　2024 年 12 月第 2 版	2024 年 12 月第 1 次印刷
幅面尺寸：184 mm×260 mm	印张：14.75
字数：365 千	印数：1～1500 册

出版人：刘明凯

责任编辑：张　华　　　　　　　　　　　　　　　　责任校对：刘长影
封面设计：张爱妮　　　　　　　　　　　　　　　　版式设计：张爱妮

ISBN 978-7-5632-4670-0　　　定价：42.00 元

第二版前言

第一版教材于 2015 年出版至今已近十年,在使用的过程中,受到了广大读者的好评,同时也收到了很多宝贵的意见和建议。在这期间,编者于 2015 年参与了 IMO Model Course 1. 07 Radar Navigation at Operational Level 的修订更新工作。修订后的示范课程于 2016 年 2 月在国际海事组织(IMO)人的因素、培训和值班分委会(HTW)第三次分委会上审验顺利通过。2014 年,交通运输部组织制定交通行业标准《海船船员培训模拟器训练要求》。编者主持和参与了"船舶操纵模拟器""航海雷达模拟器"两项标准的制定,并于 2021 年 6 月正式发布。这些工作对于雷达操作与应用的教学大有裨益,对于教材的更新和再版也有很大帮助。中华人民共和国海事局于 2021 年 8 月 19 日发布了《海船船员培训大纲(2021 版)》,于 2022 年 7 月 5 日发布了《海船船员考试大纲(2022 版)》,于 2024 年 12 月 23 日发布了《中华人民共和国海船船员评估规范(2024 版)》。基于上述背景,编者对原书进行了重新编写,完成了第二版的编写工作。

此次再版主要是对第一版教材的部分内容进行了修订和更正,在内容安排上做了微调,更加注重雷达的实际操作及其在航海上的应用,力求进一步贴近海上实际工作。特别是对于雷达观测、雷达定位、雷达导航、目标跟踪、AIS 目标等方面的内容,尽最大可能接近雷达在船上的实际应用。

本书由青岛远洋船员职业学院赵学军副教授、朱世光船长担任主编,付德刚、邹涛担任副主编,张钢教授担任主审。第一章至第四章及第九章由赵学军编写,第五章由朱世光编写,第六章由邹涛编写,第七章和第八章由付德刚编写。全书由赵学军统稿。主审张钢教授仔细审阅了全书,并提出了许多宝贵意见和建议,在此对他表示诚挚的感谢。

大连海事大学出版社对本书的出版给予了非常大的支持和帮助,在此表示衷心感谢。

由于编者水平有限,加之时间仓促,书中不足与错误之处,敬请读者批评指正。

编　者
2024 年 12 月

第一版前言

本教材依据 2010 年 IMO 在菲律宾通过的《STCW 公约》马尼拉修正案、《中华人民共和国海船船员适任评估大纲和评估规范》编写,可作为在校学生、航海人员参加"雷达操作与应用"适任评估项目的培训教材,亦可作为有关专业人员的参考用书。

本教材共分十章,包括绪论,雷达基本工作原理,船用雷达的使用性能及其影响因素,雷达的维护保养与安装、验收,雷达基本操作与设置,雷达观测,雷达避碰,雷达目标跟踪与试操船,AIS 目标信息,船用雷达新技术等。在教材编写过程中力求理论与实用相结合,在理论够用的基础上,重点培养学生的实操技能,为本教材使用者在将来航海活动中正确使用雷达奠定坚实的基础。

本教材由青岛远洋船员职业学院赵学军、刘永利主编,尹相达参编。第一章至第五章由赵学军编写,第六章至第八章由刘永利编写,第九章和第十章由尹相达编写,全书由赵学军统稿。本教材由青岛远洋船员职业学院孟祥武教授担任主审,他认真仔细地审阅了全部书稿,并提出了许多宝贵意见和建议,在此对他表示感谢。

我们在编写本书的过程中得到了有关单位、人员的大力支持和协作,大连海事大学出版社也对本教材的出版给予了大力支持,在此表示衷心的感谢。

由于编者水平有限,书中不足与错误之处在所难免,敬请读者批评指正。

编　者
2014 年 11 月

目　录

第一章　雷达基本工作原理

第一节　概述

一、雷达的历史

雷达最早出现在 20 世纪 30 年代后期。早期的雷达是一维雷达,能够发现物标并测量物标的距离,人们把它称为"Radio Detection and Ranging"(即无线电探测和测距),取其开头字母缩写组成"Radar"一词,中文音译为"雷达"。

在第二次世界大战结束后,随着电子技术的迅速发展,雷达在理论和技术上得到了不断的提高和发展,性能日趋完善,应用也越来越广泛。雷达应用电磁波探测物标,不受黑夜的限制,受雨雾等天气条件的限制也不大,而且作用距离较远,显示直观,使用方便。目前,雷达已被广泛地应用于航海、航空、港口和狭水道导航、交通管理系统、空中交通管制、气象观测、射电天文、地形测绘、卫星跟踪等多个领域。船用雷达能用来观察船舶周围的来往船只、岛屿、礁石、岸形等各种水面以上的目标,并能测量其距离(Range)和方位(Bearing),尤其在夜航、雾航等能见度不良的情况下进行定位(Positioning)、避让(Collision Avoidance)和导航(Navigation),也能用来海难救助、协助锚泊、观测气象及预测风流压差。雷达是驾驶员赖以瞭望、观测、定位、导航和避碰的重要航海仪器,被称为"驾驶员的眼睛",深受航海者的信赖,在保证船舶航行安全、缩短船舶营运周期和降低航海人员的劳动强度等方面发挥了重要的作用,已成为现代船舶不可或缺的重要助航设备。国际海事组织(International Maritime Organization,IMO)及各个国家已用公约或规范的形式对船舶必须安装雷达的数量和性能做出了明确规定。

船用雷达属于测距系统。它是一种自发、自收的自备系统,其中的脉冲雷达能够发射重复的近似于矩形的脉冲串。船用雷达是一种典型的单脉冲雷达,采用自己发射无线电脉冲波、自己接收无线电脉冲波的方式工作。

二、雷达技术发展

在近一个世纪的发展过程中,雷达收发机主要沿用传统的简单脉冲发射与接收机制,而雷达技术的进步主要表现在视频信息综合处理方面。随着晶体管、集成电路、传感网技术以及卫星定位技术和信息技术的发展,雷达的发展历程大致经历了模拟信号处理、数字信号处理和计算机信息处理等阶段。

1. 模拟信号处理

模拟信号处理时期为 20 世纪 90 年代之前。雷达设备完全或主要采用电子管或晶体管分立器件,发射功率较大。其回波信号经过接收系统实时处理,直接显示在径向圆周扫描显示器(亦称为平面位置显示器,Plane Position Indicator,PPI)上。在这个阶段后期,雷达技术已经十分成熟,具有非常好的探测和分辨目标的能力,接收信噪比高,抗干扰能力强,故障率低,目标图像稳定清晰,操作简单方便,被广泛应用于船舶。

然而,这个时期雷达的局限性也显而易见。由于采用实时的模拟信号处理系统和径向圆周扫描显示器,屏幕的显示亮度和对比度受到了限制,实现彩色显示较为困难,需要用遮光罩遮挡环境光后才能正常使用。尤其是在实时系统不利于信息处理、无法方便地实现目标跟踪功能、难以处理文字和图标标识信息、不方便与其他现代航海仪器实现信息共享时,雷达显示器只能作为雷达信息的专用显示器,显示信息单一。

2. 数字信号处理

1990 年前后,在雷达收发体制基本不变的情况下,随着微波元器件的发展和应用,雷达接收系统的回波处理能力有了很大的提高,即雷达发射逐渐趋于小功率,接收趋于高灵敏度、宽动态范围特性。随着大规模集成电路的广泛应用,雷达设备的体积实现了小型化,雷达视频信息的再处理也有了长足的进步。这个阶段普遍采用了数字处理技术,将原始雷达视频数字化,利用雷达显示休止期对信息进行处理,克服了前一阶段雷达的缺点,实现了均匀高亮度光栅扫描显示,获得了更高的信息检测能力,并且能够方便地实现目标自动标绘和跟踪功能,满足了航海更高的需求。

从使用层面看,这个阶段的雷达仍然保持着独立专用显示器,但操作界面更为复杂,既保留了传统的旋钮和按键式操作界面,又应用了触摸屏操作界面,还出现了类似计算机鼠标式的轨迹球与屏幕菜单结合的操作界面。雷达的功能在瞭望和定位的基础上,提供了更为丰富的导航和避碰信息。

3. 计算机信息处理

进入 21 世纪,传感网技术、现代通信技术、信息处理技术和卫星定位技术对航海仪器的发展起到了不可估量的推动作用。数字信息处理、卫星定位、AIS 及电子航海图(Electronic Navigational Chart,ENC)的应用,使雷达具有了更强大、更丰富的功能。

现代雷达系统具有一些共同的特点:发射趋于小功率;雷达传感器越来越多地采用桅上型结构,硬件趋于集成化、模块化;信息处理硬件采用工业计算机系统,软件采用近现代信息处理方法,运用相关检测技术,综合处理来自多传感器的信息,为船舶提供在强杂波环境下目标最优检测结果;人机交互采用较为成熟的图形用户界面(GUI),将雷达图像与综合信息分窗口显示在平面光栅显示器(如 LEC、LED 和 OLED 等)上,雷达显示终端已经成为多功能显示终端。

计算机信息处理,有助于船舶利用多传感器导航安全信息,辅助雷达系统及时为驾驶员提供航行安全信息,辅助船员做出最佳决策,是现代航海仪器发展的必由之路。

三、IMO 对船舶配置雷达的要求

IMO 在《SOLAS 公约》第 V 章中对各类船舶安装雷达的数量和性能做了明确的规定。按照《SOLAS 公约》的要求,所有总吨位 300 及以上的船舶和不论尺度大小的客船必须安装一台 X 波段雷达,并具有电子标绘装置,假如是总吨位 600 及以上的船舶,则必须具有自动跟踪装置;所有总吨位 3 000 及以上的船,除满足以上要求外,还应配置一台 S 波段雷达或(如果主管机关认为合适)第二台 X 波段雷达,并具有自动跟踪装置;所有总吨位 10 000 及以上的船,应配备 2 台(至少 1 台为 X 波段)雷达,其中至少 1 台应具有自动跟踪功能和试操船功能,或 AR-PA(Automatic Radar Plotting Aids)功能,可自动标绘至少 20 个目标,用于船舶避碰行动。

四、IMO 对驾驶员使用雷达的要求

雷达是关键的助航设备。部分船舶驾驶员没有全面了解雷达的使用性能,不能正确分析、判断和使用雷达信息,导致海事的发生也屡见不鲜。为满足适任要求,使用人员必须掌握雷达的基本工作原理、雷达各部分的组成及它们的主要性能指标,了解雷达的使用性能和局限性,正确掌握各种控钮的调节方法及正确开启雷达的步骤,正确、熟练地分析、判断、运用雷达提供的各种信息,能进行日常保养工作及主要元器件的更换,排除一般性的常见故障以确保航行的安全。

IMO 在《〈STCW 公约〉马尼拉修正案》中明确规定航海人员必须接受雷达和雷达模拟器的培训并通过主管海事部门的评估考核,而且对训练的内容也做了相应的规定。

第二节　雷达测距、测方位原理

一、雷达测距原理

船用雷达采用脉冲测距法,利用超高频无线电波在空间传播是匀速的、直线的,遇到物标能产生反射回波的特性来实现测距。

雷达发射的电磁波被称为雷达波。其在地球表面以近似光速直线传播,遇到物体后被散射。在雷达工作环境中,能够散射雷达波的物体,如岸线、岛屿、船舶、浮标、海浪、雨雪和云雾等,统称为目标(物标)。这些目标的后向雷达散射波(即目标回波)被雷达天线接收。

雷达用发射机产生超高频无线电脉冲,用天线向外发射并用接收机接收由目标反射回来的脉冲波,由显示器计时、计算、显示物标的距离。如图 1-2-1 所示,雷达工作时,发射机经天线向空中发射一串重复周期一定的超高频脉冲。如果在电磁波传播的路径上有目标存在,那么雷达就可以接收到目标反射回来的回波信号。由于电磁波是以光速匀速直线传播的,只要测得电磁波往返于雷达天线和目标之间的传播时间(Δt),即可根据测距式(1-2-1),求得目标距离雷达天线的距离(r)。由于电磁波传播的速度很快,雷达技术常用的时间单位为微秒(μs)。

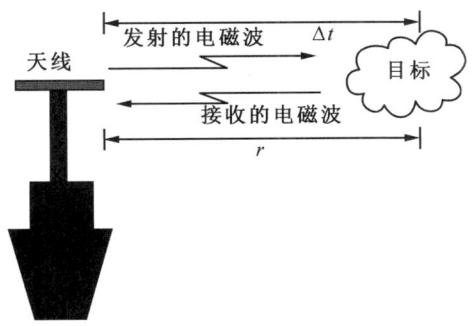

图 1-2-1　雷达测距原理

$$r = \frac{c \cdot \Delta t}{2}$$

(1-2-1)

式中：c——电磁波在空中传播的速度，单位为 3×10^8 m/s；

Δt——电磁波往返于雷达天线和目标之间的传播时间，单位为微秒（μs），1 μs = 10^{-6} s；

r——物标与雷达天线的距离，单位为米（m）。

假如电磁波往返于雷达天线与目标之间的时间为 1 μs，则距离为 150 m；目标与雷达天线的距离为 1 n mile，则电磁波往返于雷达天线与目标之间的传播时间为 12.3 μs。在雷达上，电磁波往返的时间 Δt 是由显示器来加以测量的。时间 Δt 被转换成距离（海里表示）后显示在屏幕上，如图 1-2-2 所示。

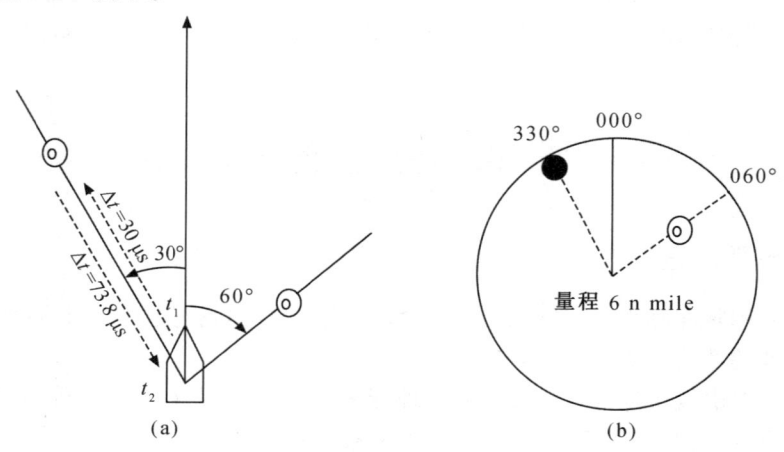

图 1-2-2　雷达测距原理的图像显示

二、雷达测方位原理

因为超高频电磁波在空间的传播基本上是直线的，所以雷达天线采用的是定向天线，即在某一时刻，电磁波只向一个方向发射，并在该方向接收回波。雷达天线将电磁能量汇集在窄波束内，当天线波束轴对准目标时，回波信号最强，如图 1-2-3 所示。当目标偏离天线波束轴时，回波信号减弱，如图 1-2-3 上的虚线所示，根据接收回波最强时的天线波束指向就可确定目标的方向，这就是角坐标测量的基本原理。天线波束指向实际上也是辐射波前进的方向。天线依次向四周发射，可将周围所有方位的目标扫描并显示在显示器上。为了提高方位测量的精度，应采用一些改进测量精度的方法。当天线尺寸增加和波束变窄时，测方位精度和方位分辨力会提高。

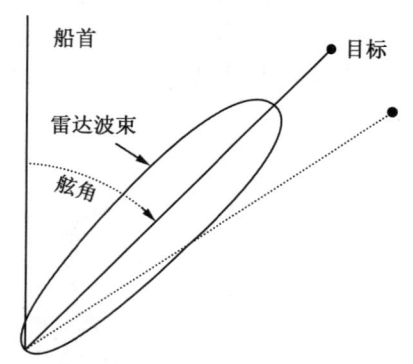

图 1-2-3　雷达测方位原理

另外，当天线扫过船首方向时，屏幕上会产生一根亮线，作为测量方位的基准，则船首标志线与目标所在的扫描线的夹角就是目标的舷角。

第三节　船用雷达的基本组成

传统的船舶导航雷达系统由天线、收发机和显示器组成。为了帮助驾驶员更好地获得海上移动目标的运动参数，现代雷达大多配备了自动雷达标绘仪（Automatic Radar Plotting Aids，ARPA）或具备自动目标跟踪功能，使雷达在避碰中的作用和效果得到了进一步提升。

随着现代科技的发展，基于信息化平台的新型航海仪器和设备不断出现，与传统的导航雷达实现了数据融合与信息共享。电子定位系统为船舶提供了高精度的时间和船位参考数据；ENC 或其他矢量海图系统为船舶航行水域提供了丰富的水文地理数据；AIS 为雷达提供了目标船有效的身份识别手段。

根据《SOLAS 公约》的要求，2008 年 7 月 1 日之后装船的雷达设备应满足 IMO MSC. 192 (79)雷达设备性能标准（以下简称"性能标准"）的规定。

一、船用雷达的总机框图及各部分作用

一般的船用雷达由触发脉冲产生器、发射机、天线、接收机、收发开关、显示器、电源等部分组成。其中，触发脉冲产生器、发射机、接收机、收发开关装在一个箱内，称为收发机（Transceiver），所以其布局由这些部分组成。在一些新型雷达中，电源都分散在各个分机中，因此不再把电源算作基本单元。常见的雷达由天线、收发机、显示器组成。这种雷达常被称为三单元雷达。现在，越来越多的雷达把收发机装在天线底座中，安在桅顶上，合称为天线收发机单元。因此，雷达由天线收发机单元和显示器组成。这种雷达称为二单元雷达。

船用雷达基本组成框图及雷达基本波形图如图 1-3-1、图 1-3-2 所示。

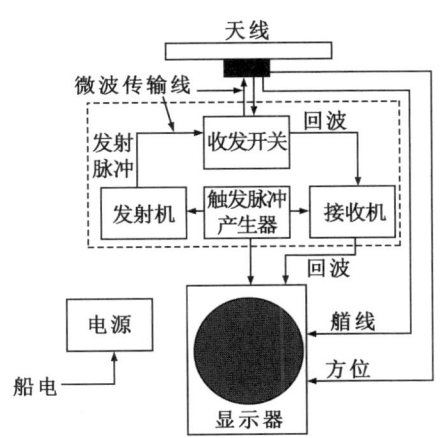

图 1-3-1　船用雷达基本组成框图

船用雷达各组成部分的作用如下。

1. 触发脉冲产生器（Trigger、Timer）

雷达触发脉冲产生器又叫定时器、触发电路、同步电路、触发器。它是雷达正常工作的总指挥。它每隔一定时间（t）（例如 1 000 μs）产生一个尖脉冲，去控制发射机开始发射的时刻和

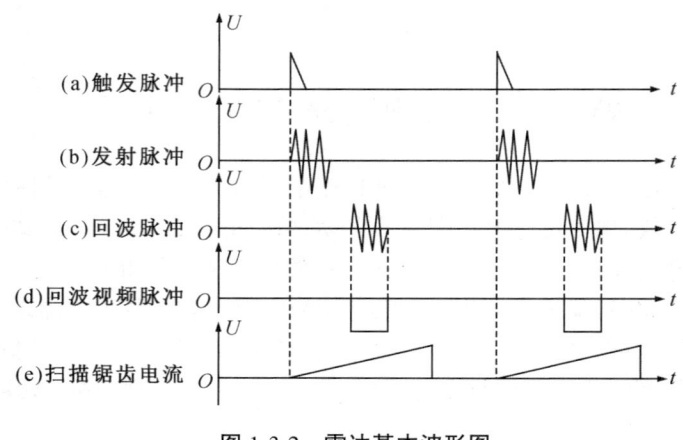

图 1-3-2　雷达基本波形图

显示器开始扫描（计时）的时刻同时进行，并保持严格同步。另外，触发脉冲还被送入接收机及新型雷达的信息处理与显示系统。

2. 发射机（Transmitter）

在触发脉冲的控制下，发射机产生一个大功率（P_t）的、短促（τ）的超高频脉冲波通过天线向外发射。该超高频脉冲波作为发射波，被称为发射脉冲（射频脉冲，雷达波）。

3. 天线（Scanner、Antenna）

船用雷达的天线是一种方向性很强的定向天线。它能将发射机经过波导馈线送来的电磁波（射频能量）聚成很细的波束，定向向空中辐射，并同时接收由该方向目标反射回来的回波信号，通过波导送往接收机。

天线由天线马达带动，按顺时针方向（从天线上方往下看）匀速转动，转速一般为 15～30 r/min，个别为 80 r/min。由于电磁波的传播速度非常快，雷达的作用距离又较近，所以在天线旋转的每个瞬时位置，天线都能接收到从这个方向的目标反射回来的回波信号。

天线系统通过方位同步系统把天线的位置随时准确地送给显示器，在每次扫过船首时将船首信号送到显示器。

4. 接收机（Receiver）

由于电磁波在空中传播和经物标的反射，回波会强度减弱并滞后于发射脉冲。其滞后的时间等于雷达波在天线与目标之间的往返时间。从天线送到接收机的超高频回波信号十分微弱，一般仅有几个微伏，而显示器显示需要几十伏的强度，这样要将回波信号放大近百万倍才行。而将一个超高频信号放大这么大的倍数，一般的接收机是不行的，因此雷达接收机一般采用超外差式接收机。它先将回波变为中频再进行放大、检波，得到视频信号送显示器显示。

5. 收发开关（T-R Switch、T-R Cell）

船用雷达的发射与接收是共用一个天线进行的，天线与收发机间使用同一根微波传输线。这样，发射机产生的大功率发射脉冲就有可能进入接收机而烧坏接收机的低压元件（混频晶体等），而发射机发射结束后，从天线接收的微弱回波脉冲也有可能进入发射机而分掉一部分能量。为防止这种现象的产生，在发射机、接收机和天线之间设置了一个收发开关。当发射脉冲时，发射机与天线相通，保证能量全部加到天线，同时切断接收机通路，防止大功率的发射脉冲进入接收机而损坏接收机；在发射脉冲结束后，天线与接收机相通，切断发射机支路，使回波全部进入接收机,防止信号的损失。

由于收发开关起到了天线在接收和发射两个状态下自动转换的作用,所以接收和发射才可以共用一个雷达天线。

6. 显示器(Display、Indicator)

显示器是一种平面位置显示器。传统雷达的显示器在触发脉冲的控制下开始扫描计时,距离扫描线在天线方位信号的控制下和天线同步旋转,根据接收机送来的回波信号和天线送来的方位信号,把物标按它们的距离和方位以极坐标方式用加强亮点的形式显示在屏幕上,并提供各种测量标(如距离标、方位标等)。

现代雷达采用工业级计算机处理雷达信息,工作显示区域只是屏幕的一个平面位置图像窗口。工作显示区域周围的四个角落,通常为雷达的工作状态指示、操作状态提示和测量数据读取区域。屏幕左右侧的矩形窗口多为传感器及雷达设备的设置及其状态显示、目标参数显示、操作菜单区域等。在雷达显示器上,通过控制面板的各种开关旋钮或操作屏幕菜单能够控制雷达的所有功能,如图 1-3-3 所示。

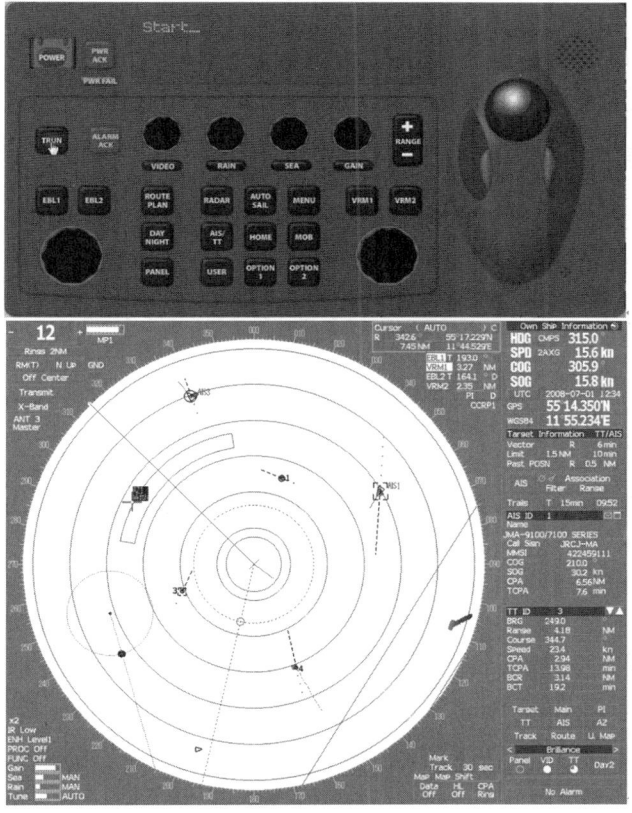

图 1-3-3 现代雷达显示系统

7. 电源(Power Supply)

雷达设有独立的电源系统,能将船电转变为雷达需要的电源,以确保向雷达系统稳定可靠地供电。

第四节 船用雷达电源设备

船用雷达电源设备的作用是把船电变换成一定频率、电压及功率的中频电源,供各分机用电。

一、专设雷达电源的原因

(1)为避免低频电源干扰、减小雷达中变压器、减小电感线圈等元件的体积和重量,雷达要用中频电源。船用雷达中频电源的频率范围为 400~2 000 Hz。

(2)为防止微波雷达与船上其他各种高频设备通过船电耦合而相互干扰,需要用专用电源进行隔离。

(3)雷达需要稳定可靠的电源,而船电的负载多、变化大、电压不稳定,所以要为雷达设置专用设备以提供稳定可靠的电源。

(4)现代船上船电种类繁多,其电压、频率等都各不相同,需要使用专业设备进行变换。专用的中频电源可使雷达适应各种船电。

二、雷达电源具备的条件

(1)在船电或负载变化±20%的情况下,要求其输出电压的变化应优于±5%;

(2)通过雷达电源设置短路、过流、过压等各种保护电路和稳压电路;

(3)能够输出稳定的中频交流电,中频频率为 400~2 000 Hz;

(4)适应海上振动大、盐高雾大、温差大、湿度高的工作环境;

(5)能连续 24 h 长时间运转。

三、雷达电源的分类

目前,船用雷达电源主要设备有中频变流机组和中频逆变器。

1.中频变流机组

(1)中频变流机组的组成

中频变流机组由启动器、电动机、发电机和控制电路组成。其组成框图如图 1-4-1 所示。电动机和发电机同轴连接,船电通过启动器后进入电动机,电动机旋转并带动发电机转动产生所需的中频交流电。其能量转换过程:将电能通过电动机转换为机械能,再利用发电机将机械能转换为电能,其中有两次能量转换,效率较低。

(2)中频变流机组的特点

①电转换效率低;

②重量重、体积大、噪声大、振动大;

③需经常维护保养;

④工作可靠性好;

⑤容积大,抗过载能力强。

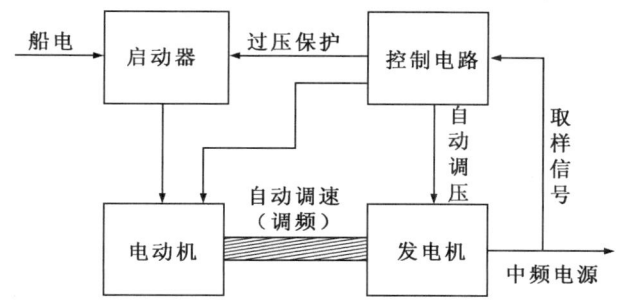

图 1-4-1 中频变流机组组成框图

（3）中频变流机组使用注意事项

①直流电机应注意电压的正负极性，交流电机应注意电机的旋转方向；

②直流电机的调整部位较多，各控制电路之间会相互影响，在调整时应特别注意；

③在直流电机运行时，不准取出炭刷。

（4）变流机维护保养：保持清洁、通风、干燥，定期加油。

2. 中频逆变器

（1）中频逆变器的组成

中频逆变器是一种利用晶体管或可控硅的电子器件直接把船电转换为雷达所需的中频电源的设备。其组成框图如图 1-4-2 所示。其转换为直流-交流或者交流-直流-交流，主要由半导体元器件及可控硅来实现，并设有启动系统（启动器）和控制系统（控制电路）。

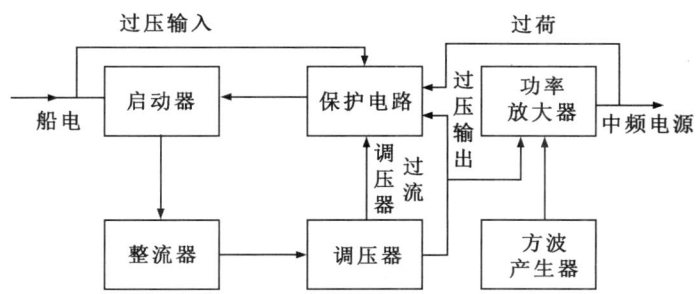

图 1-4-2 中频逆变器组成框图

（2）中频逆变器的特点

①电转换效率高；

②无旋转件；

③重量轻、体积小、噪声小、振动小；

④不需要维护、保养，使用方便；

⑤工作可靠性较差，容积小，抗过载能力弱。

（3）工作状态判断

中频逆变器正常工作时，一般能听到清晰、均匀的振荡声，并输出正确的电压值和频率值，可据此判断其工作状态。

3.两种雷达电源的特点比较

两种雷达电源的特点比较如表1-4-1所示。

表1-4-1　两种雷达电源的特点比较

序号	比较项目	中频变流机组	中频逆变器
1	电能转换效率	低	高
2	抗过载能力	强	弱
3	可靠性	好	较差
4	噪声与振动	严重	甚微
5	体积、重量	大、重	小、轻
6	维护	不方便、麻烦	方便
7	检修	方便	困难
8	造价	高	低

从表1-4-1中可以看出,中频逆变器的优点多于中频变流机组,目前的趋势是使用中频逆变器。因此,现在新型船用雷达中均采用中频逆变器作为雷达的电源设备。

第五节　船用雷达发射机

一、船用雷达发射机组成框图及波形图

船用雷达发射机的基本组成包括:触发脉冲产生器、预调制器、调制器、磁控管振荡器、各种电源等。船用雷达发射机的基本组成框图如图1-5-1所示。发射机各种波形图如图1-5-2所示。

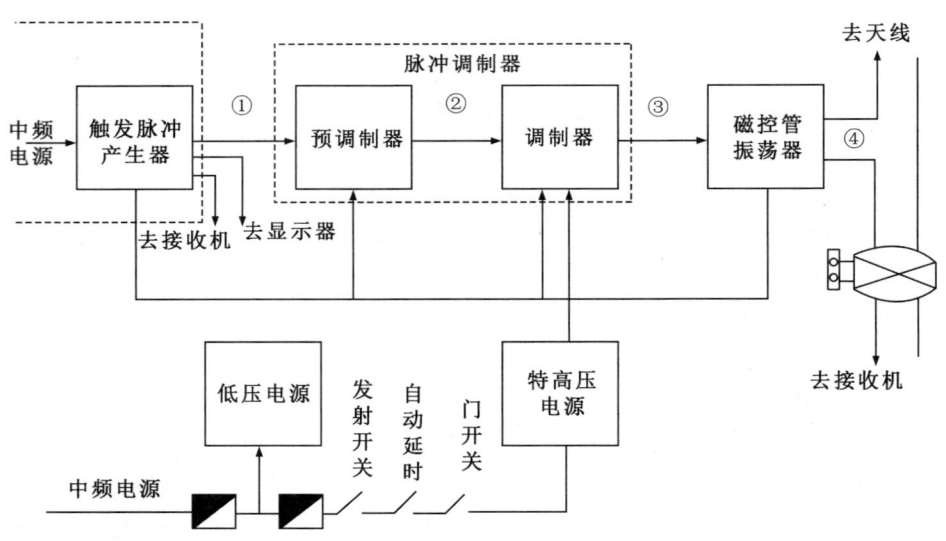

图1-5-1　船用雷达发射机的基本组成框图

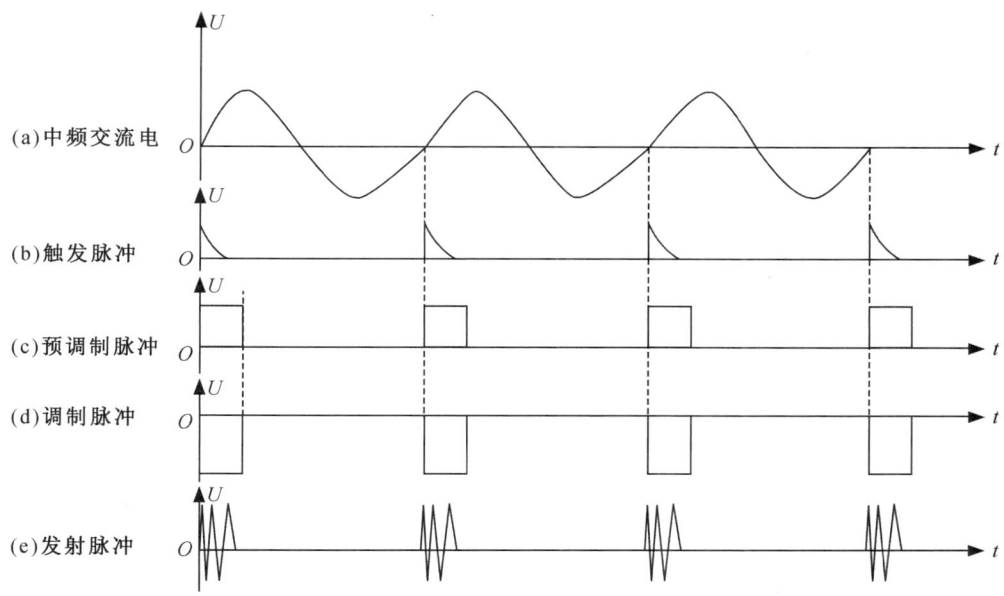

图 1-5-2　发射机各种波形图

二、船用雷达发射机各组成部分及作用

(一)触发脉冲产生器(Trigger、Timer)

触发脉冲产生器又称为定时器,其作用是每隔一定的时间间隔产生一个触发脉冲,分别送到发射机、接收机和显示器,使它们同步工作。定时器的电路常采用与中频电源同步的他激式间歇振荡器,产生周期性的触发脉冲,然后再通过分频或倍频的方法得到不同重复频率的触发脉冲。现代船用雷达为提高测距精度,采用一种晶体高频振荡器作为整个雷达的时间基准器,装在显示器中,此时的触发脉冲便由此晶体高频振荡器产生的高频振荡分频得到。

触发脉冲用来控制发射机发射与显示器扫描起始时刻,并使两者保持严格的时间同步。但是,发射机到天线辐射口往往要经过很长的波导,会造成传输的延时,使天线辐射起始时刻落后于显示器扫描起始时刻,从而造成固定的测距误差。另外,电路也会对触发脉冲造成一定的延时。因此,触发脉冲都是经过适当延时后,再送往显示器控制显示系统开始扫描,以消除这项由于发射和扫描不同步引起的固定的测距误差。除了发射机与显示器外,触发脉冲还会送到接收机,控制海浪抑制电路工作,抑制海浪杂波。

此外,在其他系统(如 ECDIS、VDR 等)与雷达连接时,触发脉冲也作为定时信号输出,协调设备工作。

很多情况下,触发脉冲产生器被看作雷达的一个单独的组成部分,与发射机分开介绍。

(二)预调制器(Pre-modulator)

在触发脉冲控制下,电路会产生一定宽度(τ)、一定幅度(+600 V)的正极性的预调脉冲,去控制调制器工作。预调制脉冲宽度决定着发射脉冲宽度,脉冲宽度的转换在这一级进行。

(三)调制器(Modulator)

(1)作用:在预调制脉冲或触发脉冲作用下,电路会产生一定宽度(τ)、一定电压(约

10 000 V)的前后沿陡峭的负极性高压矩形调制脉冲,去控制磁控管工作。

（2）要求：调制脉冲前后沿越陡越好。其中,前沿陡峭,测距精度高;后沿陡峭,距离分辨力好。

（3）组成：调制器也称为脉冲调制器,一般由储能元件、限流元件、调制开关、储能通路元件等组成,如图 1-5-3 所示。

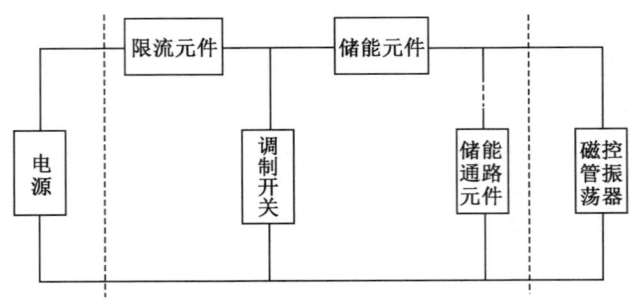

图 1-5-3　调制器组成

储能通路元件常用的有电容、电感、仿真线。所谓仿真线,是由集中电感、集中电容组成的脉冲形成网络。其特性等效于由分布电感、电容组成的真实传输线。限流元件常用的有限流电阻、扼流圈、阻隔二极管。储能通路元件常用的有电阻、二极管等。调制开关常用的有真空电子管、闸流管或触发管、磁开关、可控硅开关等。

（4）分类：调制器按调制开关类型不同可分为刚性脉冲调制器（硬调制）（Hard-switch Modulator）、软性脉冲调制器（软调制）（Soft-switch Modulator）、磁性脉冲调制器（Magnetic Modulator）、可控硅脉冲调制器（SCR Modulator）等。后两者称为固态调制器（Solid State Modulator）。以上调制器在现代雷达中均有采用,但以软性脉冲调制器和可控硅脉冲调制器居多。表 1-5-1 为脉冲调制器的分类及特点。

表 1-5-1　脉冲调制器的分类及特点

类型		开关元件	储能元件	对预调制脉冲要求
刚性脉冲调制器（硬调制）（Hard-switch Modulator）		刚性（真空电子）管	电容	高
软性脉冲调制器（软调制）（Soft-switch Modulator）		充氢闸流管	仿真线	可有可无
固态调制器（Solid State Modulator）	磁性脉冲调制器（Magnetic Modulator）	磁性开关（固态）	电容或仿真线	无
	可控硅脉冲调制器（SCR Modulator）	可控硅开关（固态）	仿真线	无

（四）磁控管振荡器（Magnetron Oscilator）

磁控管振荡器也称为磁控管,是一个有特殊结构的真空二极管。其作用是在高压调制脉冲作用下,产生宽度与调制脉冲相同的大功率（P_t）的、短促（τ）的超高频脉冲波（射频脉冲）,通过波导送往天线。

1.结构

磁控管振荡器由阴极、阳极、永久磁铁、输出耦合装置和灯丝等组成。磁控管外形结构如图 1-5-4 所示。磁控管内部结构如图 1-5-5 所示。

图 1-5-4　磁控管外形结构

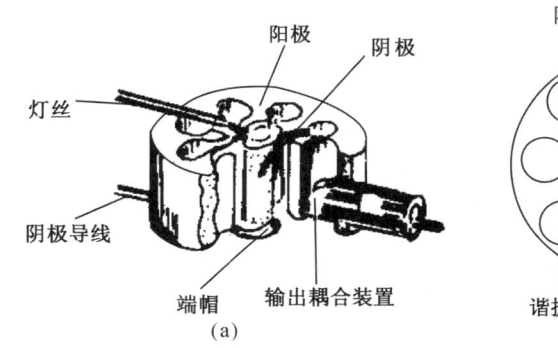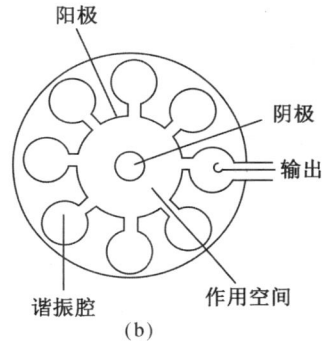

(a)　　　　　　　　　　　　　(b)

图 1-5-5　磁控管内部结构

磁控管阴极为圆柱形旁热式氧化物阴极,位于磁控管中央,用来发射电子,表面具有很强的发射能力。阴极圆筒里面有灯丝,用于给阴极加热。灯丝电压一般为 6.3 V 或 12 V。灯丝一端与阴极相连,两根引线穿过高压绝缘罩接入负向高压调制脉冲和灯丝电压。

阳极是一块厚约 1 cm 的圆形大铜环,圆孔中央放着阴极,阴极和阳极同心。阳极和阴极之间的空间称为作用空间,是阴极发射电子与交变电磁场能量交换场所。阳极块圆环四周沿其轴线方向开有偶数个圆孔,称为谐振腔,每个谐振腔都有缝隙与作用空间相通。圆孔(相当于电感 L)和缝隙(相当于电容 C)组成磁控管的高频振荡系统。为了安全及便于高压与机壳绝缘,阳极接地(接机壳),阴极接负极性高压调制脉冲。

磁控管的外壳设有永久磁铁以提供用来控制电子运动的恒定磁场。该磁场强度要强、磁分子排列均匀。

输出耦合装置的作用是通过装在谐振腔中的耦合环将磁控管振荡器产生的所有振荡能量取出并通过同轴线或波导耦合至主波导。

2.磁控管的振荡条件

(1)磁控管本身结构良好;

(2)灯丝加上额定工作电压,将阴极加热到一定温度;

(3)阳极与阴极之间加上额定的负极性调制脉冲;

（4）应保证磁控管输出与负载匹配。

3. 磁控管的检测方法

（1）静态（磁控管未通电时）检测方法：

①用万用表的欧姆挡检查灯丝的电阻值，阻值为几个欧姆，应接近零；

②用高阻兆欧表检查阳极与阴极之间的绝缘程度，应大于 200 MΩ。

（2）动态（磁控管通电时）检测方法：

①利用本机测试表测磁控管电流。若磁控管电流等于说明书给定的额定值，则说明发射机工作正常；若磁控管电流小于说明书给定的额定值，则说明发射机性能下降；若磁控管电流大于说明书给定的额定值，可能是调制脉冲过大；若磁控管电流为零，则说明发射机不工作；若测试表的指针抖动，则说明磁控管的管内打火（管内有残余气体）。

②用氖灯检查。检查时要先关掉高压，拆开收发机口波导接头并把波导从收发机口完全移开，然后将氖灯放在收发机波导出口处，再开高压。氖灯一般应在离波导口 10～15 cm 发亮；若不发亮，则说明磁控管未工作。

用此方法时要注意切勿将眼睛直对波导口，以防受伤；测试时间不能太长；测试后应立即关闭高压，以免损坏磁控管。

4. 磁控管的使用注意事项

（1）磁控管阴极加有万伏以上的负高压，要注意人身安全。在接触或拆装时，要注意切断电源，并进行高压放电；在带电检修时，应做好防护措施，并防止电磁辐射。磁控管周围有强磁场，在维修时要将手表、手机和铁磁物质等物品远离。

（2）为保护磁控管阴极，在开机前要预热 3～5 min，正常工作要强制在风冷状态；频繁使用雷达时，暂时不用可只关掉高压，不要将雷达彻底关掉。

（3）要保护磁性，防止敲打、碰撞，备件远离铁磁性物质至少 10 cm，两个备品管至少离开 20 cm；维修时严禁使用铁磁性工具，要使用非铁磁性工具。

（4）新的或长期不使用的磁控管加高压前要老炼 30 min 以上。其目的是消除管内残余气体，以防管内打火。老炼的方法：先给磁控管加灯丝电压预热半小时以上，然后加较低的高压工作半小时或几小时，再将高压逐步提高到正常值。实际在船上条件受限制时，有时采用简易方法老炼，即长时间预热（半小时以上）。实践证明，轮流使用备品管，可延长磁控管的使用寿命。

（5）要保持良好的负载匹配。防止天线、波导进水或杂物，防止波导有断裂、变形、接触不良等情况。

（五）高压控制电路

高压控制电路主要用来控制特高压电源的雷达电输入，包括总保险丝、高压保险丝、发射/等待开关、3 min 自动延时开关、门开关。其中，3 min 自动延时开关主要用于保护磁控管阴极；门开关是在发射机门打开时断开内部高压来保护人员安全的装置。

三、主要技术指标

（一）工作波长（λ）及工作频率（f）

工作波长（λ）是指在射频振荡中两个波峰（谷）之间的距离。发射机工作波长就是磁控管振荡器产生的超高频脉冲波的波长。雷达工作频率是指雷达的发射频率，是射频波的振荡频率。目前船用雷达中最常见的工作波段有 X 波段和 S 波段。雷达工作波长及工作频率如表 1-5-2 所示。

表 1-5-2　雷达工作波长及工作频率

波段	工作波长(λ)	工作频率(f)
X 波段	3 cm	9 300～9 500 MHz
S 波段	10 cm	2 900～3 100 MHz

另外，C 波段，λ 为 5 cm，f 为 4 000～8 200 MHz；K_a 波段，λ 为 8 mm，f 为 26 500～40 000 MHz。

X 波段和 S 波段都属于无线电波微波波段的厘米波，雷达之所以要工作在微波波段是因为微波波段具有直线、匀速、强反射等传播特性。

（二）脉冲宽度(τ)

脉冲宽度是指每个发射脉冲的射频持续振荡的时间。脉冲宽度越大，发射脉冲的持续时间越长，能量越大，雷达的最大作用距离越远。而脉冲宽度越大，雷达图像变形越小，距离分辨力越好，抗杂波干扰性能越强。在船用雷达中，考虑了各种要求，脉冲宽度一般选在 0.05～1.2 μs 之间。在使用时，近量程采用短脉冲，远量程采用长脉冲。

（三）脉冲重复周期（PRP）和脉冲重复频率（PRF）

脉冲重复周期（Pulse Repetition Period，PRP），表示相邻两个（发射）脉冲的时间间隔，是由触发脉冲来决定的，一般用 T 表示。

脉冲重复频率（Pulse Repetition Frequency，PRF），表示每秒钟发射脉冲的个数，一般用 F 表示。

T 和 F 互为倒数。

增加脉冲重复频率可使脉冲积累数增加，从而增加雷达的作用距离。但是，该增幅也不能太高，即脉冲重复周期必须大于所选量程所对应的扫描时间，而且要有足够的余量以保证有关电路有足够的恢复时间。一般地，近量程选择高脉冲重复频率，远量程选择低脉冲重复频率。船用雷达的脉冲重复频率一般在 400～4 000 Hz 之间。

（四）发射功率

发射功率可分为峰值功率和平均功率。峰值功率（Peak Power）(P_t) 是指脉冲期间（在 τ 内）的射频振荡的平均功率，一般较大。早期雷达的峰值功率在 3～75 kW 之间，现代雷达的峰值功率一般为 5～30 kW。平均功率（Average Power）(P_m) 是指在脉冲重复周期内输出功率的平均值。雷达的峰值功率很大，平均功率很小。P_t 与 P_m 的关系为 $P_m = P_t \cdot \tau / T$。在船用雷达中，P_m 仅为 P_t 的几百分之一或几千分之一。

雷达发射功率越强，越有利于探测远距离弱小目标，但不希望看到的回波，如假回波、海浪回波、雨雪回波等杂波也会增强，而且发射机设备成本提高，故障率也高。因此，现代雷达通常不采用高功率发射，而是使用灵敏度更高的接收机来提高雷达对远距离弱小回波的发现能力。

（五）脉冲波形

脉冲波形是指发射脉冲的波形，即发射脉冲的包络形状。一般来说，波形越接近矩形越好，前后沿越陡越好。理想的脉冲形状是矩形，实际上的形状越接近矩形，能量越大，作用距离越远。前后沿越陡，测距精度和距离分辨力越好。

四、发射机的检测

发射机工作正常与否主要看磁控管电流，磁控管电流正常则说明发射机工作正常。检测方法同磁控管的检测方法，不再赘述。

第六节 船用雷达天线

船用雷达天线的作用：一是定向收发电磁波信号；二是把天线角位置信号（包括 HL 标志信号）送往显示器。

一、概述

船用雷达天线的主要组成包括波导馈线（或同轴电缆馈线）、天线和旋转机构等。船用雷达天线的具体组成示意图如图 1-6-1 所示。

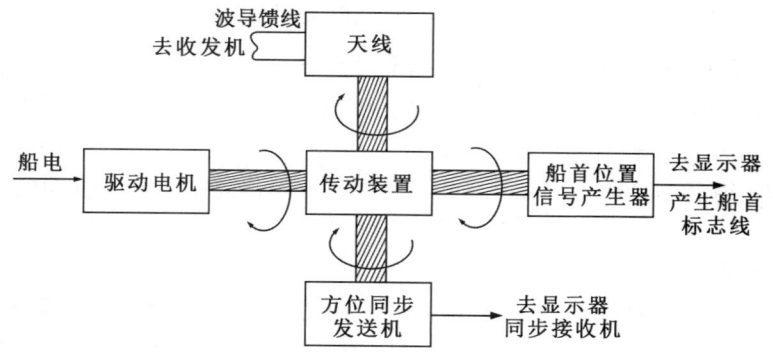

图 1-6-1　船用雷达天线的具体组成示意图

波导馈线连接天线与收发机，用于微波能量传输。

天线（天线辐射器）用于定向发射雷达发射脉冲并接收目标回波信号。雷达收发电磁波信号使用同一副天线，具有高度定向性。天线在水平面内均匀地向右旋转，转速一般为 15～30 r/min。

旋转机构带动天线顺时针匀速旋转。其驱动电机一般由船电供电，也有少数雷达采用直流电机，由雷达设备内部直流电源供电。驱动电机转速一般为 1 000～3 000 r/min，性能标准要求驱动电机的驱动能力应能够使雷达天线在相对风速 100 kn 时正常工作。传动装置用于传动和减速，减速后带动天线以 15～30 r/min 的转速匀速旋转。

天线底座上装有天线安全开关，用以保护人员安全。当有人员在天线附近作业时，可以使用该安全开关切断电源，防止意外启动雷达。现代雷达通常采用天线安全开关联动发射机安全开关。在切断天线安全开关时，发射机安全开关也同时被切断，阻止发射机工作，达到保护人员人身安全的目的。

方位同步发送机负责把天线角信号转变为电信号送往显示器内的方位同步接收机,带动扫描线与天线同步旋转。

船首位置信号产生器负责当天线转到船首时,产生一标志信号送往显示器使其产生船首标志线。船首位置信号产生器可分为触点式和无触点式。触点式包括机械式开关和干簧管开关;无触点式有光电耦合和同步发送机某一相取出零点。

二、波导(Waveguide)与同轴电缆(Coaxial Cable)

1. 波导

波导的作用是在收发机和天线之间进行传输微波能量。波导有矩形波导和波纹椭圆波导。矩形波导是用铜拉制的内壁光洁度很高的矩形空心管。波导的横截面的尺寸决定了能够传输微波的工作波长。取矩形波导的宽边为 a,窄边为 b,则波导的最大截止波长 $\lambda c = 2a$,波长大于最大截止波长的微波能量不能在此波导内传输。要使雷达波能够在波导中正常传输,其波长应满足如下两个关系公式:

$$\lambda/2 < a < \lambda ; 0 < b < \lambda/2$$

根据安装的需要,波导除直波导之外,还有弯波导、扭波导、软波导等,如图 1-6-2 所示。每个波导的两端分别做成平面接头和扼流接头。扼流接头(抗流接头)的作用是形成可靠连接,防止泄漏、打火。波导与波导的连接采用扼流接头与平面接头连接,平面接头朝向天线,如图 1-6-3 所示。波导和天线旋转部件的连接采用旋转接头,如图 1-6-4 所示。在雷达中,波导长度越短越好,总长度不超过 20 m;拐弯次数越少越好,不宜超过 5 次。

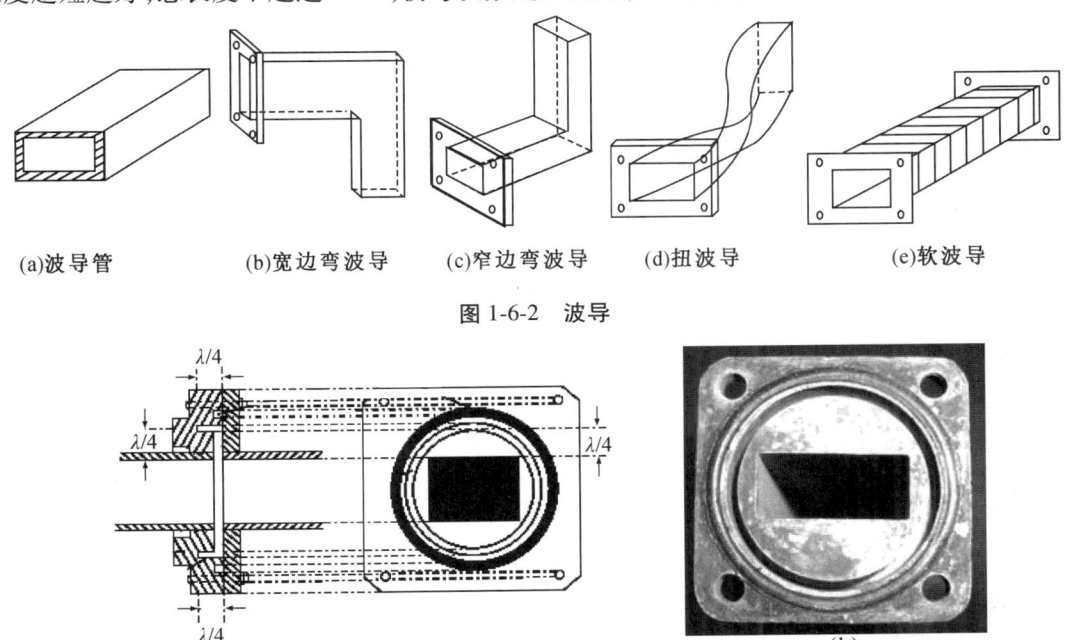

(a)波导管　　(b)宽边弯波导　　(c)窄边弯波导　　(d)扭波导　　(e)软波导

图 1-6-2　波导

(a)　　　　　　　　　　(b)

图 1-6-3　扼流接头

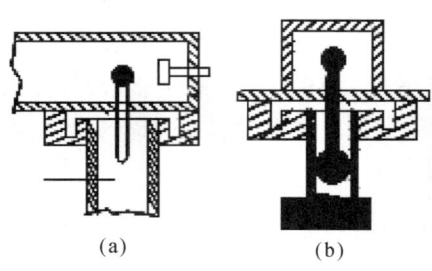

(a)   (b)   (c)

图 1-6-4　旋转接头

波纹椭圆波导常见尺寸为 33.5×22.9(mm)，在安装时不允许任意截断拼接，与天线和收发机连接处需要使用厂家提供的专用接口法兰。在布线时，波导可以有一定弯曲，宽边弯转半径不小于 200 mm，窄边弯转半径不小于 280 mm。波纹椭圆波导安装方便，在使用过程中不需要复杂的维护和保养，如图 1-6-5 所示。

2. 同轴电缆

同轴电缆主要由内导体和外导体组成，如图 1-6-6 所示。从结构上看，其只有一个芯，带有屏蔽层，屏蔽层就是外导体。内导体与外导体必须严格同轴。同轴电缆的内外直径 d、D 与波长 λ 的关系应满足 $D+d<\lambda/\pi$，一般取 $D/d=2.3$ 左右。

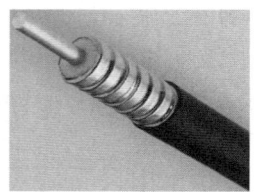

图 1-6-5　波纹椭圆波导   图 1-6-6　同轴电缆

3. 波导与同轴电缆比较

（1）优点：

① 结构简单；

② 损耗小；

③ 耐击穿电压高；

④ 传输功率大。

（2）缺点：体积大。

一般地，3 cm 雷达采用波导传输微波。同轴电缆仅用于 10 cm 雷达，短距离传输。

三、天线的主要技术指标

1. 天线方向性图（Antenna Pattern）

天线方向性图可形象描述天线方向性，表示天线收发电磁波功率(场强)与方向的关系。它应该是一个三维坐标的立体图，但在船用雷达中我们仅讨论它在水平和垂直面内的方向性。其可以采用极坐标或直角坐标表示。天线方向性图越尖锐，表示天线收发电磁波能量的聚束能力越好，即收发的定向性越好。其中，天线辐射和接收能量最强方向的波束称为主波束或主瓣。其他方向也有几个小的波束，能量很小，且对称分布于主波束的两边，称为副波束或旁瓣，如图1-6-7 所示。

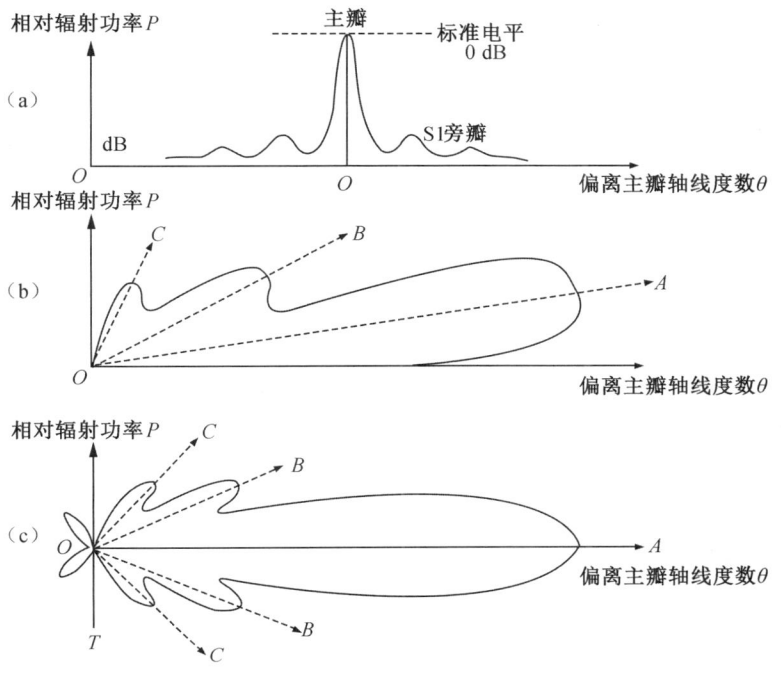

图 1-6-7　天线方向性图

2. 方向性系数（Directivity Factor, D_A）

它表示定向天线的功率聚束能力,等于天线最大辐射方向的功率通量密度 P_{max}（电场强度 E_{max} 的平方）与各向均匀辐射时的平均功率通量密度 P_{ave}（电场强度 E_{ave} 的平方）之比,即

$$D_A = \frac{P_{max}}{P_{ave}} \tag{1-6-1}$$

用电场强度表示为

$$D_A = \frac{E_{max}^2}{E_{ave}^2} \tag{1-6-2}$$

3. 波束宽度（Beam Width）

在天线功率的方向特性图中,主波束的两个半功率点方向间的夹角称为主瓣的波束宽度,简称为半功率点宽度。在场强的方向特性图中,波束宽度是最大场强的 0.707 倍时的两个方向间的夹角,如图 1-6-8 所示。

（1）天线的水平波束宽度 θ_H

在水平面内,过半功率点（最大场强的 0.707 倍）的两条射线的夹角称为水平波束宽度,记作 θ_H。

水平波束宽度一般为 ±1°, θ_H 越小则雷达的方向性就越好,测方位的精度越高,方位分辨力就越好。

天线的水平波束宽度与工作波长和天线口径的长度有关,即 $\theta_H = \dfrac{70\lambda}{L}$。

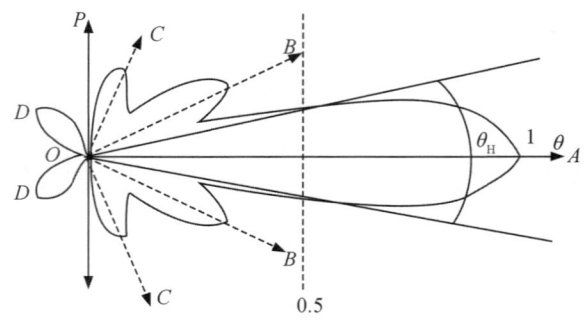

图 1-6-8　半功率点宽度

（2）天线的垂直波束宽度 θ_V

在垂直面内，过半功率点（最大场强的 0.707 倍）的两条射线的夹角称为垂直波束宽度，记作 θ_V。

θ_V 越小，天线增益越大；θ_V 越大，雷达的盲区越小，越不容易丢失目标。为了兼顾两方面，θ_V 一般取 $15° \sim 30°$。

天线的垂直波束宽度 θ_V 与工作波长和天线口径的高度有关，即 $\theta_V = \dfrac{70\lambda}{H}$。

4. 天线增益（Antenna Gain，G_A）

天线增益表示天线将输入功率集中到一个方向的能力。雷达天线的天线增益与水平波束宽度、垂直波束宽度的关系如式（1-6-3）所示。

$$G_A \approx \frac{27\ 000}{\theta_H \cdot \theta_V} \tag{1-6-3}$$

用分贝表示为

$$G_A \approx 10\lg \frac{27\ 000}{\theta_H \cdot \theta_V} \tag{1-6-4}$$

5. 天线效率（Antenna Effectiveness）

天线效率表示天线辐射功率 P_r 与输入总功率 P_{in} 之比为

$$\eta = P_r / P_{in} \tag{1-6-5}$$

一般地，天线效率 $\eta = 0.9 \sim 0.95$。

6. 旁瓣与旁瓣电平（Side Lobe、Side Lobe Level）

天线辐射的电磁波主瓣两侧的波瓣为旁瓣或副瓣。一般旁瓣对称分布于主瓣两侧，越往外侧越弱。

旁瓣相对于主瓣的大小，即相对减弱的倍数，用分贝表示，称为旁瓣电平。旁瓣浪费能量，且有时产生的旁瓣假回波会扰乱回波图像的观测，因此旁瓣电平越小越好。通常要求在主瓣轴向两侧 $\pm10°$ 之内旁瓣电平应小于 -26 dB（即为主瓣的 $1/400$）。在主瓣轴向两侧 $\pm10°$ 之外，旁瓣电平应小于 -30 dB（即为主瓣的 $1/1\ 000$）。

四、天线的分类

1. 按结构形状分

（1）抛物柱面天线（Pillbox Antenna）

抛物柱面天线由角状辐射器及抛物柱面反射面组成。这是传统的船用雷达天线。由于其具有体积大、重量大、风阻大，需要的驱动电机的功率大及电气性能不高，天线转速不均匀（扫描不均匀），方位误差大等缺陷，目前在船用雷达中已被淘汰。

（2）波导隙缝阵天线（Slotted Waveguide Antenna）

现代雷达普遍采用波导隙缝阵天线。其结构主要包括隙缝波导、垂直极化滤波器、扇形喇叭、终端吸收负载及天线罩等，如图 1-6-9 所示。

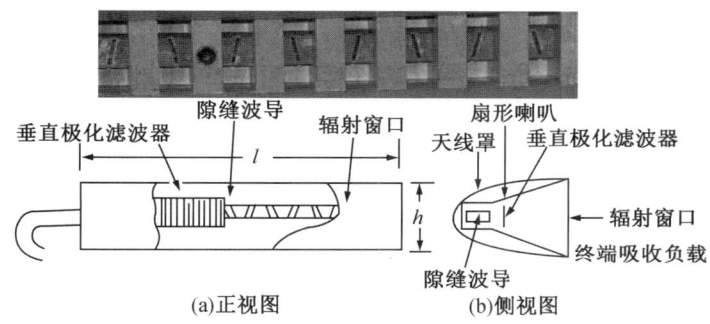

图 1-6-9　波导隙缝阵天线结构示意图（图上部为波导上的隙缝）

隙缝波导位于扇形喇叭的颈部，是一段窄边开有许多隙缝的矩形波导，窄边冲前，每个隙缝的倾斜角不一，相邻隙缝间距半个波长。矩形波导越长，隙缝越多，水平波束宽度越窄，天线的方向性越好。垂直极化滤波器用来滤除垂直分量，只让水平极化波辐射出去。辐射窗口由高频有机玻璃制成。扇形喇叭用来限制垂直波束宽度，其张角大小与 θ_V 有关，喇叭张角越大，垂直波束宽度越小。天线罩用来保护扇形喇叭，保持水密，防止灰尘、污物等进入天线波导内。终端吸收负载是为匹配负载用的，用来吸收传到波导终端的微波能量，以免产生反射。

隙缝波导天线的优点有：①水平波束宽度 θ_H 小；②旁瓣浪费能量少；③体积小、重量轻、风阻小、扫描均匀、使用方便。其缺点有：①加工复杂；②水密要求高。

另外，由于设计、加工等原因，隙缝波导天线的主波束轴线与天线窗口中点的法线方向不一致，会顺时针方向偏离 3°～5°［称为偏离角（Angle of Deviation）］，在安装时应注意校正。

2. 按辐射电磁波的极化方式分

辐射电磁波的极化方式是指电磁波传播时其电场向量（E）在空间振动的方向。船用雷达的极化方式可分为：

（1）水平极化波（Horizontally Polarized Wave）

电场向量在空间沿水平方向振动，多用于 3 cm（X 波段）雷达，是性能标准规定的每艘船上必须装备的 X 波段雷达天线的工作模式，因此所有工作在 X 波段的雷达航标均使用水平极化波。它抗海浪性能好，海面物标反射较强，在船用雷达中应用广泛，如图 1-6-10 所示。

（2）垂直极化波（Vertically Polarized Wave）

电场向量在空间沿垂直方向振动，用于有些 10 cm（S 波段）雷达，抗雨雪干扰能力强，常在港口雷达中应用,如图 1-6-11 所示。

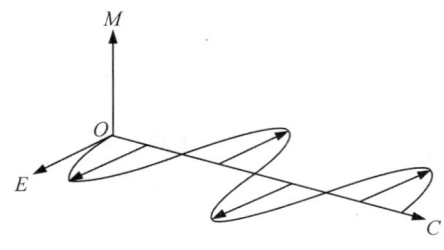

图 1-6-10　水平极化波　　　　图 1-6-11　垂直极化波

（3）圆极化波（Circularly Polarized Wave）

电场向量的终点在传播空间以电磁波传播方向为轴,描成螺旋线的过程称为圆极化。圆极化波可以分为右旋圆极化波和左旋圆极化波。相应地,圆极化天线又可以分为右旋圆极化天线和左旋圆极化天线,且右旋圆极化天线只能发送和接收右旋圆极化波,左旋圆极化天线只能发送和接收左旋圆极化波。圆极化波在传播的过程中遇到圆形物体会改变旋转方向,右旋圆极化波会变成左旋圆极化波,左旋圆极化波会变成右旋圆极化波。这样,经圆形物体反射后的圆极化波不能进入天线,雷达上就不会出现它们的回波;而对于普通物体反射后的波方向不变,因而可以进入天线。由于雨雪是球形的反射体,所以圆极化天线可以用于抗雨雪干扰,可将雨雪干扰回波减弱到 1/100 ~ 1/40。但是要注意,凡是类似于圆对称的物标(如浮筒、灯塔等),其回波都将被削弱。圆极化天线的优点是抑制干扰效果好(特别是雨雪干扰);缺点是增益较低。可根据情况选择使用:在晴好天气时选择使用水平极化天线,在雨雪天气时选择使用圆极化天线。转换时一定要在中间的预备位置停一下,使雷达系统可以有恢复时间。圆极化方式的传播示意图如图 1-6-12 所示。

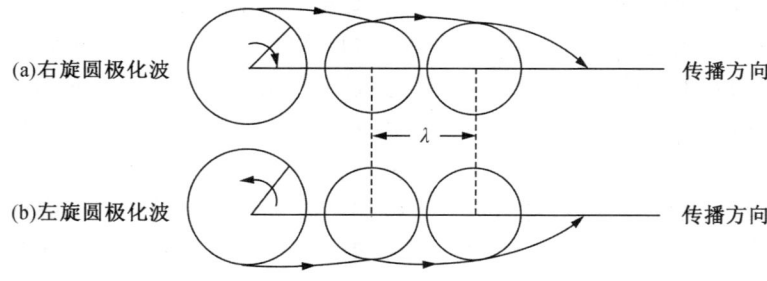

图 1-6-12　圆极化方式的传播示意图

五、雷达天线的维护保养

（1）每半年用软湿布、软毛刷、清水清洁、清除隙缝天线辐射面罩上的油烟灰尘。

（2）每半年检查一次波导法兰和波导支架紧固情况,检查软波导、波导是否开裂,波导法兰连接处的紧密情况,波导、电缆穿过甲板的水密情况。

（3）每半年给天线基座刷油漆一次,并对固定螺栓的锈蚀情况做仔细检查。锈蚀严重的则应予更新。

（4）每年按说明书给天线基座内的齿轮涂一次油脂或更新齿轮箱润滑油,并紧固基座内螺栓,直流电机电刷磨损严重时需及时更换。

（5）在天线基座内发现水迹时,必须及时采取措施消除,通知专业修理人员找出原因,并予以解决。

（6）对于安装在露天的波导和电缆,应仔细检查其是否紧固牢靠及有无损坏情况,并经常刷油漆。

第七节　收发开关

一、作用

当雷达发射信号时,将天线和发射机接通,同时关闭接收机,使射频能量全部送往天线而不进入接收机;在雷达发射信号结束后,立即将天线和接收机接通,使回波能量全部送往接收机而不进入发射机。前者为保护混频晶体,后者为减少能量损失。

二、类型

船用雷达常用的收发开关有气体放电管和铁氧体环流器。气体放电管又可以分为窄带气体放电管、宽带气体放电管。铁氧体环流器也被称为固态收发开关。

（一）气体放电管

1. 窄带气体放电管

窄带气体放电管收发开关如图 1-7-1 所示,主要由辅助电极、充气室、火花隙、调整螺丝组成。在使用时,将收发开关装入波导,管内有一对圆锥形的电极,其间就是火花隙。其中一个电极可通过调整螺丝伸出或拉进来改变火花隙的间距,另一个电极与管壳相连,其中间有辅助电极,该电极通过一个大电阻连到一个负压（-1 000～-600 V）上。火花隙所在的空间称为谐振腔。充气室内充满含有水蒸气的氢气。当打开雷达后,预游离电极接入电源,管内气体产生预游离,此时若大功率发射脉冲到来,管内气体将全部迅速电离,两电极间产生电弧,形成"短路",截住大功率发射脉冲。在发射结束后,火花隙又恢复到预游离状态,当回波来临时,由于其功效很小,不足以引起火花隙跳火,此时火花隙（等效于电容）和谐振腔（等效于电感）组成谐振回路。通过调整螺丝可以调节火花隙间距,改变极间等效电容,使其固有频率等于回波频率,两者谐振,回波信号可以顺利进入接收机。

2. 宽带气体放电管

宽带气体放电管收发开关如图 1-7-2 所示。宽带气体放电管收发开关带宽较宽,为 8 000～12 000 MHz,可适用于整个 3 cm 雷达,不需要调谐。其由于使用方便,目前在雷达中得到广泛应用。

（二）铁氧体环流器（Ferrite Circulator）

铁氧体环流器是一种利用铁氧体和石榴石等亚铁磁体制成的微波元件,一般具有 3 个或 4 个微波支路。铁氧体环流器原理及外形图如图 1-7-3 所示。

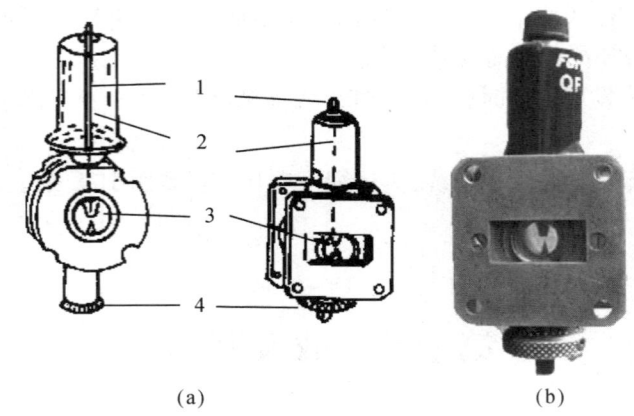

(a)　　　　　　　　　　(b)

图 1-7-1　窄带气体放电管收发开关

1—辅助电极；2—充气室；3—火花隙；4—调整螺丝

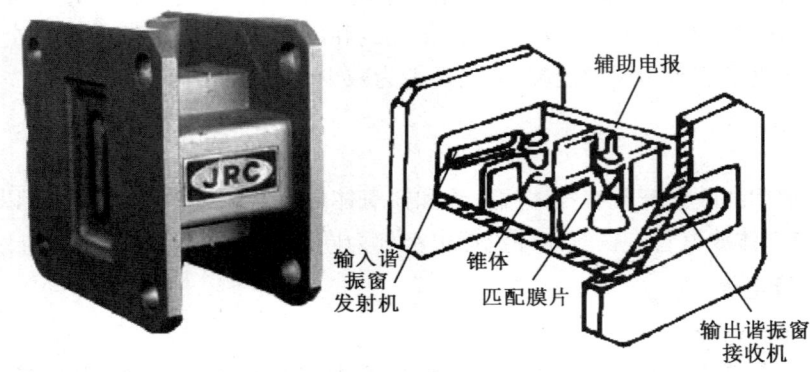

图 1-7-2　宽带气体放电管收发开关

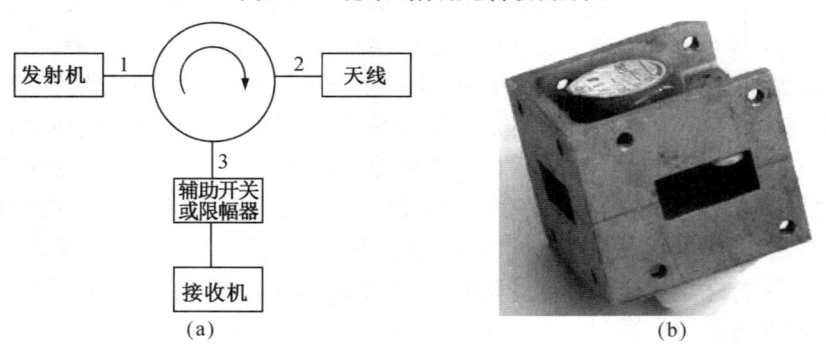

(a)　　　　　　　　　　(b)

图 1-7-3　铁氧体环流器原理及外形图

图 1-7-3(a)中的箭头方向表示微波能量的传递方向，即环流方向。它具有如下特征：发射能量从 1 端进，只能从 2 端出，送到天线而不能送到 3 端。回波能量从 2 端进，只能从 3 端出，送到接收机而不能送到 1 端的发射机。

铁氧体环流器收发开关具有寿命长、稳定性好、频带宽、散热条件好、转换速度快、适用于大功率场合、隔离衰减量不随环境温度的降低而下降等优点。因此，铁氧体环流器得到广泛应用。其缺点是 1 端与 3 端的隔离度有限，仍有较大的发射能量泄漏而进入接收机。为确保安全,通常应将铁氧体环流器收发开关与微波功率限幅器组合应用。

三、收发开关管的恢复时间

收发开关管的恢复时间 t_r 是指气体放电管从发射结束开始到恢复预游离状态为止所经历的时间,恢复时间越短越好,即恢复时间越短,雷达盲区越小。通常收发开关管的恢复时间为 0.1~8 μs。实际上,近距离强回波无须等到收发开关完全恢复到预游离状态就能进入接收机。因此实际影响雷达近距离接受能力的收发开关恢复时间比上述要短,通常为 0.1~0.3 μs。

四、窄带收发开关管的调谐

窄带收发开关管在更换磁控管或收发开关管后必须重新调谐,步骤是:

(1)开启雷达,调整显示器面板上各控钮使回波最佳,调好"亮度"及"增益",回波亮度不宜太强。

(2)将天线停在有远目标弱回波处。

(3)调整收发开关的"调谐螺钉",使回波最强。

五、收发开关管使用注意事项

(1)气体放电管要在预游离状态下才能起保护作用,一旦发现混频晶体烧坏,首先应检查收发开关管的预游离状态是否正常,确认正常后方可更换。

(2)窄带收发开关管应仔细调谐,使回波最强。

(3)若发现盲区增大,应考虑可能是收发开关管老化导致恢复时间增加,若 t_r 变大,应予更替。

(4)在判断收发开关状态时,若发现晶体烧坏,则有可能是收发开关坏了,收发开关失效。检查方法:可依据预游离电流(I_g)判断(气体放电式)。

第八节　船用雷达接收机

船用雷达接收机的作用是把微弱的回波信号经过变频、放大、检波后转化为视频信号送往显示器显示。船用雷达接收机均采用超外差式接收机。

一、各组成部分的作用

船用雷达接收机组成框图如图 1-8-1 所示。其基本组成包括变频器(由本机振荡器、混频器组成)、中频放大器(由前置中放和主中放组成)、检波器、前置视放等。船用雷达接收机波形图如图 1-8-2 所示。

下面分别简述各组成部分的作用。

1.变频器(Frequency Converter)

变频器能把超高频回波信号变成频率较低的中频信号,由本机振荡器和混频器组成。

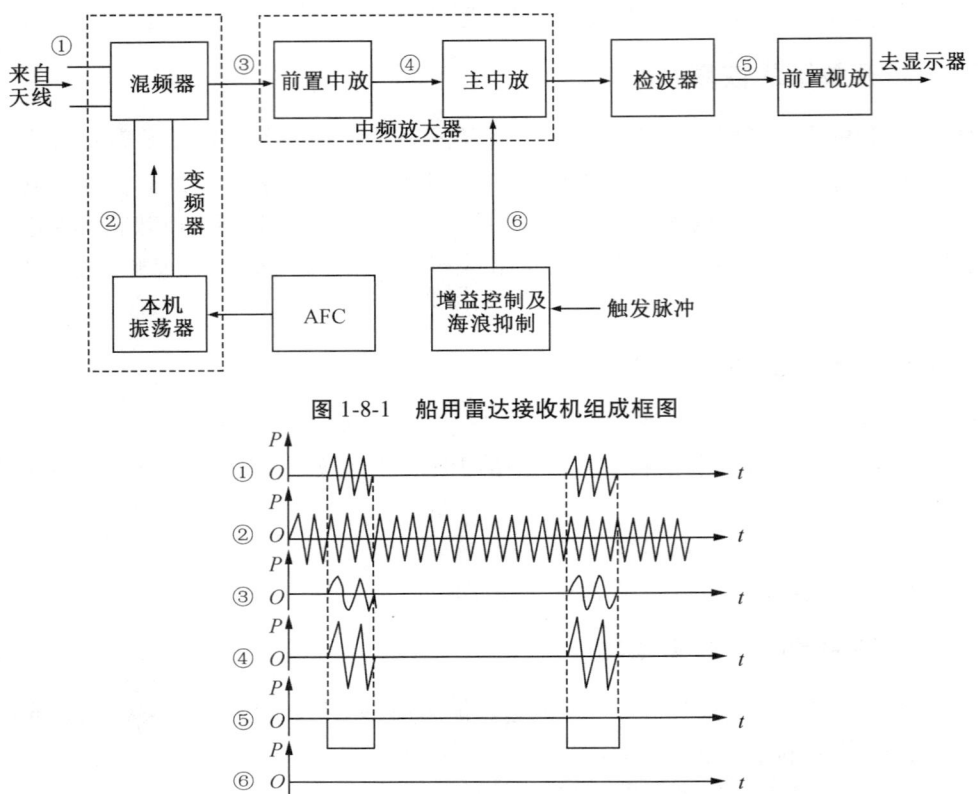

图 1-8-1　船用雷达接收机组成框图

图 1-8-2　船用雷达接收机波形图

（1）本机振荡器（Local Oscillator）

本机振荡器的任务是产生一个频率比磁控管振荡频率高一个中频的小功率连续等幅振荡，作为本机振荡信号送入混频器。用作本机振荡器的有反射速调管、固态本机振荡器等。

①反射速调管是一个具有特殊结构的三极管。反射速调管的结构及外形如图 1-8-3 所示。反射速调管的原理图如图 1-8-4 所示。

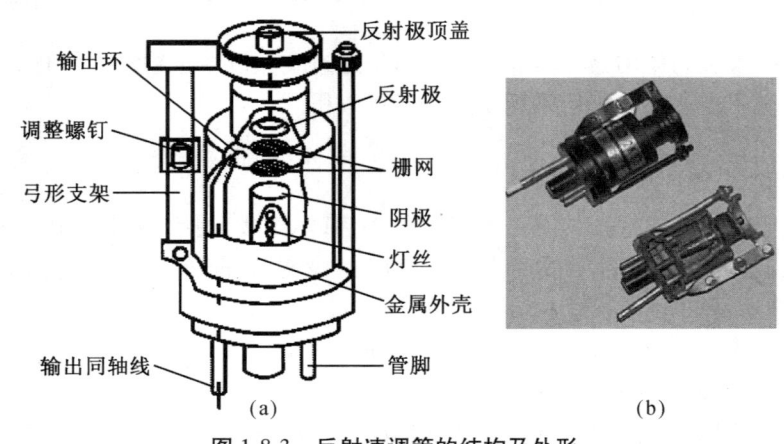

图 1-8-3　反射速调管的结构及外形

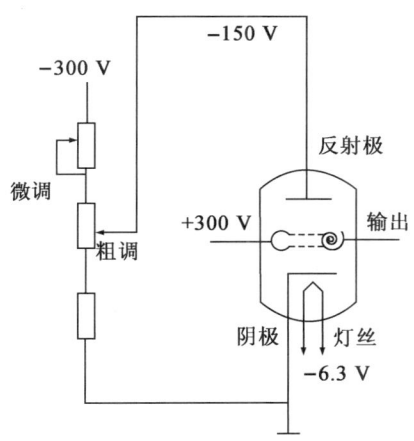

图 1-8-4　反射速调管的原理图

其结构主要包括：反射极、阴极、灯丝、振荡系统（栅网、腔体）、输出耦合系统。

反射速调管管壳外设有两个支架，两个支架的作用有二：其一，起固定作用。其二，支架带有调节螺钉，通过调节该螺钉可改变腔体尺寸以改变振荡频率，即为机械调谐。若改变反射速调管的反射电压以改变振荡频率，则为电调谐。电调谐分两种，设在机内的称为粗调，设在显示器面板上的称为微调。

由于中频放大器仅对额定中频频带信号保持最佳工作性能，而发射机磁控管的发射频率和接收机的本振频率会随着电压和温度等环境的变化而漂移，造成回波中心频率与本振频率不匹配，引起混频器输出的中频信号偏离，因此应能够随时调整本机振荡器的输出频率，使本机振荡器的频率 f_L 比回波信号的频率 f_S 正好高出一个中频 f_I，以满足雷达回波中频中心的频率保持在放大器额定中频上，达到调谐的目的。最佳调谐状态可以根据调指示来判断，调指示最大说明调谐最佳；也可根据图像质量来判断，应使回波图像最佳，清晰、饱满。

调谐可通过显示器控制面板上的调谐控制人工调整。根据性能标准的要求，雷达必须具备人工调谐功能。有的雷达还装有自动频率控制（AFC）电路，该电路可以根据混频器输出中频的频率变化自动控制本机振荡器的频率，使混频器输出保持在预定的中频上，使屏幕上的回波清晰稳定，从而替代人工调谐。

②固态本机振荡器主要包括微波晶体三极管、体效应二极管（耿氏二极管）、雪崩二极管、阶跃恢复二极管等。固态本机振荡器的特点是体积小、重量轻、电压低、可靠性高、省电、寿命长，在雷达中得到广泛应用。图 1-8-5 是固态本机振荡器外形。

图 1-8-5　固态本机振荡器外形

（2）混频器（Mixer）

混频器由混频晶体和选频回路组成,如图 1-8-6 所示。其作用是把回波信号频率(f_s)与本振信号(f_L)混频,得到其差频信号,即中频 f_1,$f_1=f_L-f_s$。常见的混频晶体有点接触式和面接触式两种。混频晶体的结构及外形如图 1-8-7 所示。

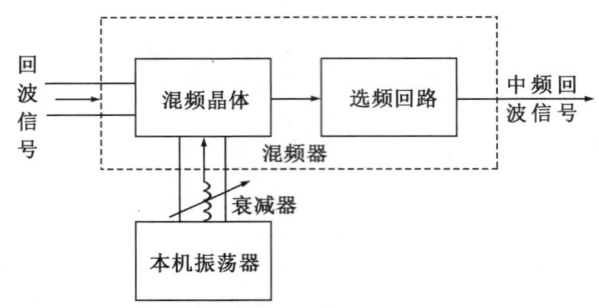

图 1-8-6　混频器组成框图

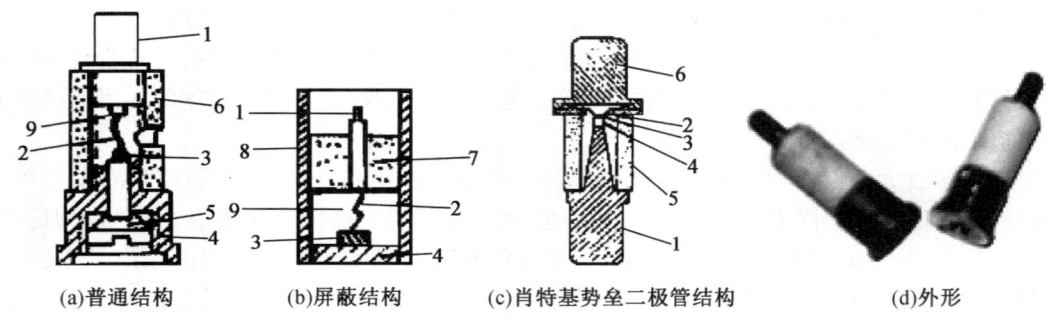

(a)普通结构　　　(b)屏蔽结构　　　(c)肖特基势垒二极管结构　　　(d)外形

图 1-8-7　混频晶体的结构及外形

（a）、（b）：1—金属电极；2—金属丝；3—半导体；4—金属电极；5—调节螺钉；6—陶瓷管壳；7—绝缘填充物；

　　　　　　8—屏蔽铜壳；9—灌蜡空间

（c）：1—金属帽；2—金属引线；3—垫垒层；4—半导体衬底；5—陶瓷管壳；6—金属帽

图 1-8-7 中（a）、（b）为点接触型,（c）为面接触型。面接触型结构的混频晶体除了要求本振功率较大外,其他性能(如功率传输系数、噪声系数等)均较点接触型好,因而近年来已逐渐取代点接触型混频晶体。不管是面接触型混频晶体还是点接触型混频晶体,使用时均应注意:

①防止高频辐射、电流的冲击,备件防止敲打、碰撞。

②混频晶体的好坏可以用万用表 $R×100$ 或 $R×1$ K 挡测量其正反向电阻值来确定。正向阻值应在几百欧姆以下,反向阻值应在几十千欧以上,正反向阻值比应在 100 倍以上,越大越好,比值小于 10 时混频效果显著减弱,不能使用。在检测混频晶体时,不要用万用表欧姆挡的 $R×1$、$R×10$ K,而应使用 $R×100$、$R×1$ K 挡,否则会损坏晶体。

③如果混频晶体烧坏,应先检查收发开关是否正常。

④在更换混频晶体时,应先关高压,身体先触地。

⑤使用中要注意调好"本振衰减",使晶体电流等于说明书规定值,此时混频效果最好。

2. 中频放大器（Intermediate Frequency Amplifier）

中频放大器的作用是将微弱的中频信号进行不失真地上百万倍地放大,使之达到检波器所需要的幅度(1 V 左右)。船用雷达常用的中频频率是 30 MHz、45 MHz、60 MHz。对中频放大器的要求有:增益高、稳定性好、失真小、噪声小。在结构上,中频放大器分为前置中放和主中放。前置中放主要是减小噪声,提高稳定性,增益不高,一般2~3级。主中放一般6~7级,对信号实现稳定性好、增益高的放大。

一般的中频放大器采用单调谐放大,其缺点是"GAIN"钮调节过大,会使强信号后的小信号丢失。现代雷达则采用"对数放大器",其优点是当信号强时,可自动将增益降低;当信号弱时,可自动将增益提高。对数放大器振幅特性如图1-8-8所示。

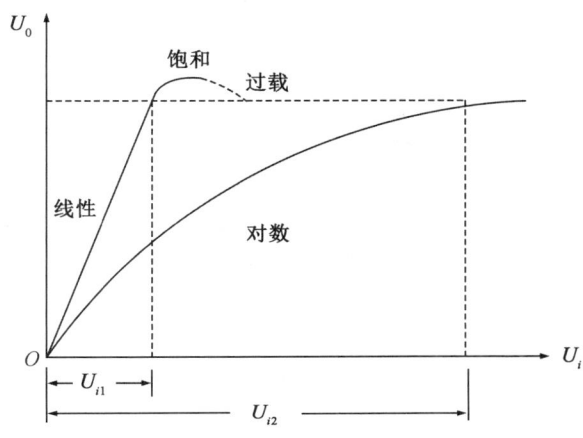

图1-8-8 对数放大器振幅特性

3. 检波器(Detector)

检波器的作用是把经过放大的中频回波信号进行检波,即去掉中频成分,取出中频信号的外包络,变成视频信号。船用雷达检波器一般由晶体二极管(或晶体三极管)及低通滤波器组成。

4. 前置视放(Pre-video Amplifier)

前置是对视频信号微量放大,主要实现级间匹配,利用其高阻抗输入,接到检波输出端,低阻抗输出,与同轴电缆相匹配,以便将视频脉冲回波信号不失真地送到显示器的主视频放大器。

二、接收机主要技术指标

1. 增益(Gain)

从天线送到接收机的超高频回波信号十分微弱,一般仅有几微伏,而显示器显示需要几十伏,这样要将回波信号放大近百万倍才行。增益是接收机对输入信号放大的倍数。船用雷达接收机的增益一般在130 dB左右(几百万倍)。

2. 通频带 Δf(Band Width)

接收机通频带表示接收机能有效放大的信号频率范围。

在接收机放大的过程中,如果频带足够宽,能让大部分回波能量通过,那么,最后送到显示器的视频脉冲波形将基本保持接收机输入端处的波形,失真很小。这会提高雷达的测距精度和距离分辨力。但是,通频带太宽会降低接收机的选择性,干扰信号将增加,会降低接收机的灵敏度。反过来,如果通频带宽度不够,回波会产生失真、变形,甚至目标丢失。因此,Δf的取值与灵敏度、波形失真性能要求是相矛盾的，所以在雷达中应根据量程的不同采用不同的通频带宽度，并随量程转换。近量程采用宽通频带，远量程采用窄通频带。现代船用雷达接收机通频带为 3~25 MHz，其中：远量程窄带为 3~5 MHz；近量程宽带为 18~25 MHz。

3. 灵敏度（Sensitivity）

灵敏度表示雷达接收机接收微弱信号能力，通常用最小可分辨功率或接收机门限功率（$P_{r\min}$）表示。$P_{r\min}$ 越小，接收机灵敏度越高；$P_{r\min}$ 越大，接收机灵敏度越低。$P_{r\min}$ 可用式（1-8-1）表示

$$P_{r\min} = K \cdot T \cdot \Delta f \cdot N \cdot M \tag{1-8-1}$$

式中：K——玻尔兹曼常数，为 1.38×10^{-23} J/K；

$\quad$ T——接收机输入端绝对温度（以 K 计）；

$\quad$ Δf——接收机通频带宽度（以 MHz 计）；

$\quad$ N——接收机总噪声系数（以 dB 计）。

其中，N 定义为接收机输入端功率信噪比与输出端功率信噪比的比值，即

$$N = \frac{P_{is}/P_{in}}{P_{os}/P_{on}} \tag{1-8-2}$$

式中：P_{is}——输入信号功率；

$\quad$ P_{in}——输入噪声功率；

$\quad$ P_{os}——输出信号功率；

$\quad$ P_{on}——输出噪声功率；

$\quad$ M——识别系数。

识别系数 M 定义为雷达检测目标所必需的接收机输出端最小功率信噪比。

一般 $P_{r\min}$ 取 $10^{-12} \sim 10^{-14}$ W。

4. 抗干扰性（Anti-interference Capacity）

抗干扰性表示接收机抗干扰的能力。根据性能标准的规定，雷达接收机应有抑制海浪干扰、雨雪干扰的装置。

5. 恢复时间（Recovery Time）

接收机从强信号引起的饱和状态恢复正常状态时所经历的时间称为接收机恢复时间。这个时间越短，越不易丢失强信号之后的微弱信号，越能接收近距离的目标。

接收机各级都不饱和时最大输入信号与最小可分辨信号功率之比，称为接收机的动态范围。动态范围越大越好。接收机动态范围可用式（1-8-3）表示。

$$D_i = P_{r\max}/P_{r\min} \tag{1-8-3}$$

式中：$P_{r\max}$——最大输入功率，还未进入饱和；

$\quad$ $P_{r\min}$——最小可分辨功率。

三、接收机的调整

1. 反射速调管本振的机内调谐

（1）反射速调管本振在以下情况下需要进行机内调谐：

①更换磁控管后；

②更换速调管后；

③混频器输出信号频率偏离预定中频值太多,面板上"调谐"的调谐效果较差时。

(2)反射速调管本振的调谐方法

雷达在正常工作 10 min 后才可以调整。关掉 AFC 电路,并把显示器面板上的微调谐钮放在中间位置,量程应选在 6 n mile 以上(或说明书规定的距离上)。将收发机内的电表转换开关放在收发机位置。

①将万用表放在 DC 250 V 挡,测量速调管反射极电压,调节粗调谐电位器,使反射极电压为-150 V,然后撤去电表;

②将测试表转到调谐位置,用专用工具调整速调管机械调谐螺丝,再使调谐表指针偏转最大(或屏幕上回波最多、最饱满);

③将测试表转到晶体电流Ⅰ或Ⅱ位置,调节粗调谐电位器,使指针偏转最大;

④重复上述②③步,直到晶体电流最大,屏幕上回波最好(调谐表偏转也最大),两者不能统一时,以回波最丰满为主,但晶体电流不能低于峰值的 95%;

⑤调"本振衰减"使晶体电流指示值等于说明书规定值。

调整结束后,将电表转换开关转到显示器(IND)位置。

2. 固态本振机内调谐

固态本振机内调谐与速调管本振的调整相似,但没有机械调谐螺丝,仅有粗调谐电位器,调整更方便,可参照说明书进行。

四、接收机工作状态判断

接收机工作状态判断可分两步进行。

1. 调"增益"控钮,观察屏幕上噪声变化情况

顺时针调"增益"控钮,至适当位置时,屏幕上有明显噪声斑点,说明前置中放、主中放、视频通路等都是正常的;当调到底时,屏幕上有些微噪声斑点,一般说明主中放及以后通路是好的,可能前置中放及变频器有问题;当调到底时,屏幕上无噪声斑点,则可能是主中放以后通道有故障。

2. 观测晶体电流,判断变频器工作是否正常

雷达工作以后,晶体电流应在规定范围内。如果为零,说明本机振荡器没有工作或晶体已坏。晶体电流偏小,说明本机振荡器不工作或晶体性能变差或未调谐好。要指出的是,有晶体电流只能说明晶体和本机振荡器是工作的,不能说明一定有回波输入。

第九节 船用雷达显示设备

船用雷达显示器采用极坐标方式,扫描中心代表天线位置(即本船位置),物标回波以在距离扫描线上的加强亮点表示。回波至扫描中心之间的距离代表物标距离。扫描线与天线同步旋转,船首(或真北)与回波亮点之间的夹角表示物标的舷角(或真方位)。

一、传统雷达显示器

早期的船用雷达显示器采用平面位置显示器。其作用是对接收机送来的视频回波信号进行

放大、处理,按照它们的方位和距离显示在屏幕上;产生各种测量标志信号,完成对目标的测量。

显示器的组成方框图如图 1-9-1 所示。显示器由阴极射线管及附属电路(包括阴极、灯丝、辉亮控制、聚焦、第一阳极电压、特高压、中心移位等电路)、距离扫描电路(方波产生器、扫描电路及偏转线圈)、方位扫描电路、刻度系统(包括固定距标电路、活动距标电路、船首标志电路、电子方位线标志及机械方位装置等)、视频混合放大器、抗雨雪干扰电路、抗同频干扰及显示器电源等组成。显示器各部分主要波形时间关系如图 1-9-2 所示。

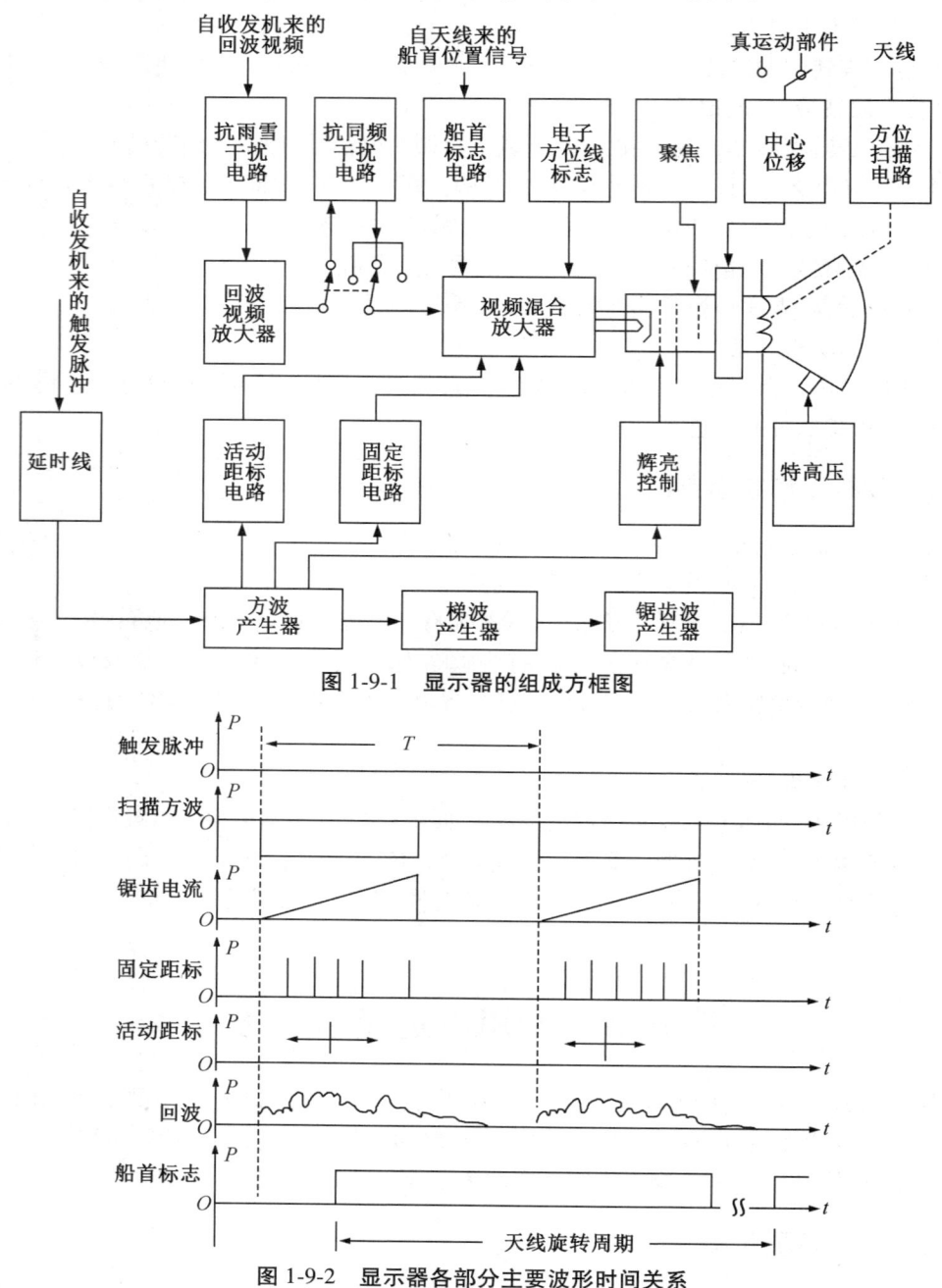

图 1-9-1　显示器的组成方框图

图 1-9-2　显示器各部分主要波形时间关系

二、光栅扫描

传统 CRT(阴极射线管显示器)雷达多采用径向圆扫描方式,但是存在多种缺陷;现代雷达更多采用光栅扫描 TV 方式显示雷达图像。

1. 径向圆扫描方式的缺陷(常规普通)

(1)由于扫描速率与量程有关,近距离扫描速率高,扫描线亮度低。

(2)由于扫描线与天线同步旋转,回波亮度小,回波图像亮度不均匀(天线转一圈显示一次)。

(3)要显示其他符号,将十分麻烦、困难。

2. 光栅扫描 TV 方式显示的特点

(1)便于实现高亮度显示雷达图像。

(2)可避免常规 PPI 综合显示图像闪烁现象。

(3)便于用彩色显示雷达图像。

(4)便于采用计算机显示终端技术来显示字符与绘图。

但是,光栅扫描 TV 方式显示还存在一些缺陷,主要表现在图像连续性差,图像易分裂、失真,定位精度有所降低等方面。

三、现代的雷达信息处理与显示系统

现代雷达应用数字处理方法和光栅显示技术,采用高品质平面监视器(如 TFT 和 OLED 等)作为雷达信息显示终端。雷达信息处理采用通用或者专用操作系统上的应用程序,借助专业的硬件和软件环境,将原始雷达视频首先按照距离和方位单元实时量化为数字信号,同步快速写入计算机存储器中。然后利用雷达扫描周期之间相对较长的休止期,从存储器中按照设定的速率读出数据,运用现代数字信息处理技术的最新成果,对回波数字视频进行多层面专业化处理,去除各种干扰杂波,增强有用回波显示的清晰度。最后将处理后的清晰视频转换为模拟信号,非实时显示在显示器上。

现代雷达信息处理与显示系统的基本组成包括输入/输出(I/O)接口及视频处理器、信息处理器、主控制器和综合信息显示与操作控制终端,雷达、THD、SDME、EPFS、AIS 和 ECDIS 等各种传感器是该系统的信息源。雷达可以与其他外围设备,如 VDR、ENC、INS、BNWAS 等连接,构成综合系统,如图 1-9-3 所示。

现代雷达采用计算机监视器作为综合信息显示器,各显示功能块以窗口区域的形式分布在显示器上,工作显示区域只是屏幕的一个平面位置图像窗口。该区域的四个角落通常为雷达工作状态指示、操作状态提示和测量数据读取区域。屏幕的左侧和右侧的多页面和矩形窗口区域为传感器及雷达设备的设置及其状态显示、报警信息显示、目标参数显示和操作菜单区域等。

在雷达显示器上,通过控制面板上各种开关旋钮或屏幕操作菜单能够控制雷达的所有功能。此外,雷达还应设有硬面板控钮,控制雷达的主要功能,如增益、调谐、常用的杂波抑制及目标距离和方位的测量等,方便驾驶员操作。

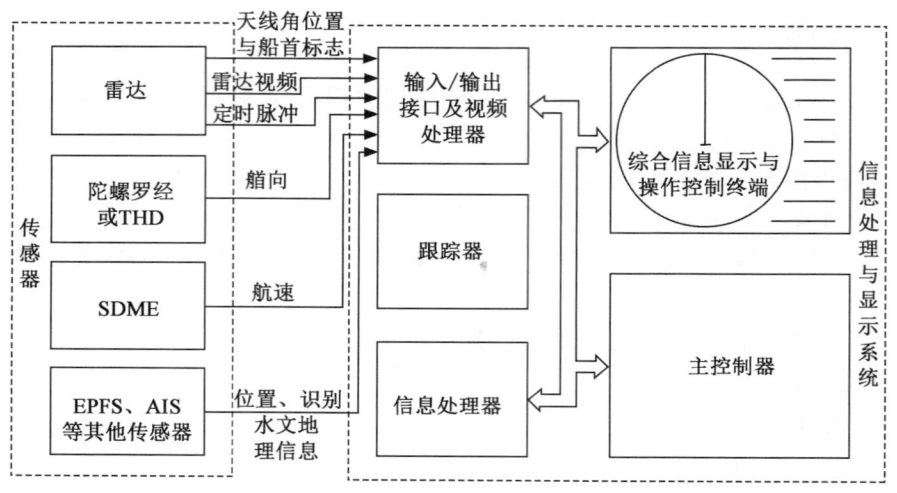

图 1-9-3　雷达信息处理与显示系统

四、雷达的显示方式

雷达的显示方式按代表本船的扫描中心在屏幕上的运动形式,可分为相对运动显示方式和真运动显示方式。按艏线的指向及所显示物标的方位,雷达的显示方式可分为艏向上、真北向上、航向向上等显示方式。

扫描起始点除了可以选择传统的天线辐射器位置作为参考点之外,性能标准还定义了统一公共基准点(Consistence Common Reference Point,CCRP)为常设选项。作为综合航行系统(Integrated Navigation System,INS)的重要组成部分,雷达观测和跟踪目标所得到的相对数据,如距离和方位、相对航向和航速、本船与目标船的最近会遇距离(Closest Point of Approach,CPA)和最近会遇时间(Time to Closest Point of Approach,TCPA)等,建议参考 CCRP。CCRP 的典型位置通常为驾驶台指挥位置,如 INS 综合信息显示器位置、船舶主雷达显示器位置或驾驶台引航工作台位置等,也可以由驾驶员根据需要设置。当以 CCRP 为扫描起始点(测量基准点)时,如果选择中心显示方式,则 CCRP 位于工作显示区域几何中心。CCRP 位置上的短线段为正横线(Beam Line),艏线与正横线共同构成本船最小化显示图标标识,应持久显示。

(一)相对运动的显示方式

相对运动的显示方式是指代表本船位置的扫描线起点,在屏幕上稳定不动;其他运动目标相对本船运动;固定目标应以本船的航速沿本船航向相反的方向运动。其按艏线指向的不同可分为艏向上、真北向上、航向向上等指向方式。

1. 艏向上图像不稳定相对运动显示(Head-up Unstability Relative Motion)

艏向上图像不稳定相对运动显示方式,代表本船的扫描中心在屏幕上位置始终不动,周围目标回波都做相对运动,固定目标以本船的航速沿本船航向相反的方向运动。

不管本船如何运动,艏线始终指向固定方位刻度盘 0°上。在方位盘上可以直接读取目标的相对方位,故这种显示方式也被称为相对方位显示方式。

当本船改向时(或船首偏荡时)艏线不动,物标回波反的方向转动,图像会留下一段弧形余辉,使图像模糊不清,影响观测。

艏向上图像不稳定相对运动显示如图 1-9-4 所示。

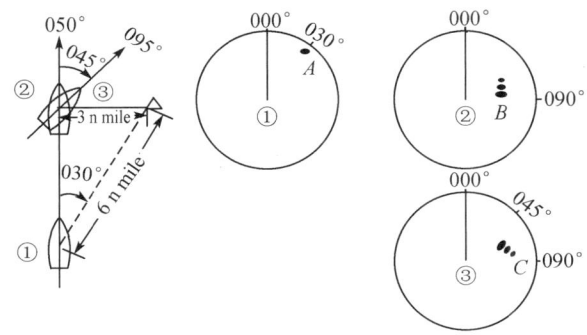

图 1-9-4 艏向上图像不稳定相对运动显示

图 1-9-4 中的本船初始航向为 050°，在位置①时，观测到物标回波舷角为 030°，距离为 6 n mile，其图像在屏幕的 A 处。本船保持航向前进，物标图像沿本船相反航向同速运动，当本船到位置②时，物标在正横 090°，距离为 3 n mile，其图像在 B 处。此时本船原地向右转向，改驶 095°，在屏幕上物标回波自 B 处开始在 3 n mile 距标圈上向相反方向转动，本船航向 095° 时，如图中③所示，艏线仍指 0°，但是物标回波转到 045°，距离仍为 3 n mile，其图像在 C 处。

艏向上相对运动显示方式的优点是图像非常直观，低头看屏幕上的图像与抬头看窗外的景象是一致的，便于判明前方来船处在本船的左舷还是右舷，判断碰撞危险十分方便，所以常用作观测瞭望。其缺点是只能读取物标的相对方位，不能直接读取真方位；图像不稳定，特别是船首偏荡时，图像模糊，观测不便，测量误差大。

为了在艏向上相对运动显示方式下直接读取物标真方位，有些雷达在固定方位盘（圈）外面或里面又套上一个可动方位圈，也标有 000°～360° 刻度。该方位圈可用手拨动或直接由陀螺罗经带动，并随时使航向值保持在固定方位刻度圈的 000° 处。这样在两个方位圈上可同时读得相对方位和真方位。现代雷达则采用电子显示方式直接改变刻度盘刻度来选择直接读取物标的真方位或者相对方位，也可通过 EBL 读取物标的真方位和相对方位。

2. 真北向上图像稳定相对运动显示（North-up Stability Relative Motion）

真北向上图像稳定相对运动显示方式必须接入陀螺罗经航向信号，代表本船的扫描中心在屏幕上位置始终不动，周围目标回波都做相对运动，固定目标以本船的航速沿本船航向相反的方向运动。固定方位圈的 000° 代表真北，艏线指航向值，在固定方位圈上可直接读得物标真方位。因此，这种显示方式又称为"真方位显示方式"。本船转向时，艏线移向新航向值，而图像稳定。

真北向上图像稳定相对运动显示如图 1-9-5 所示。

当图 1-9-5 中的本船在①位置时，屏幕上显示如图①：艏线指 050°，小岛回波在真方位为 080°、距离为 6 n mile 的 A 点。当本船以 050° 航向前进时，可见到小岛回波自 A 点以与本船相反航向相等航速移动。本船到达②位置，屏幕上显示如图②：艏线指 050°，小岛回波在真方位为 140°、距离为 3 n mile 的 B 点。此时，本船转向 095°，在屏幕上可见到艏线逐渐移到 095°，而物标回波不动。当航向改到 095° 时，屏幕上显示如图③：艏线指 095°，小岛回波仍在真方位为 140°、距离为 3 n mile 的 B 点未动。

这种显示方式可方便测得物标真方位，且在本船转向或船首偏荡时，回波图像稳定，显示

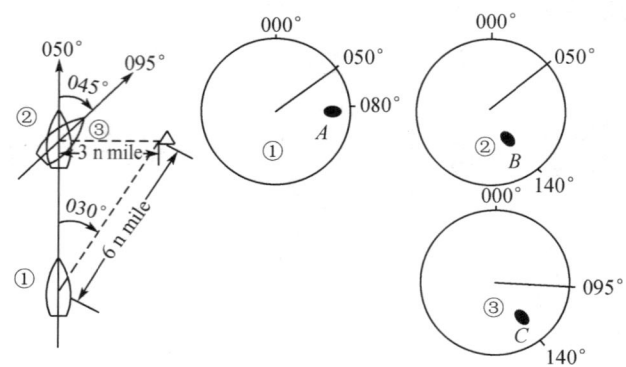

图 1-9-5 真北向上图像稳定相对运动显示

清晰，测量方位较准确，观测方便，雷达和海图的指北方式一致，便于雷达图像与海图岸线对照，因此在定位及多改向窄航道航行时使用较方便。但是，航向在 090°～270° 之间，特别是在 180° 附近时，观测不便，有时容易搞错物标左右舷角，不利于避碰操作。

3. 航向向上图像稳定相对运动显示（Course-up Stability Relative Motion）

航向向上图像稳定相对运动显示方式也必须输入陀螺罗经航向信息。代表本船位置的扫描线起点在屏幕上稳定不动，周围目标回波都做相对运动，固定目标以本船的航速沿本船航向相反的方向运动。航向设定在艏线上，并指在固定刻度盘的 000° 上，当本船转向时，回波稳定不动，艏线随航向移一个航向角，在航向稳定后，再重新设定。这种显示方式综合了前两种显示方式的优点，即：

（1）艏线指向屏幕上方，图像直观。

（2）因一般均配有由陀螺罗经稳定的可动方位圈或电子方位刻度圈，故可直接测得相对方位和真方位。

（3）本船转向时，艏线移向新航向值而物标回波不动，图像稳定。改向完毕，只要按一下"新航向向上"（New Course Up）钮，则艏线、图像及可动方位圈一起转动，直到艏线指到固定方位圈 000° 为止。

航向向上图像稳定相对运动显示如图 1-9-6 所示。

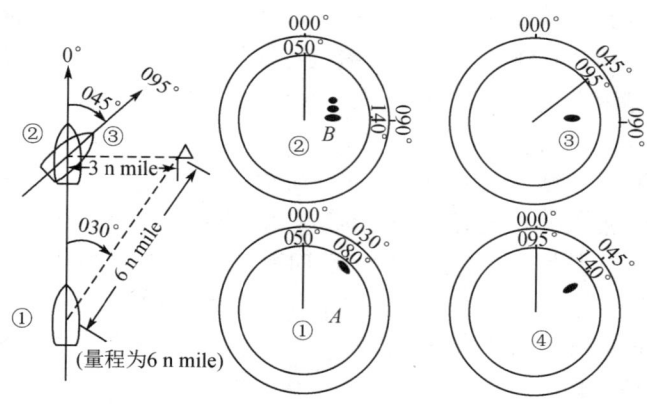

图 1-9-6 航向向上图像稳定相对运动显示

在图 1-9-6 中,在①位置时,屏幕上显示如图①:艏线指固定方位圈 000°,可动方位圈的 050° 与固定方位圈 000° 对准。小岛回波在固定方位圈 030°(可动方位圈 080°)方位上,距离为 6 n mile(A 点)。本船以 050° 航向前进时,物标自 A 点与本船等速反向移动。本船到达位置② 时,屏幕上显示如图②:艏线不变,小岛回波在右舷正横(相对方位 090°,真方位 140°)3 n mile 的 B 点。本船转向时,屏幕上可看到只有艏线动,其他均稳定。当航向转到 095° 时,屏幕上显示如图③:航向指固定方位圈 045°(可动方位圈 095°),其他不变。此时,按了"新航向向上" 钮后,艏线指固定方位圈 000°,可动方位圈 095° 也转到固定方位圈 000°,小岛回波转到固定方 位圈 045°(可动方位圈 140°)处的 C 点。

这种显示方式既具有艏向上显示方式的显像直观,便于判明物标在左舷还是右舷的特点, 又具有真北向上的图像稳定性,可直接测读真方位的优点,因而在避碰、定位和导航应用中均 较方便。因此,这种显示方式在现代船用雷达中得到广泛的应用。

(二)真运动雷达及显示方式

1. 真运动雷达显示原理

真运动雷达的基本点代表本船的扫描中心在屏幕上按本船的航向、航速移动,在屏幕上看 到的图像就好像是在空中看海面的画面一样。

真运动雷达的解算装置的作用是把航速信号按航向分解成两个互成正余弦关系的信号, 然后根据屏直径、量程等因素变换成流过中心移位线圈中东西(水平方向)、南北(垂直方向) 两个线圈的电流,使扫描中心按航向、航速移动。早期的真运动雷达的解算装置是机械解算装 置,大部分现代真运动雷达均采用计算机解算装置。

中心重调有南北重调钮和东西重调钮,用来调整扫描中心的起始位置。有些机器有自动 控制电路,当扫描中心移到适当位置(一般离屏边缘 1/3 半径,规定不能小于 1/4 半径)就能 自动返回到起始位置(与此限位点对称的、方位差 180° 的位置)重新运动。

速度输入一般有两种选择:一种是用速度计程仪输入,另一种是用手控模拟速度输入。一 般每海里送入 200 个脉冲。

航向信号由陀螺罗经输入,所以真运动雷达必须接入罗经信号。当有风流压影响时,本船 航迹会偏离艏线方向。调节"航迹校正"钮,可使扫描中心在屏幕上的移动轨迹符合实际 航迹。

实际上这种方法仅改变了运动方向,未改正移动速度(速度仍按计程仪输入的或手动输 入的模拟速度移动),所以扫描中心轨迹仍会有偏差。另外,经过航迹校正后,扫描中心在屏 幕上移动的方向变了,但因为罗经航向未变,所以艏线的指向仍指原来的方向,在屏幕上可见 到艏线平移的余辉。在运用此种显示方式时,应校对罗经复示器读数及艏线指向与主罗经是 否一致,否则显示会出现较大误差。

2. 真运动显示方式

真运动显示方式按速度的输入源不同可分为计程仪真运动和模拟速度真运动;按照速度 的类型可分为对地真运动和对水真运动;按照图像指向不同可分为真北向上真运动、航向向上 真运动。下面介绍几种常用的真运动显示方式。

(1)真北向上真运动(North-up Stability True Motion)

为说明方便起见,假定海面无风流,罗经、速度数据均准确。这种显示方式有如下特点:

①扫描中心在屏幕上按计程仪或模拟计程仪送来的速度沿艏线方向(航向)移动。

②扫描中心的正上方代表真北,艏线指航向(一般应看罗经复示器指示值),本船转向时,艏线移动,其他物标不动,可以直接读取目标的真方位。

③屏幕上其他运动物标按它们各自的航向、航速移动,固定物标则在屏幕上不动。

真北向上真运动显示如图1-9-7所示。

在图1-9-7中,本船在①位置,屏幕上显示如图①:扫描中心在 A 点,艏线过屏中心指050°,物标(小岛)回波在右舷030°,距离6 n mile 的 D 点。本船以050°航向前进时,扫描中心在屏幕上移动,小岛回波在屏幕上不动。本船到达②位置时,屏幕上显示如图②:扫描中心在 B 点,与小岛回波成右正横,距离为3 n mile。在本船转向时,艏线移到新航向值,罗经复示器读数为095°时,小岛回波仍在屏幕上 D 点,艏线与小岛回波方位线夹角为045°,如图③所示。

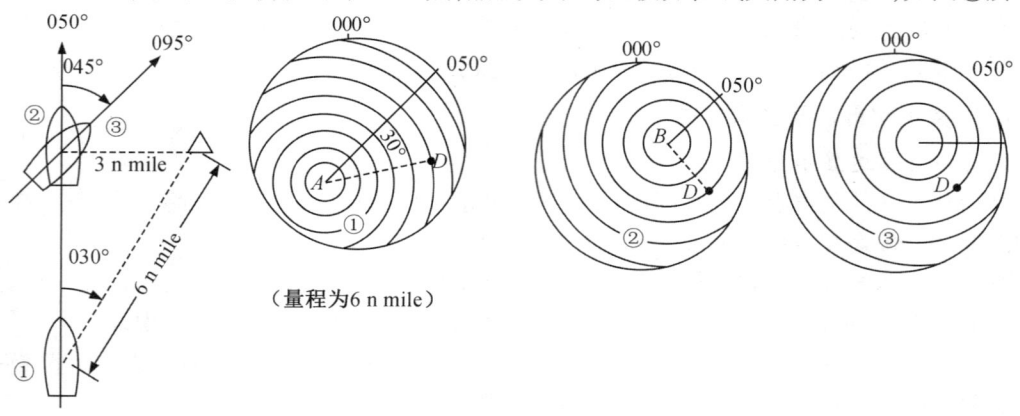

图1-9-7 真北向上真运动显示

真北向上真运动显示的优点是图像稳定,缺点是容易搞错左舷、右舷(当目标在90°~270°之间),适用场合是定位、导航,但不利避让。真北向上真运动显示方式需要输入数据:本船航向、航速。

(2)对水稳定真运动(Sea Stabilization True Motion)

如果海区有风流,而速度输入是对水速度,航向是陀螺罗经航向,则此时显示的真运动是对水(海面)稳定真运动,如图1-9-8(a)所示。图中,M 为本船,假定船舶航行了18 min,则 M 点按对水计程仪输入的速度及陀螺罗经输入的航向 M_0 移到 M_{18} 点。活动物标 W 按它自己对水的速度及航向从 W_0 移到 W_{18}。固定物标 B 则由于本船计程仪输入的速度及陀螺罗经输入的航向未计入流的影响而在屏幕上产生移动,从 B_0 移到 B_{18}。也就是说,在这种显示方式中,固定物标要按风流的影响(风流压方向的相反方向和速度)移动,活动目标尾迹表示该物标的对水速度及航向,本船艏线在航行中是稳定的。

(3)对地稳定真运动(Ground Stabilization True Motion)

如果速度输入由双轴多普勒计程仪输入对地速度,或由人工方法将风流的影响的速度输入雷达,则本船(扫描中心)在屏幕上将按实际的航迹向及对地速度移动,这种显示方式被称为对地稳定真运动显示方式,如图1-9-8(b)所示。由图可见,本船航向(艏线指向)与航迹向不一致,有一个偏差角 θ,并可见到艏线沿航迹向有平移的尾迹。本船移动的距离也变了,从 M_0 移到了 M'_{18},固定物标在屏幕上不动,仍在 B_0 点。活动目标 W 在屏幕上的移动方向和轨迹也变成了它自己对地的航迹向和速度,从 W_0 移到了 W'_{18}。

从上述特点可以看出,在狭水道导航时用对地稳定真运动显示较直观、方便,但在标绘、计

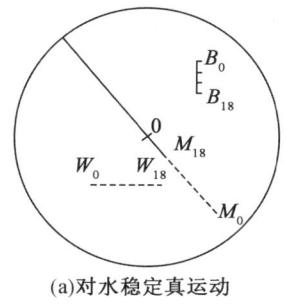 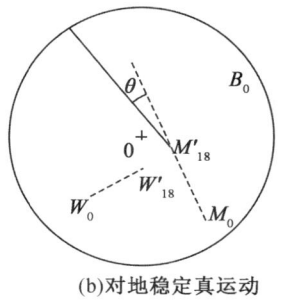

(a)对水稳定真运动　　　　　　(b)对地稳定真运动

图 1-9-8 对地、对水稳定真运动

算及判断碰撞危险、采取避碰措施时用对水稳定真运动较方便、准确。

第十节　雷达附属装置

一、多雷达系统

两部及两部以上雷达系统组合连接称为多雷达系统。根据《SOLAS 公约》要求，所有总吨位 3 000 及以上船舶应至少安装两套雷达系统，以达到互为备用、提高雷达设备可用性的目的，其中至少一套必须为 X 波段。因此按工作波段不同会出现两种不同的船舶雷达配置，即两套 X 波段雷达系统配置的同频双雷达系统，或一套 X 波段和另一套 S 波段雷达系统配置的异频双雷达系统。实践中，以后者系统配置较为常见。此外，在有些大型船舶上，为了避免出现雷达探测盲区，还安装有第三套雷达系统。早期的雷达设备工作可靠性较低，为了保证在航期间雷达可用性，可以选装雷达互换装置。随着雷达技术和电子信息技术的发展，配置两台或两台以上雷达设备的现代大型船舶还可以借助多雷达视频分配和视频叠加技术克服传统单雷达系统的局限性，使雷达可用性得以进一步发挥。

根据 IMO MSC.192(79) 和 IEC 62388 相关雷达性能标准的规定，多雷达系统的连接从雷达单元设备连接的角度出发，可以称为雷达互换；从雷达信息共享角度出发，又可以称为多雷达综合。从现代雷达技术角度出发，多雷达综合技术包括雷达视频分配与叠加。多雷达系统从传统简单的雷达互换到现代复杂的雷达综合是技术和功能发展的必然方向。

1. 雷达互换装置

实现雷达单元设备之间或雷达传感器之间互相转换的装置称为雷达互换装置，是雷达选配装置。

基本雷达系统由天线系统、收发系统和显示系统构成。将两台雷达联系起来并实现各部件互换的装置称为雷达互换装置。由雷达互换装置连接成一个系统的两台雷达就称为双雷达系统。通过雷达互换装置能实现两部雷达部件间的转换，提高了雷达使用的灵活性和工作的可靠性，减少了航行中的维修工作。

(1)同频双雷达器：两台雷达同为 X 波段或同为 S 波段，其雷达的四个分机可任意置换选用，但其中天线和波导必须同时转换。

(2)异频双雷达器：一台为 X 波段，另一台为 S 波段，其显示器和雷达电源分机可任意置换，由于发射机、天线及微波传输线只能工作于同一波段，故不能单独互换，只能作为一个整体互换。由于异频雷达的功能可以互补，故被普遍采用。图 1-10-1 是异频双雷达系统图。图 1-10-2 是互换装置面板布置及实物图。

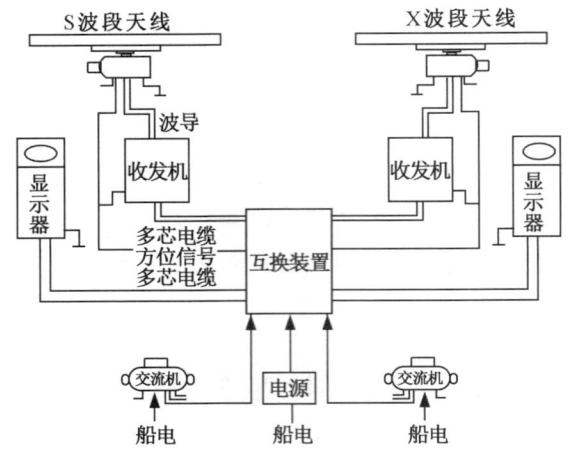

图 1-10-1　异频双雷达系统图

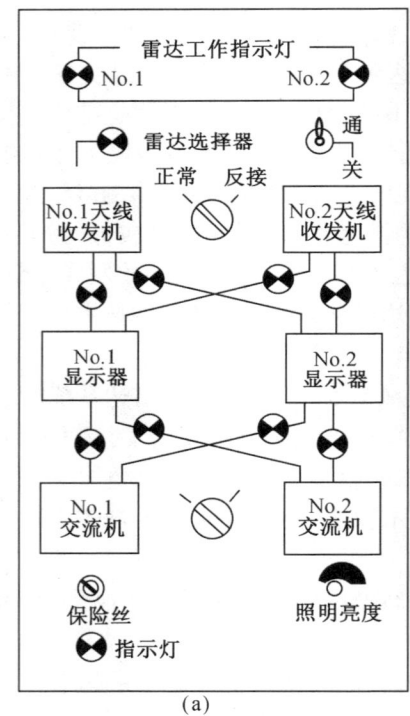

(a)

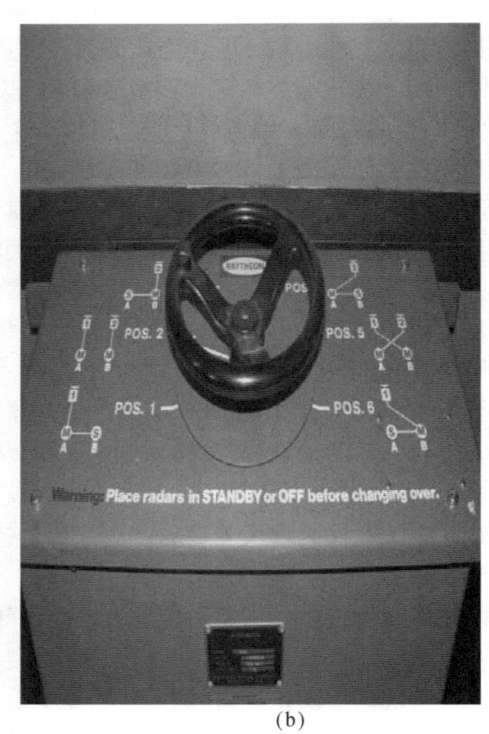

(b)

图 1-10-2　互换装置面板布置及实物图

（3）使用互换装置的优点：①可提高雷达工作的灵活性；②可提高雷达工作的可靠性。

电路中既有雷达电源，又有触发脉冲、视频回波、天线方位和船首信号等雷达信号，尤其对于模拟信号雷达，信号的特殊性和多样性，以及开关转换电路的技术特性，导致互换装置结构复杂、价格昂贵、互换程序烦琐、操作过程复杂，一旦操作失误，很容易导致设备故障。随着现代数字化雷达设备的可靠性不断提高,雷达互换装置的使用已经越来越少。

2. 多雷达系统综合

随着现代航海信息技术的快速发展,传统独立的雷达系统已经不能满足复杂水域、特殊航行环境和大型船舶的航行需要,将一台雷达的视频信息分配到多个信息处理与显示终端,实现视频信息共享;或将多台雷达传感器的视频信息优化互补,叠加在一个信息处理与显示终端,克服独立雷达传感器天线安装位置的局限性,对驾驶员更全面地掌握航行信息具有更积极的意义。完成这些功能的设备包括雷达视频分频器和雷达视频叠加技术。

在现代船舶上,雷达视频信息常常需要传输到其他航海仪器上,如 ECDIS 和 VDR,雷达传感器除了主信息处理与显示系统连接外,还需要将视频信号信息传输到其他设备或其他副雷达信息处理与显示系统。能够完成这种功能的装置,称为雷达视频分配器。

大型船舶为了克服独立雷达传感器的探测盲区,在船舶不同的位置安装更多的雷达传感器,通过设置来控制每个雷达传感器的探测扇区。不同雷达传感器分别探测本船的艏艉不同的扇区,将两者图像叠加再形成对本船周围水域的完整覆盖。这种图像处理技术称为雷达视频叠加。比如大型集装箱船的船首和驾驶台(船尾)相距较远,尤其在满载航行时船舶主雷达在船首方向存在较大的阴影扇形区域,通过在船首安装的雷达传感器与主雷达图像实现双信道雷达图像叠加,综合为完整的雷达图像,能够避免独立雷达传感器探测盲区的影响,改善了雷达探测环境。为了避免视频叠加盲区,通常可以将每个传感器的扫描扇区设置得大一些,使综合图像有一定的叠加区域。操作多雷达视频叠加时,驾驶员应注意所有的雷达传感器都应按照 INS 的要求使用相同的 CCRP 设置。

二、雷达性能监视器

雷达性能监视器(Radar Performance Monitor)是用来监视雷达辐射系统和接收机性能的装置。当雷达发射机和接收机性能下降 10 dB 时,显示器屏幕上的图像将明显变弱。雷达性能监视器可以方便、直观、有效地监视雷达天线、收发机的工作状态,特别是在肉眼看不到周围物标时可用来判断雷达工作状态是否正常。

根据监视器结构组成和安装位置,雷达性能监视器可分为辐射接收总性能监视器、辐射功率监视器和收发机性能监视器。

1. 辐射接收总性能监视器(Radiating System & Receiver Monitor)

(1)结构组成

这类性能监视器由角状喇叭天线和回波箱组成,装于天线底座上。角状喇叭天线辐射口面对雷达天线方向,其下端与回波箱相接。回波箱是一个空腔谐振器,其固有谐振频率可由调谐装置调谐到发射信号频率上。但平时有一螺杆插入谐振腔内,使它处于失谐状态。当打开显示器面板上的监视器开关时,由继电器控制拉出上述螺杆,使谐振腔处于谐振状态。辐射接收总性能监视器的结构如图 1-10-3 所示。

(2)监视对象

雷达工作并接通监视器开关后,雷达天线转到角状喇叭天线辐射口方向时,便有一小部分辐射能量进入谐振腔并激起谐振,振荡频率与发射频率相同(在安装时调妥),持续时间约为 10 μs(大于发射脉冲宽度 10~100 倍)。该振荡能量又从角状喇叭口辐射,并被雷达天线接收,经波导送接收机变频、放大、检波及视频放大后进显示器显示。送给显示器显示的视频信

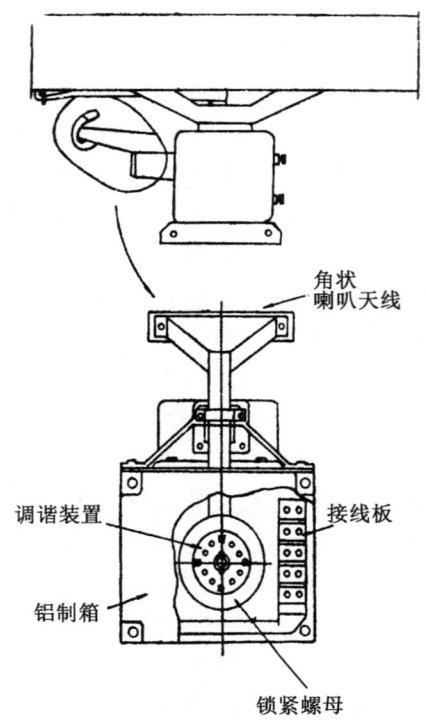

图 1-10-3　辐射接收总性能监视器的结构

号幅度显然与发射机的发射功率、波导、天线的损耗及接收机的灵敏度等有关。所以,这种显示器的监视对象为:发射机、接收机及波导、天线系统。

（3）图像及性能判断

这类监视器的图像有两种:一种是在监视器天线所在方向,屏幕上呈扇形波瓣,如图1-10-4(a)所示。其一般在安装、检修后或每隔一年要调整、测量一次。测量在最小量程或说明书规定的量程上进行,并把测量值(波瓣长度)作为标准记入雷达日志。平时做检查时,雷达工作 10 min 以上,量程按说明书要求放置,"调谐"钮调到最佳位置,"增益"钮调至最大,"STC"钮关到最小,接通性能监视器并测量波瓣长度。将此长度除以标准长度求得相对长度,再以相对长度为引数查图 1-10-4(b),则可查得总的性能衰减值。

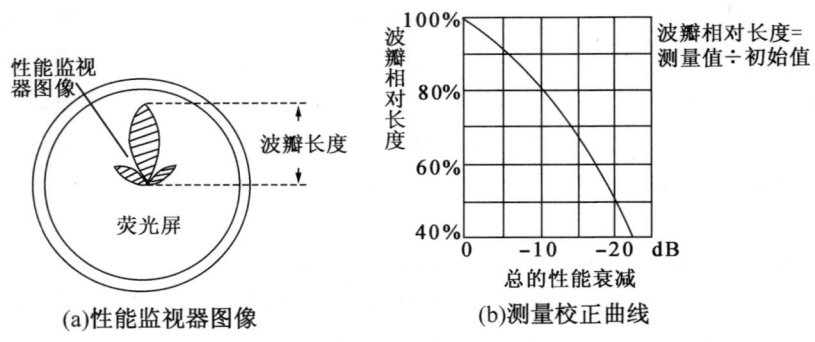

图 1-10-4　图像及性能判断

另一种雷达性能监视器图像如图 1-10-5 所示。在 24 n mile 或 48 n mile 测量时,若第 6 圈无弧线,则性能下降 5 dB;若第 5、6 圈均无弧线,则性能下降 10 dB。性能下降的原因可大致判断如下:若第 2 圈圆弧的同心角等于初始安装调试后所记下的原始同心角值 θ_1,则性能下降主要由接收机引起;若小于 θ_1,则性能下降主要由发射机引起。

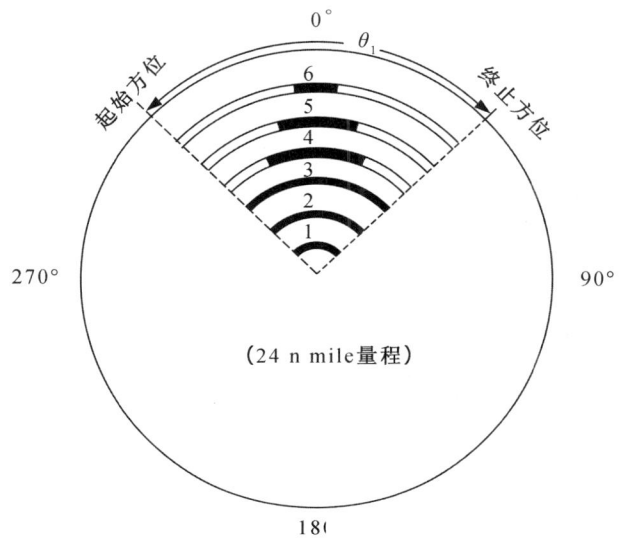

图 1-10-5 雷达性能监视器图像

2. 辐射功率监视器(Radiated Power Monitor)

这类监视器一般与收发机性能监视器配套安装。

(1)结构组成

辐射功率监视器由一个氖灯、电源控制电路和脉冲电流放大器组成。氖灯由支架托着装在天线底座上,一般位于船尾方向,如图 1-10-6(a)所示。氖灯的一端由显示器面板上"功率监视器"开关控制输入电源,另一端通过电阻 R_2 接地,电位器 RV_1 用于调整氖灯的消电离电平,在预调时,可调羽毛状图像长度。电阻 R_2 两端的脉冲电压信号送到监视器脉冲放大器放大,然后送显示器视频放大电路继续放大。电源控制电路和脉冲电流放大器均装在显示器附近的小盒内。

(2)监视对象

雷达工作并接通"功率监视器"开关时,氖灯两端加上电压,产生预游离。每当天线转到氖灯方向时,发射脉冲多次激励氖灯,氖灯的电离电流增加,形成脉冲电流,在电阻 R_2 两端形成脉冲电压信号,该信号经过放大后形成视频信号送显示器显示。脉冲信号的幅度与发射机发射功率,波导、天线的损耗大小有关,所以监视对象为发射机、波导和天线,故称为辐射功率监视器。

(3)图像及性能判断

辐射功率监视器在屏幕上的图像为氖灯方位上的羽毛状图像,半径一般为 2 n mile,如图 1-10-6(b)所示。如果羽毛状图像的长度比标准长度减小 30%,则说明辐射功率有明显减弱。当半径缩短到原长度的 75% 时,表明输出功率降低了 50% 左右。

此监视器也有用电表方式指示检测结果的。

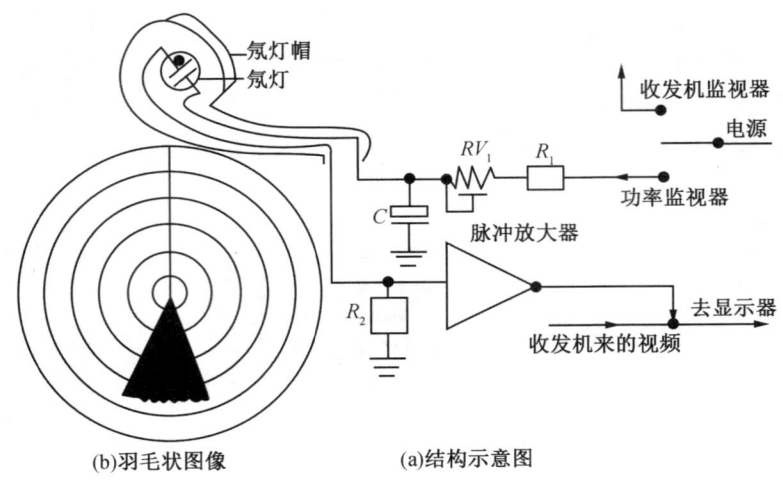

(b)羽毛状图像　　　　**(a)结构示意图**

图 1-10-6　辐射功率监视器

3. 收发机性能监视器(Transceiver Monitor,TX/RX M)

这类监视器和上一种监视器常见于台卡。

（1）结构组成

它是一种用一个直径约为 0.25 in 的小孔与收发机口附近的波导宽边相耦合的圆筒形空腔谐振器,后者又被称为"回波箱",其一端有一个调谐螺丝,可用来调整谐振器的固有频率与发射频率相同;另一端是失谐短路活塞,通过显示器面板上的"TX/RX MON"开关控制一个继电器推动动作。当"TX/RX MON"开关接通时,继电器动作,失谐短路活塞被拉到谐振腔腔壁,使谐振腔处于谐振状态,而在平时,失谐短路活塞伸入谐振腔,使其失谐,结构如图 1-10-7 (a)所示。

（2）监视对象

雷达工作并将"TX/RX MON"开关接通时,谐振腔失谐短路活塞拉回腔壁,谐振腔处于与发射频率(安装时用调谐螺丝调妥)谐振状态。当发射机(磁控管)发射时,部分能量通过耦合孔进入谐振腔,发射结束后腔体被激起振荡,并可持续二十几微秒。这个振荡能量在发射机发射结束后通过耦合孔又返回到接收机,经过变频、中放、检波及视频放大变成视频脉冲信号,并在显示器屏幕上显示。显然,由上述腔体内高频振荡的幅度与持续时间决定的该视频脉冲信号的幅度和宽度与发射机的发射功率、接收机的灵敏度等有关,故这种监视器的监视对象为发射机和接收机。

（3）图像及性能判断

监视器显示的图像如图 1-10-7(b)所示,是一个半径长约为 2 n mile 的"太阳亮盘"。半径比标准情况减小 10%,说明收发机性能有明显下降。

如果将辐射功率监视器和收发机性能监视器两项结果综合进行分析,则效果更好。分析判断方法如表 1-10-1 所示。

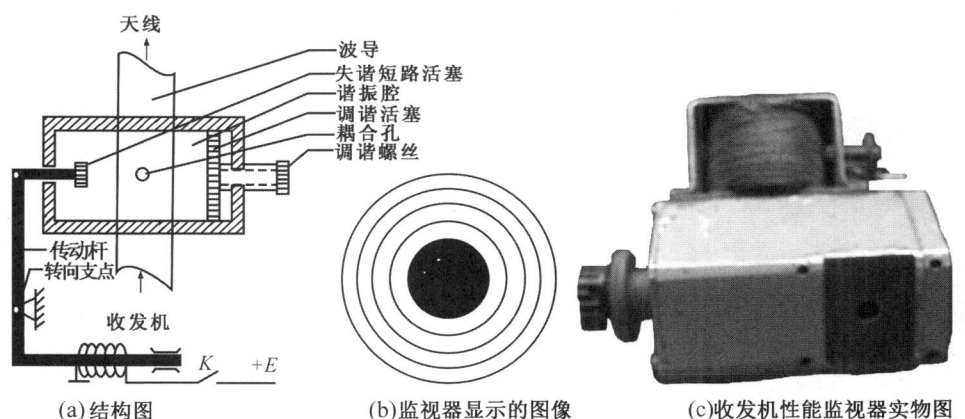

(a)结构图　　　　　(b)监视器显示的图像　　　(c)收发机性能监视器实物图

图 1-10-7　收发机性能监视器

表 1-10-1　分析判断方法

测试结果		分析结果
太阳亮盘	羽毛状圈	
正常	正常	整个设备工作正常
正常	不正常	收发机正常,但在波导和/或天线中有损耗（假定监视器脉冲放大器性能正常）
不正常	正常	接收机性能降低
不正常	不正常	收发机性能降低,或波导和/或天线性能下降,或显示器里的视频放大器性能降低

第二章　船用雷达的使用性能及其影响因素

　　船用雷达的使用性能是雷达探测能力的标志,是使用者所关心的指标,也是用户选购雷达的主要依据。使用者对其所使用的雷达性能必须充分了解,同时,这些使用性能也是设计者的主要依据,是产品考核的指标。雷达的使用性能主要有:最大探测距离、最大作用距离、最小作用距离、图像距离与方位的分辨力、测量距离与方位的精度、抗杂波干扰能力、环境适应性和可靠性等。

　　航行在不同海区的各种用途的船舶,对所配备的船用雷达的各项使用性能的要求也不尽相同,如远洋航行的大型船舶,最关心的是要雷达能尽早发现远距离物标,以便进行远距离定位,即要求雷达的远距离性能好。对于航行在沿海和内河的小型船舶,最关心的是图像的清晰度,以便于避碰,即要求雷达的图像分辨力高、盲区小、近距离性能好。此外,不同的船舶对雷达的分机尺寸、结构,要求承受的摇摆、振动程度、环境温度、湿度等也不尽相同。

　　船用雷达的使用性能除了与雷达本身的各项技术指标(例如工作波长、脉冲宽度、发射功率、接收机灵敏度、天线波束宽度等)有关外,还受外在因素(例如大气折射、海面反射及外界干扰波等)的影响。只有深刻理解了雷达使用性能与其影响因素之间的关系,才能真正掌握所使用雷达的探测能力及其局限性,做到心中有数,从而正确判断和使用雷达提供的回波信息,以保证船舶航行安全。

第一节　雷达的测距性能及其影响因素

　　雷达的测距性能主要有最大探测距离、最大作用距离、最小作用距离、距离分辨力、测量距离的精度等。

一、最大探测距离及其影响因素

　　众所周知,地球可近似看成一个椭圆球体。在考虑地球曲率、天线高度、物标高度及雷达电波传播空间大气折射影响时的雷达可能观测的最大距离,称为船用雷达的"最大探测距离",又称为"极限探测距离",以符号 R_{max} 表示。

　　如图 2-1-1 所示,对于天线高度为 $h(m)$ 的雷达来说,雷达波通过大气时要产生折射,在标准大气折射条件下能辐射到的地平范围,即雷达地平为

$$D_R = 2.23\sqrt{h} \quad (\text{n mile}) \tag{2-1-1}$$

上面提到的标准大气折射条件是指:

　　(1)在海平面上大气压力为 1 013 hPa,高度每升高 305 m,即降低 36 hPa;

　　(2)在海平面上的温度为 15 ℃,高度每升高 305 m,即降低 2 ℃;

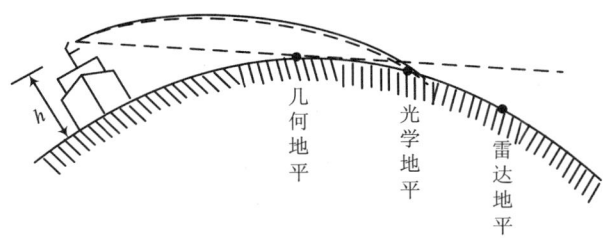

图 2-1-1 雷达地平

（3）相对湿度为 60%（不随高度变化）。

在标准大气情况下，大气折射指数在海平面上的值为 1.000 325，并随高度做均匀变化，高度每升高 305 m，即减小 0.000 013。如果考虑物标高度，如图 2-1-2 所示，在标准大气条件下，则船用雷达的最大探测距离 R_{max} 应为

$$R_{max} = 2.23(\sqrt{h_1} + \sqrt{h_2}) \quad (\text{n mile}) \tag{2-1-2}$$

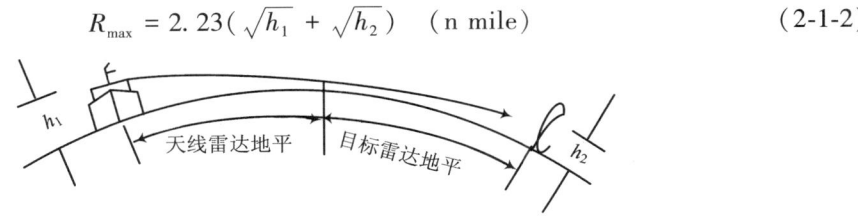

图 2-1-2 雷达最大探测距离

式中：h_1——雷达天线（高出水面）的高度（m）；

h_2——物标（高出水面）的高度（m）。

上式计算出来的距离是理论值，实际上能否在雷达上看到物标，还和雷达技术参数、物标反射能力及传播条件等多种因素有关。

此外，在实际使用中，遇到的环境条件不可能都符合标准大气条件，会使得雷达波在传播过程中发生异常折射情况。异常折射的情况主要有以下几种。

（一）次折射（又称为欠折射或负折射）

当气温随高度升高而降低的速率比正常大气情况下变快，或相对湿度随高度升高而增大时（即大气折射指数随高度升高而减小的速度变慢，甚至折射指数反而随高度升高而增大时），生次折射现象发生，如图 2-1-3 所示。此时，大气的异常折射会使雷达波束向上弯曲。这样随着距离的增加，波束离地面越高，使得本来在正常折射时应探测得到的物标此时探测不到了。这种情况可使小船等物标的探测距离减小 30%~40%，有时也会丢失近距离的低物标（如小船、冰块等）。

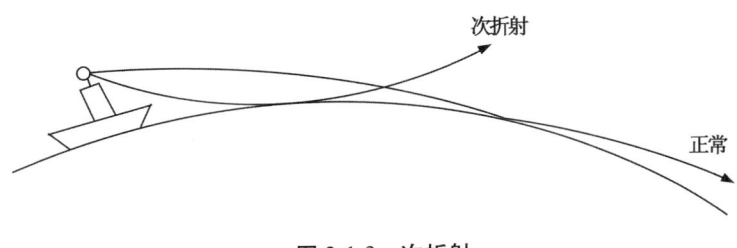

图 2-1-3 次折射

次折射一般发生在极区及非常寒冷的大陆附近。大陆上空的冷空气移向温暖的海面上空,即出现"上冷下热"和"上湿下干"的情况。发生这种现象的另一个条件是当时的天气必须是良好的。

（二）超折射（又称为过折射）

与上述发生次折射的情况相反,即当气温随高度升高而降低的速度比正常情况下变慢,或相对湿度随高度升高而减小时,此时大气折射指数随高度升高而减小的速度变得更快,则会发生超折射现象。此时,雷达波束向下弯曲而会传播到更远的地方,如图 2-1-4 所示。这样,雷达的探测距离较之正常折射时要远。

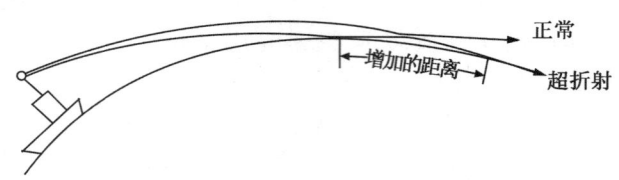

图 2-1-4　超折射

超折射经常发生在热带及炎热的大陆附近,如红海、亚丁湾等海域。在良好的天气里,炎热的大陆上空温暖而干燥的空气团压向冷而潮湿的海面,即出现"上热下冷"和"上干下湿"的情况时,经常会发生这种超折射现象。

（三）大气波导现象

超折射现象特别严重会导致大气波导状传播,即雷达波被大气折射向海面,由海面反射至大气,再由大气折射向海面,如此往复,犹如在波导中传播一样,故称之为大气波导。因为雷达波是在大气与海面之间反射传播,故又称之为"表面波导"现象,如图 2-1-5 所示。在这种情况下,雷达的探测距离将大大增加,甚至超过 100 n mile,从而在雷达屏幕上产生二次扫描假回波,这种假回波留待后述。

当在良好的天气里,海面以上一定高度(如 300 m)上空出现一层温暖的反射层时(即存在逆温层时),那么将会发生另一种大气波导——高悬波导。这种现象同样会大大增加雷达探测距离。但高悬波导并非会在所有方向发生,且与雷达工作波长有关,即有时 S 波段雷达上可探测到极远距离目标,而在 X 波段雷达上却探测不到;反之亦然。这种异常传播现象经常发生在红海、亚丁湾等海域。

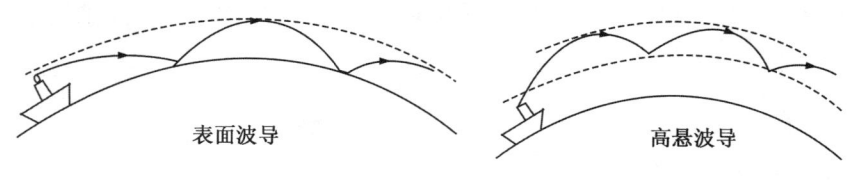

表面波导　　　　　　　　　　高悬波导

图 2-1-5　大气波导

二、最大作用距离及其影响因素

雷达最大探测距离是雷达探测目标的一个界限值,一般探测不到界外物标。但是,雷达是否能观测得到界内物标,还受具体雷达的技术参数、物标的反射性能、电波传播条件及外界干扰等多种因素影响。

在一定的电波传播条件下,对某一特定的目标,雷达能满足一定发现概率时所能观测的目标最大距离即为该雷达的最大作用距离,用符号 r_{max} 表示,它表示雷达探测远距离目标的能力。因为它既与雷达的许多技术参数(技术指标)有关,又与目标的反射性能、电波传播条件及外界干扰等因素有关,所以它并不是一个固定数值。下面具体介绍影响 r_{max} 大小的诸因素。

(一)雷达技术参数(技术指标)及物标反射性能对 r_{max} 的影响

如果不考虑雷达波在大气中的折射和吸收,也不考虑海面或地面反射及各种干扰,即假定雷达波是在所谓的"自由空间"中传播,则雷达的最大作用距离可用下面的雷达方程式确定

$$r_{max} = \left(\frac{P_t \cdot G_A^2 \cdot \lambda^2 \cdot \sigma_0}{64\pi^3 P_{r\,min}} \right)^{1/4} \tag{2-1-3}$$

式中:P_t——天线的发射功率;

G_A——天线增益;

λ——工作波长;

σ_0——物标的有效散射面积(又称为目标的雷达截面积);

$P_{r\,min}$——接收机门限功率。

1. 雷达技术指标的影响

(1)从雷达方程式中可知,r_{max} 与 P_t 的四次方根成正比。因此,增加发射功率,最大使用距离增加并不显著,况且增加发射功率,付出代价大,不可取。

(2)r_{max} 与 $P_{r\,min}$ 的四次方根成反比,减小 $P_{r\,min}$(即提高接收机灵敏度)可增加 r_{max},但影响也不显著。尽管如此,由于减小 $P_{r\,min}$ 是在低压小功率的器件电路中进行,付出代价较小,故人们还是不断在这方面努力。

(3)从雷达方程中还可看出,r_{max} 与 G_A 和 λ 的平方根成正比。显然,天线增益与工作波长对最大作用距离影响较大。但天线增益与工作波长和天线口径长度尺寸互有影响。在谈及某一种因素对最大作用距离的影响时,应假定其他各种因素为常量。例如,增长波长会使天线增益降低(假如天线口径尺寸不变);而要想提高天线增益 G_A 来增加 r_{max},又要保持工作波长 λ 不变,那么就必须增大天线口径长度尺寸。

(4)除了上述雷达技术参数外,显然雷达作用距离还受到雷达极限探测距离的限制。

2. 物标反射性能的影响

因为雷达是依靠接收物标反射回波来探测目标的,所以物标反射雷达波性能的强弱显然会影响雷达的最大作用距离。通常物标反射雷达波性能的强弱可用有效散射面积来表示。有效散射面积 σ_0 的定义是:将物标看成各向同性的等效散射体,它以相对于雷达波方向的截面积 σ_0 吸收发射波能量并无损耗地向四周均匀散射,使得在天线处的反射功率通量密度与由该物标实际反射时等同,则 σ_0 称为该物标的有效散射面积。它表示物标对雷达波的散射能力。实际物标的反射性能(即有效散射面积)与物标的几何尺寸大小、形状、表面结构、入射波方向、材料及雷达波工作波长等因素有关。下面分别介绍这些因素对物标反射性能的影响。

(1)物标尺寸对反射性能的影响

一般情况下,物标的尺寸越大,被雷达波束照射到的面积越大,则回波越强。但对具体物

标来讲,其宽度、高度和深度各自对反射性能的影响,并非简单的物标尺寸越大回波越强的关系,还得视具体情况而论。

就宽度而言,若物标宽度比雷达水平波束窄,则回波强度与其宽度成正比;反之,则回波强度与物标总宽度无关。

就物标高度而言,一般物标高度与回波强度成正比。但对高山物标来讲,还要视其坡度、坡面结构及覆盖状况等诸因素而定,并非简单认为山越高回波越强。

就物标深度而言,由于受遮蔽效应的影响,雷达只能探测到物标前缘,对被前缘遮挡的外缘,雷达则无法显示,即物标的深度往往雷达不能加以显示。如图 2-1-6 所示,该船右侧有两个深度不同的物标,但由于面对该船雷达一侧的宽度和高度差不多,以致雷达屏幕上的回波形状看起来差不多。这就是遮蔽效应造成物标深度无法全部显示出来的缘故,故物标深度对回波的强度影响也并非越深越强。

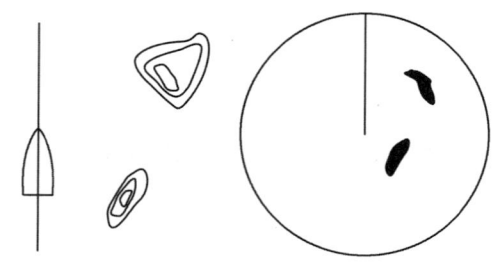

图 2-1-6　不同的小岛得到相似的回波影像

（2）物标形状、表面结构及入射波方向对反射性能的影响

物标对雷达波的反射强弱与物标表面形状、结构及雷达波的入射角有关,并服从光学反射定律。下面对几种形状的物标来分别说明。

①平板形物标

反射表面呈平板形的物标,其回波强度与其表面状况(如光滑程度)和雷达波入射角的大小有关。

对表面光滑的物标(如大建筑物的墙壁、礁石、冰山、沙滩及泥滩的斜面、没有植物覆盖的山坡等可视为光滑平面物标)而言,雷达波的入射角至关重要,若雷达波垂直物标表面入射,则入射的雷达波将全部返回雷达[如图 2-1-7(a)和(e)物标],回波强度很强。若入射余角不是 90°,则反射波将偏离雷达而去[如图 2-1-7(b)和(f)物标],雷达将收不到该目标的回波。

对表面粗糙的物标(如断裂成很多面的断崖峭壁及冰山的垂直面,覆盖有树林、灌木或鹅卵石的斜丘等可视为粗糙的平面)而言,则不管雷达波入射角如何,仍会有小部分散射波返回雷达[如图 2-1-7(c)、(g)和(h)物标]。

对由三个相互垂直的平面构成的"角反射器",只要雷达波在某一定角度范围内入射进角内,则反射波将以完全相反的方向反射出来,故其反射性能特别强[如图 2-1-7(d)物标]。

②球形物标

球体反射性能很差,表面光滑者尤其如此,如图 2-1-8 所示,只有球面上正对着雷达的一点才将回波反射回雷达,所以回波较弱。只有当球面粗糙时,其散射效果才会使反射波稍强些。这类物标有球形浮标及球形油罐等。

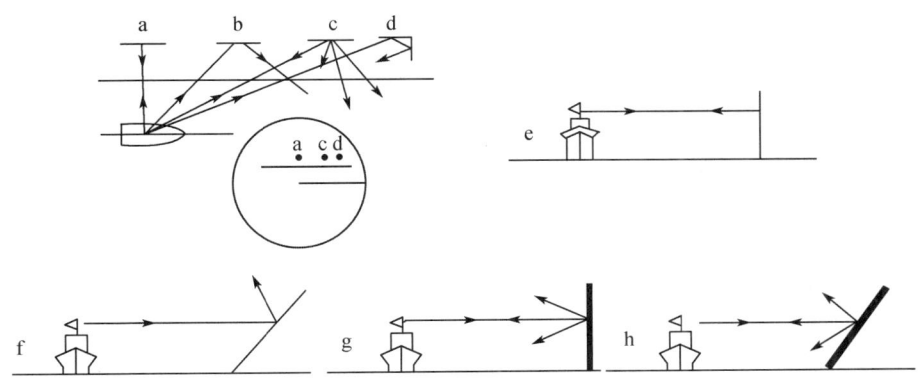

图 2-1-7　平板形物标对雷达波的反射

③圆柱形物标

像烟囱、煤气罐、系船浮筒这类圆柱形物标,其水平方向的
影响与球体相似,垂直方向的影响则和平板一样,如图 2-1-9
所示。当然,具体的回波强度要视其尺寸大小和入射角而定。

④锥形物标

像灯塔、教堂尖顶及锥形浮标这类锥形物标的反射性能很
差,只有当雷达波束与其母线垂直时,其反射性能才和圆柱形
物标相同,如图 2-1-10 所示。

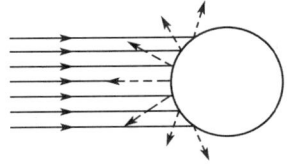

图 2-1-8　球形物标的反射特性

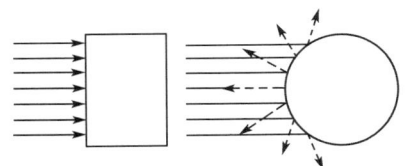

图 2-1-9　圆柱形物标的反射特性

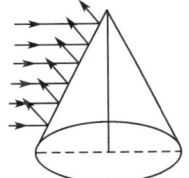

图 2-1-10　锥形物标的反射特性

（3）物标材料对反射性能的影响

物标的材料不同,其回波强度也不同。物标反射强弱可用反射系数表示。反射系数是指
反射能量与入射能量的比值,反射系数取决于物标材料的基本电特性,导电性能好的材料其雷
达波的反射系数也大。金属比非金属（如石头、木头和冰）的反射强。若钢的反射系数为 1,则
海水的反射系数为 0.8,冰的反射系数为 0.32。石头和泥土的反射性能也较差,其反射系数大
小取决于它的成分及上面植物生长的情况。金属矿物会增加回波强度。木质和玻璃钢是很差
的反射材料,应特别注意这些材料制造的小型渔船和游艇。但是,物标材料引起的回波强弱差
异,比起入射角、物标尺寸大小及其形状的影响来说要小得多。

（4）工作波长对反射性能的影响

由物理学波动理论可知,目标的有效散射面积与雷达波长有关。对于尺寸比雷达波长小
很多的目标（如雨雪）来说,其有效散射面积与波长的 4 次方（λ^4）成反比,故 3 cm 雷达的雨雪
干扰要比 10 cm 雷达强得多。对尺寸比雷达波长大很多的目标来说,其有效散射面积基本不

随波长而变。一般海上目标的尺寸均大于雷达波长很多，因此其有效散射面积与波长的关系变化不大。

综上所述，目标的有效散射面积受诸多因素影响，对各种目标的有效散射面积的理论计算公式也较复杂，理论计算的结果和实际情况也不尽相符，故在此不做介绍了，仅在表 2-1-1 中列出几种海上常见的舰船的有效散射面积，供参考。

表 2-1-1　海上常见的舰船的有效散射面积

目标	有效散射面积(m^2)	目标	有效散射面积(m^2)
小型货船	1.4×10^2	潜艇（在水面）	$37 \sim 140$
中型货船	7.4×10^3	小型运输舰	150
大型货船	1.5×10^4	中型运输舰	7 500
拖网渔船	750	大型运输舰	15 000
快艇	100	巡洋舰	14 000

（二）海面镜面反射对雷达最大作用距离的影响

当海面平静时，到达海上物标的雷达波由直射波和经海面镜面反射的反射波组成，如图 2-1-11（a）所示。由于直射波与反射波传播路径不同，因此在物标处的雷达波的电场强度将取决于两者的相位和强度（即等于两者的矢量和）。

假设海面反射系数为 1，反射相移角为 180°时，则存在海面镜面反射时的雷达最大作用距离 r'_{max} 可表示为

$$r'_{max} = 2r_{max} \sin\left(\frac{2\pi H_1 H_2}{r_{max}\lambda}\right) \tag{2-1-4}$$

式中：r'_{max}——无海面镜面反射时的最大作用距离；

　　　H_1——天线高度；

　　　H_2——物标高度；

　　　λ——工作波长。

设 $n = \dfrac{4H_1 H_2}{r_{max}\lambda}$，则上式可简写为

$$r'_{max} = 2r_{max} \sin\left(\frac{\pi}{2} \cdot n\right) \tag{2-1-5}$$

其中，$\sin\left(\dfrac{\pi}{2} \cdot n\right)$ 之值在 $0 \sim 1$ 之间变化，故有

$$0 \leqslant r'_{max} \leqslant 2r_{max}$$

这说明有海面镜面反射时的作用距离有时为 0，有时等于无海面镜面反射时的 2 倍。

随着 n 值的变化，海面反射会造成雷达波束在垂直方向上的分裂现象，如图 2-1-11（b）所示。这种分裂的波瓣使得有些低空物标有时处在最大值范围，有时处在最小值范围里，因此在屏幕上的回波将时隐时现。物标如果高度低于最低波瓣，则不能被探测到。此外，由于最低波瓣仰角与波长成正比$\left(\theta = \dfrac{\lambda}{4H_1}\right)$，故对海面低物标的探测能力，3 cm 雷达要比 10 cm 雷达好。

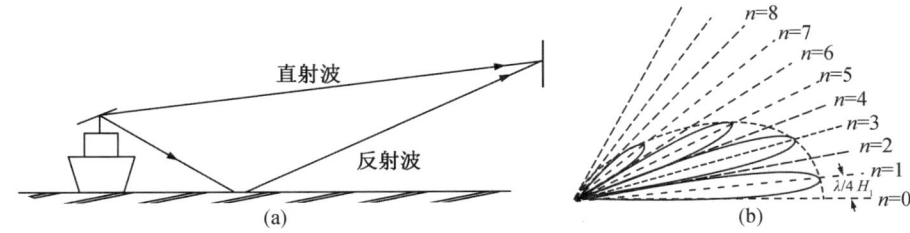

图 2-1-11　海面反射及造成波束分裂现象

(三)大气衰减的影响

大气衰减是指雷达波在大气层传播过程中受到大气吸收或散射导致雷达波能量的衰减。这在大气中有雾、云、雨雪等含水量增大时更为严重。

其特点是:

(1)水蒸气对 3 cm 雷达波的衰减比 10 cm 雷达波大 10 倍多。

(2)雨对雷达波的衰减随雨滴及密度的增大而增加,使最大作用距离 r_{max} 明显减小。雨对 3 cm 雷达波的衰减比对 10 cm 雷达波大 10 倍左右,故雨天宜选用 10 cm 雷达。

(3)一般的雾对雷达波的衰减较小,但能见度为 30 m 的大雾对雷达波的衰减要比中雨引起的衰减还要大。

(4)大气中的云和雨雪,除了引起雷达波衰减外,还将产生反射回波,扰乱屏幕图像。其反射回波的强度除和雨雪的密度、雨滴大小及云层的含水量大小等有关外,还和雷达天线波束宽度及脉冲宽度等雷达技术参数有关。当雷达天线波束宽度和脉冲宽度较宽时,雨雪和云的反射回波强度将增大。

综上所述,雷达最大作用距离并非一个常数,通常都是采用列表形式来表示其性能的。

性能标准对雷达最大作用距离性能的要求如下:

在正常电波传播条件下,雷达天线高出水面 15 m,且无杂波干扰,应能清楚显示各种物标的距离,如表 2-1-2 所示。

表 2-1-2　在无杂波干扰条件下雷达物标的发现距离

目标特征		探测距离(n mile)	
物标类型	水面以上高度(m)	X 波段	S 波段
岸线	60	20	20
岸线	6	8	8
岸线	3	6	6
SOLAS 船舶(>5 000 总吨)	10	11	11
SOLAS 船舶(>500 总吨)	5	8	8
配有雷达反射器的小船	4	5	3.7
配有角反射器的导航浮标	3.5	4.9	3.6
典型导航浮标	3.5	4.6	3
未配雷达反射器的 10 m 小船	2	3.4	3

三、最小作用距离及其影响因素

最小作用距离是指雷达能在显示器屏幕上显示并测定物标的最近距离,它表示雷达探测近物标的能力。在此距离以内的区域称为雷达盲区,盲区中的物标,雷达观测不到。盲区太大,不利于船舶雾天和夜间进出港及狭水道航行。

当雷达天线较低或物标较高,即物标始终处在天线波束照射内时,雷达最小作用距离 r_{min1} 由式(2-1-6)决定

$$r_{min1} = \frac{c}{2}(\tau + t_r) \tag{2-1-6}$$

式中:c——$3×10^8$ m/s(电波传播速度);

τ——发射脉冲宽度(μs);

t_r——收发开关实际恢复时间。

可见,τ 越窄,t_r 越短(为此,旧收发开关管应及时更新),则雷达最小作用距离越小,雷达探测近距离物标的能力越好。

当雷达天线较高或物标较低时,物标可能进入天线垂直波束照射不到的区域,如图 2-1-12 所示。图中的"零发射线"是天线主瓣垂直波束下边缘的切线。因为在半功率点以外的一定角度内仍有可能探测到物标,所以用"零发射线"来计算 r_{min} 要比用波束半功率点射线(图中虚线所示)更符合实际。

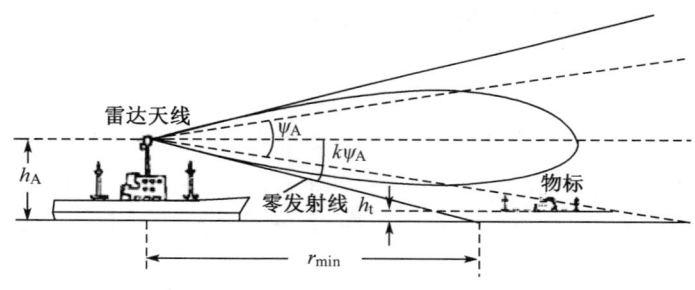

图 2-1-12　最小作用距离示意图

零发射线与海平面的夹角约等于天线垂直波束宽度 θ_v,因此可用式(2-1-7)近似计算最小作用距离 r_{min2}

$$r_{min2} = h_A \cot\theta_v \tag{2-1-7}$$

式中:h_A——雷达天线高度(m);

θ_v——天线垂直波束宽度。

可见,雷达天线越低,垂直波束越宽,则 r_{min2} 越小,雷达探测近距离物标的性能越好。一般情况下,r_{min1} 和 r_{min2} 是不相等的,应以较大者作为雷达最小作用距离 r_{min}。

用这种方法计算出来的雷达盲区值往往与实际有出入,通常实际应用中是采用实测法来测定本船雷达的最小作用距离。实测的方法是:用雷达观测近距内逐渐靠近(或远离)本船的小艇或浮筒,测出它们的回波亮点消失(或出现)时的距离,即雷达的盲区值。由于船舶吃水不同,天线高度 h_A 值也不同,因此应在船舶空载、半载和满载条件下分别测定数次,分别取平均值,作为船舶空载、半载和满载时的雷达盲区值,并记录在雷达日志中。当雷达盲区值的实

测值与计算值不一致时,应取实测值记入雷达日志中。

性能标准规定,在晴好天气、天线高于水面 15 m 且本船航速为零时,雷达不做任何其他调整仅改变量程,应能够在 40 m~1 n mile 的水平距离中连续观测到表 2-1-2 中所列的典型导航浮标(高度 3.5 m)。性能标准强调在 40 m~1 n mile 范围里连续观测目标,是为了排除雷达垂直波束旁瓣的影响;其他限定条件则是尽可能地排除各种随机因素的影响。

四、距离分辨力及其影响因素

雷达的距离分辨力表示雷达分辨同方位的两个相邻点物标的能力,以可分辨的两物标之最小间距 $\Delta r_{\min}$ 表示,$\Delta r_{\min}$ 越小,表示雷达距离分辨率越高。当同方位的两个物标逐渐靠拢时,雷达屏幕上两个物标的回波亮点也将逐渐接近,当两个回波亮点相切时,两物标间的实际距离即为雷达的距离分辨力 $\Delta r_{\min}$。

雷达的距离分辨力主要取决于发射脉冲宽度、接收机通频带及屏幕光点尺寸大小等因素,具体可由式(2-1-8)决定

$$\Delta r_{\min} = \frac{c}{2}\left(\tau + \frac{1}{\Delta f}\right) + 2R_{\mathrm{D}}\frac{d}{D} \tag{2-1-8}$$

式中:c——电波传播速度;

　　　τ——发射脉冲宽度;

　　　Δf——接收机通频带;

　　　d——光点直径;

　　　D——屏幕直径;

　　　R_{D}——所用量程距离。

式中的第一项是发射脉冲宽度 τ 造成物标回波径向延伸 $\frac{c}{2}\tau$ 距离。若两物标的间距小于 $\frac{c}{2}\tau$,则两物标的回波将会发生重叠。式中的第二项是回波脉冲通过有限通频带为 Δf 的接收机放大后会使脉冲波形后沿拖长(失真)时间相应的距离,后沿拖长也会造成前后两物标回波的重叠。式中的第三项是光点直径在所用量程距离 R_{D} 挡上所代表的实际距离,即因为光点尺寸造成物标回波外沿的扩展影响,所以两物标实际间距 Δr 必须大于上述三者之和 $\Delta r_{\min}$,方能使两物标回波在屏幕上分开可辨。图 2-1-13 显示了雷达图像径向扩大效应及其对距离分辨力的影响。

由式(2-1-8)可见,要提高雷达的距离分辨力,即为使 $\Delta r_{\min}$ 小,则应做到:

(1)使用窄脉冲(τ 小)工作;

(2)使用宽频带接收机(Δf 大);

(3)用较大屏幕的显像管(D 大);

(4)聚焦要良好(d 小);

(5)用近量程观测(R_{D} 小)。

性能标准规定,在平静的海面使用 1.5 n mile 或更小的量程,在量程的 50%~100% 范围内,两个点物标的距离分辨力应不低于 40 m(此前的标准为 50 m)。

应该注意到,性能标准给出的距离分辨力是在雷达目标分辨力较高的量程段(即近量

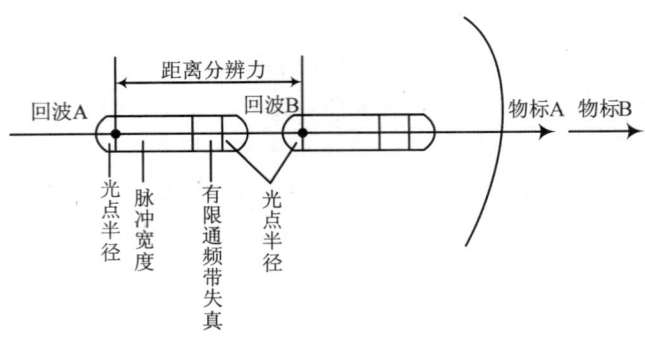

图 2-1-13　雷达图像径向扩大效应及其对距离分辨力的影响

程），将雷达调整在最佳状态下取得的。在实际操作雷达时，如果使用量程在 3～24 n mile 变化，则距离分辨力低于性能标准规定。

五、测距精度及其影响因素

造成雷达测距误差的因素很多，主要有以下几项。

（一）同步误差

从前面的分析已知，雷达目标的距离是由屏幕上扫描起始点和回波之间的间隔表示的。若扫描起始时刻和发射机发射时刻均直接由触发脉冲来触发，则由于发射机电路及波导系统对发射脉冲的延时作用，造成扫描起始时刻超前于天线口辐射的时刻，势必造成显示屏幕上显示的目标距离将比天线口到目标的实际距离大，形成一固定的测距误差，此即同步误差。这项误差一般可通过调整延时线抽头位置，使扫描起始时刻等于发射机发射时刻，从而予以消除。但由于电源电压变动，温、湿度变化等随机因素，同步误差不能用延时线的调整完全予以消除。雷达在使用中应定期检查，若发现存在固定的测距误差，则应及时重新调整延时线抽头予以消除。

（二）固定距标和活动距标的不精确引起的测距误差

固定距标和活动距标本身均有误差，用它们测量目标的距离必然也会有误差。固定距标通常在雷达厂内已校准至误差为所用量程的 0.25% 以内。若物标回波处在两距标圈之间，则人眼内插误差约为所用量程距离的 5%。

活动距标的误差为所用量程距离的 1%～1.5%，在使用中，应定期将它与固定距标进行对比，即通常应用固定距标来校准活动距标。在使用固定距标或活动距标时，应将其亮度调到最小限度上，以免距标圈过亮妨碍图像观测及影响测距精度。

（三）统一公共基准点误差

性能标准要求在驾驶台显示器上水平测量得到的目标数据，如距离、方位、相对航向和航速、CPA 及 TCPA 等，都应当是参考本船特定位置点的数据。通常此特定位置点可设置在船舶驾驶台的指挥位置，如 IBS 综合信息显示器位置、船舶主雷达显示器位置或驾驶台引航工作台位置等。此特定位置点定义为统一公共基准点（CCRP）。雷达 CCRP 误差补偿设置应在安装时完成，航行需要时能够调整。误差补偿量的不准确会导致在雷达显示器上测量目标的距离时产生相对于 CCRP 的距离误差。对于多雷达系统，选择不同雷达传感器时，根据性能标准的要求,系统应能够自动补偿所选天线位置变化引起的 CCRP 误差。

（四）光点重合不准导致的误差

因为雷达屏幕上的光点是有一定尺寸的,若光点直径为 d,则它会使回波尺寸在各个方向均增大 $d/2$,所以回波的边缘并不恰好代表物标的边缘。在测距时,距标圈与回波前缘会由于重合不准而产生测距误差。由于距标圈也同样存在边缘增大 $d/2$ 的现象,因此,为了消除光点扩大的影响,应使活动距标圈内缘与回波影像内缘相切进行正确重合,才能得到准确的距离读数。

（五）脉冲宽度造成回波图像外侧扩大引起的测距误差

脉冲宽度会造成雷达回波图像外侧扩大 $c \cdot \tau/2$,这是雷达回波图像的固有失真。倘若选择回波外侧边缘测距,必然会引起 $c \cdot \tau/2$ 的测距误差。为此,应尽可能不选用回波外侧边缘测距,并尽可能选用短脉冲工作状态。

（六）物标回波闪烁引起的误差

本船和物标摇摆及它们之间的相对运动,造成雷达波束照射物标的部位发生变化,引起物标回波的反射中心不稳而存在物标回波的闪烁现象,从而导致测距误差。

（七）雷达天线高度引起的误差

雷达测定的物标距离是天线至物标的距离,而不是船舷至物标的水平距离。天线高度越高,影响越大;物标距离越远,影响越小。

（八）其他系统误差

对于个别型号陈旧的雷达,非线性扫描也会给雷达带来距离误差。

性能标准规定,利用固定距标圈和活动距标圈测量物标距离,系统误差不能超过所用量程的 1%或者 30 m(此前的标准为 1.5%或者 70 m)中较大的一个值。实际的测距误差还与干扰杂波的强度、海况及使用者的操作技术有关。

作为船舶驾驶员,使用雷达测距时,为了减小测距误差,应当注意以下事项:

(1)正确调节显示器控制面板上各控钮,使回波饱满清晰。

(2)选择包含所测物标的合适量程,使物标回波显示于 1/2~2/3 量程处。

(3)应定期将活动距标与固定距标进行比对,进行校准。

(4)活动距标应和回波正确重合,即活动距标圈内缘与回波影像前沿(内缘)相切。

(5)尽可能选用短脉冲发射工作状态,以减少回波外侧扩大效应。

第二节　雷达的测方位性能及其影响因素

一、方位分辨力及其影响因素

雷达方位分辨力表示雷达分辨距离相同而方位相邻的两个点物标的能力,以能分辨的两物标间的最小方位夹角 $\Delta\alpha_{min}$ 来表示。$\Delta\alpha_{min}$ 越小,表示雷达方位分辨力越高。

影响方位分辨力的主要因素是水平波束宽度 θ_H、光点角尺寸 d(光点直径对屏幕中心的张角）及回波在屏幕扫描线上所处的位置。

当天线水平波束扫过海面上点物标时，首先是波束右边缘触及物标，此时屏幕上即开始显示回波，此后，在整个水平波束（宽度为 θ_H）照射点物标期间，回波一直持续显示，从而造成物标回波产生"角向肥大"，每边约扩大 $\theta_H/2$，如图 2-2-1 所示。此时，因为光点角尺寸 d 也会造成物标回波边缘的扩大约 $d/2$，所以雷达的方位分辨力应为两者之和，即由下式（2-2-1）决定：

$$\Delta\alpha_{min} = \theta_H + d \tag{2-2-1}$$

由于光点角尺寸 d 并非常数，而与其在扫描线上所处位置有关：光点离扫描中心越近，则其角尺寸 d 越大；反之离扫描中心越远，则其角尺寸 d 越小。若屏幕半径长度为 L_S，光点离扫描中心为 L，则分析表明：

当 $L \approx L_S/3$ 时，$d \approx \theta_H$，则 $\Delta\alpha_{min} \approx \theta_H$；

当 $L << L_S/3$ 时，$d >> \theta_H$，则 $\Delta\alpha_{min} \approx d > \theta_H$；

当 $L > 2L_S/3$ 时，$d < \theta_H$，则 $\Delta\alpha_{min} \approx \theta_H$。

综上可见，如图 2-2-1 所示，为提高雷达方位分辨力（即要使 $\Delta\alpha_{min}$ 小），应做到：

（1）减小天线水平波束宽度 θ_H；

（2）良好聚焦，减小光点角尺寸 d；

（3）正确选择量程，尽可能使欲分辨的回波显示在约 $2L_S/3$ 区域（太靠近屏边缘不好，因为那里聚焦不良）；

（4）还应适当降低亮度、增益，以减小回波亮点尺寸，此时可得

$$\Delta\alpha_{min} \approx (0.6 \sim 0.7)\theta_H \tag{2-2-2}$$

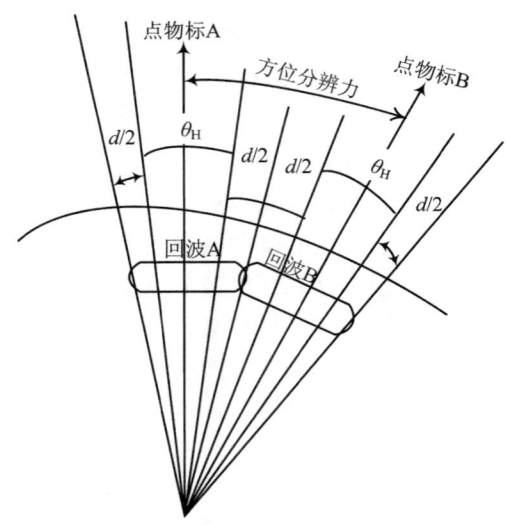

图 2-2-1　方位分辨力示意图

性能标准规定，在平静的海面上使用 1.5 n mile 或更小量程，在量程 50%～100% 的距离范围内（即 $L_S/2 \sim L_S$）观测两个等距离的相邻点物标，它们能分开显示的最小方位间隔应不大于 2.5°。

二、测方位精度及其影响因素

造成雷达测方位误差的因素很多,主要有以下几项。

1. 方位同步系统误差

天线角位置信号通过方位扫描系统传递给显示器,使扫描线与天线同步旋转。角数据传递有误差,使扫描线与天线不能完全同步旋转,因而导致方位误差。

2. 船首标志线(艏线)的误差

艏线出现的时间应与天线波束轴向扫过船首的时间一致,否则以艏线为参考测物标舷角就会出现误差。此外,艏线的指向还需与方位刻度圈的读数校准,在艏向上显示方式时,艏线应指方位刻度圈 0°,而且如艏线太宽,将使校准不精确而产生误差。

顺便指出,北向上显示方式还存在陀螺罗经引入的误差。该误差使艏线指示的航向角不准,也导致雷达测定物标回波方位的误差。

3. 中心偏差

在正常非偏心显示时,如果扫描中心 O_2 未调到与屏幕几何中心(圆心)O_1 相一致,则用机械方位标尺从固定方位刻度圈上测读的舷角 θ_1 不等于物标实际舷角 θ_2,出现方位误差,如图 2-2-2 所示。

4. 水平波束宽度及光点角尺寸造成的"角向肥大"误差

如前所述,水平波束宽度 θ_H 及光点角尺寸 d 分别产生回波图像的"角向肥大"(或称为方位扩大效应)$\theta_H/2$ 与 $d/2$,引起回波图像左右侧边缘共"肥大"了 $\theta_H + d$,如图 2-2-3 所示。在用机械方位标尺去测回波边缘方位,应注意修正"角向肥大"值($\theta_H/2 + d/2$)。若用电子方位线去测回波边缘方位,则应注意"同侧外沿"相切的正确重合方法,以消除光点角尺寸 $d/2$ 的影响,并仍需注意修正水平波束宽度造成的"角向肥大"值 $\theta_H/2$。

此外,由于光点角尺寸的大小与回波离屏幕中心远近位置有关,故应尽可能选择合适的量程,使回波尽可能显示于 1/2~2/3 量程区域为宜。

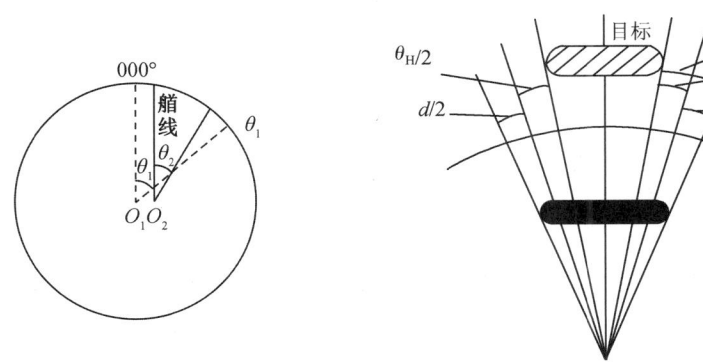

图 2-2-2　中心偏差　　　　　　　　图 2-2-3　回波图像的角向肥大

5. 天线波束主瓣轴向偏移角不稳定引起的误差

如前所述,隙缝波导天线波束主瓣轴偏离天线窗口法线方向 3°~5°。此偏离角可在安装雷达时进行校准,但在工作中还会随着雷达工作频率的漂移而改变,因此该误差不能完全消除。

6. 天线波束宽度及波束形状不对称引起的误差

雷达在测量点状物标方位时，通常是以回波中心方位作为物标方位。如果波束形状不对称，则回波的中心位置就可能发生畸变，并随回波的强度而变化。如果回波强度很强，波束形状又不对称，则对测方位精度的影响会很明显。

7. 方位测量设备的误差

方位刻度圈及机械方位标尺或电子方位线及其数据读出装置均可能存在误差，从而导致测方位误差。通常，电子方位线读数应当经常与机械方位刻度圈的读数进行对比。若有误差，应及时对电子方位线的读数进行校准，以减小测方位的误差。

8. 本船倾斜或摇摆导致的误差

当本船倾斜或摇摆时，雷达天线旋转面跟着倾斜，从而使得天线扫过的物标方位角与实际物标水平面上的方位角有误差。这项误差在艏艉和正横方向较小，在45°、135°、225°及315°方向上误差最大。在实际测量中，驾驶员应尽可能抓住时机，即在船体处于水平位置的瞬间测定雷达物标的方位，而且应尽可能避免在四个隅点方向上（即从船首方位算起的45°、135°、225°及315°）测定物标方位；横摇时尽可能测正横方向物标；纵摇时测艏艉方向物标。

9. 统一公共基准点误差

与距离误差相同，CCRP误差补偿量的不准确会导致目标相对于CCRP的方位误差。

10. 人为测读误差

除上述几项误差外，驾驶员在使用雷达测物标方位时，由于操作技术的原因，会人为引进一些测读误差，例如机械方位刻度圈最小刻度以下的内插误差、因视线未垂直屏幕而引起机械方位标尺的视差误差、量程选择不当及回波未调清晰等引起的误差。

性能标准规定，测量位于显示器边缘的物标回波方位，系统误差应该在1°以内，电子方法校准的艏线精度在0.1°之内（此前的标准为方位误差不大于±1°，艏线误差不大于±1°，显示的船首标志线宽度不大于0.5°）。

驾驶员为提高雷达测方位的精度，减小误差，应注意以下事项：

（1）正确调节各控钮，使回波饱满清晰。

（2）选择合适量程，使物标回波显示于1/2~2/3量程区域，并注意选择图像稳定显示方式（如北向上）。

（3）调准中心，减少中心差。视线应垂直屏幕观测，以减少视差。

（4）检查艏线是否在正确的位置上。应校核罗经复示器、主罗经及艏线所指航向值三者是否一致。

（5）在使用机械方位标尺线测点物标时，应使方位标尺线穿过回波中心。在测横向岬角、突堤等物标时，应将方位标尺线切于回波边缘进行测读，再减去或加上"角向肥大"值（$\theta_H/2 + d/2$）。

（6）在使用电子方位线测物标时，应使其和物标回波边缘进行"同侧外缘"重合，以消除光点扩大效应，并进行水平波束宽度扩大效应的修正（$\theta_H/2$）。此外，应经常将电子方位线的方位读数和机械方位标尺读数进行校准。

（7）在船倾斜或摇摆时，应伺机测定，即待船身回正瞬间时快测。当实在不可避免船摇时，则横摇时尽可能选测正横方向物标，纵摇时尽可能选测艏艉方向物标，避免测四个隅点方向的物标。

第三节 雷达主要技术指标及其对使用性能的影响

前面介绍了船用雷达的各项使用性能及影响这些使用性能的因素。本节将要介绍雷达主要技术指标及其对使用性能的影响。这些技术指标是设计和生产部门为满足各项使用性能而制定的各项参数,它标志了雷达的技术特性与质量水平。

一、工作波长 λ

雷达的工作波长 λ 与最大作用距离、距离分辨力和测距精度、方位分辨力和测方位精度及抗杂波干扰能力等密切相关。

1. 与最大作用距离 r_{max} 的关系

从自由空间的雷达方程式可见,最大作用距离 r_{max} 与工作波长 λ 的平方根成正比,λ 越大,则 r_{max} 越大。但在天线口径尺寸一定时,λ 越大,则天线增益 G_A 越小,又使 r_{max} 减小。

实际上,10 cm 雷达的天线增益受天线尺寸的限制,比 3 cm 雷达的天线增益要小,所以 10 cm 雷达的 r_{max} 仅稍大于 3 cm 的 r_{max}。

从物标反射性能看,只有当物标尺寸比雷达波长 λ 小很多时,物标有效散射面积与波长平方成反比,即 λ 越小,则物标有效散射面积 σ_0 越大,因而 r_{max} 越大。从电磁波传播在大气中的衰减看,λ 越大,大气衰减越小,r_{max} 也越大。

综上所述,工作波长 λ 与最大作用距离 r_{max} 的关系较为错综复杂,分析和实践证明,就常用的两种不同波长的雷达(10 cm 和 3 cm 雷达)来比较其最大作用距离 r_{max} 的性能,情况如下:

(1)在正常天气,10 cm 雷达的 r_{max} 仅稍大于 3 cm 的 r_{max}。

(2)在雨雪天,10 cm 雷达的 r_{max} 要比 3 cm 的 r_{max} 大得多。

2. 与距离分辨力 Δr_{min} 和测距精度的关系

雷达的距离分辨力 Δr_{min} 和测距精度主要取决于发射脉冲的脉冲宽度 τ 和脉冲前沿的长短。脉冲宽度 τ 越小及脉冲前沿越短(它也是脉冲宽度的组成部分),距离分辨力和测距精度越能提高。但是,由于建立射频脉冲的高频振荡需有一个过程,此过程即脉冲前沿,需几十个振荡周期。若工作波长 λ 小,则前沿时间短,有利于提高测距精度;同时前沿时间短也有利于缩短脉冲宽度,从而可提高距离分辨力。因此,3 cm 雷达在距离分辨力和测距精度方面要比 10 cm 雷达好。这也是船用雷达的工作波长不宜超过 10 cm 的原因之一。

3. 与方位分辨力和测方位精度的关系

同样的天线尺寸,工作波长越短,天线水平波束宽度越窄,方位分辨力和测方位精度越高。

4. 与抗杂波干扰能力的关系

工作波长越短,雨雪及海浪对雷达波的反射越强,因而对有用的物标回波干扰越严重。显然,在雨雪天或海浪天时,10 cm 雷达的性能要比 3 cm 的好得多。

综上所述,工作波长 λ 对使用性能的影响可归结成一句话:在正常天气时,3 cm 雷达使用性能优于 10 cm 雷达;在雨雪天和大风浪时,则相反。因此,一般船舶常配置一台 3 cm 雷达和一台 10 cm 雷达，以兼顾各种天气情况下的选择使用。

二、脉冲宽度 τ

脉冲宽度 τ 与最大作用距离 r_{max}、最小作用距离 r_{min}、距离分辨力 Δr_{min}、测距精度及抗杂波干扰等性能有关。

1. 与最大作用距离 r_{max} 的关系

雷达脉冲宽度即雷达发射脉冲的持续时间。显然，脉冲宽度 τ 越大，则一个发射脉冲所携带的能量越大，因而最大作用距离 r_{max} 也越大。

2. 与最小作用距离 r_{min} 的关系

最小作用距离 r_{min} 与 τ 成正比，τ 越小，r_{min} 越小，近距离性能越好。

3. 与距离分辨力 Δr_{min} 的关系

τ 越小，Δr_{min} 越小，即距离分辨力越高。

4. 与测距精度的关系

由于 τ 越小，雷达回波图像外侧的图像扩大效应（$c \cdot \tau/2$）越小，图像失真小，有利于提高测距精度。

5. 与抗杂波干扰性能的关系

减小 τ，同时照射在雨雪及海浪上的时间会缩短，因而产生的干扰回波较弱，有利于提高雷达抗雨雪及海浪干扰的能力。

综上所述，除最大作用距离性能要求 τ 大外，其他各项性能均要求 τ 小。为兼顾远近量程不同的使用性能要求，一台雷达常采用两到三种的脉冲宽度，随量程开关切换选用。远量程采用宽脉冲，以保证最大作用距离。近量程采用窄脉冲，以满足最小作用距离、距离分辨力、测距精度及抗杂波干扰性能的要求。

目前船用雷达常用的脉冲宽度为 $\tau = 0.05 \sim 1.2\ \mu s$。

三、脉冲重复频率 F

脉冲重复频率 F 主要与显示器所用量程和最大作用距离有关。脉冲重复频率高，则天线波束在扫过物标时，照射物标的次数多，即物标回波脉冲积累数增加，使屏幕上该回波亮点较亮，容易识别，因而有利于提高最大作用距离。但脉冲重复频率不能太高，它必须保证相邻两次脉冲发射的间隔时间（脉冲重复周期）$T = 1/F$ 要大于所用量程对应的扫描时间，并留有 20% 的余地作为扫描恢复时间。因此，为兼顾远近量程不同的使用性能要求，一台雷达常常随着量程变换，既变换脉冲宽度，也变换脉冲重复频率，即远量程挡用宽脉冲，低重复频率；近量程挡用窄脉冲，高重复频率。

目前船用雷达的脉冲重复频率 F 一般在 400～4 000 Hz 范围，并常与雷达中频电源同步。

四、发射峰值功率 P_t

发射峰值功率 P_t（或称为"发射脉冲功率"，亦可简称为"发射功率"）与最大作用距离及抗杂波干扰等性能有关。由雷达方程可知，最大作用距离 r_{max} 与发射峰值功率 P_t 的四次方根成正比，故增大 P_t，r_{max} 随之增大，但 r_{max} 增大效果不明显，并且海浪、雨雪杂波及天线旁瓣干扰也随之增大。此外,增大 P_t,必将使发射机电路结构变得更复杂,对元器件要求更苛刻,可靠性降低,造价高,所以用提高发射峰值功率 P_t 的途径来提高最大作用距离性能不经济,故目前船用雷达的发射峰值功率只一般限制在几千瓦至几十千瓦。

五、天线波束宽度

天线波束宽度分为水平波束宽度和垂直波束宽度。它们与雷达的最大作用距离、最小作用距离、方位分辨力、测方位精度、抗杂波干扰等多项使用性能有着密切关系。

1. 水平波束宽度 θ_H

(1)水平波束宽度 θ_H 越小,天线辐射能量越集中,天线增益 G_A 越大,最大作用距离 r_{max} 也越大。

(2) θ_H 越小, $\Delta\alpha_{min}$ 也越小,即方位分辨力越高。

(3) θ_H 越小,回波图像的"角向肥大" $\dfrac{\theta_H}{2}$ 越小,因而测方位精度也就越高。

(4) θ_H 越小,同时照射到海浪、雨雪等的范围小,因而其杂波干扰回波强度小,即抑制杂波干扰性能越好。

综上所述,水平波束宽度 θ_H 越小越好。但是,要得到较小的 θ_H,则要求天线口径增大,相应天线的重量、风阻及驱动电机功率都要增大,而且随着 θ_H 减小,旁瓣电平也会增大,有可能增加旁瓣干扰假回波,所以,目前船用雷达的水平波束宽度 $\theta_H = 0.7° \sim 1.5°$。小型船用雷达的短天线的 θ_H 可达 $2.5°$,而港口雷达的 θ_H 一般为 $0.25° \sim 0.8°$。

2. 垂直波束宽度 θ_v

(1)垂直波束宽度 θ_v 越小,天线辐射能量就越集中,则天线增益 G_A 越大,最大作用距离 r_{max} 也越大。

(2) θ_v 越小,对抑制雨雪、海浪等干扰杂波性能越好。

(3) θ_v 越大,最小作用距离 r_{min} 越小,即雷达近距离性能好。为保证在本船摇摆时不丢失近距离物标, θ_v 应不小于 $15°$。

综上所述, θ_v 大有大的好处,小有小的好处,故应折中考虑。目前,船用雷达一般取 $\theta_v = 15° \sim 30°$。大型船舶要求作用距离远,且船摇角较小,一般取 $\theta_v = 15° \sim 17°$;小型船舶摇摆剧烈,并要求减小 r_{min},故取 $\theta_v = 25° \sim 30°$;中型船舶要求兼顾 r_{max} 和 r_{min},一般取 $\theta_v = 20° \sim 24°$。

六、天线转速 n_A

(1)当天线转速 n_A 较低时,在天线水平波束宽度 θ_H 与发射脉冲重复频率 F 一定的情况下,天线波束在扫过物标时可增加照射物标的次数,即可获得更多的回波脉冲积累数,因而增加雷达最大作用距离。此外,天线转速低,天线旋转机构较简便。

(2)当天线转速 n_A 较高时,图像连续性较好,因为天线转速较高,可保证天线旋转周期小于或等于屏幕余辉时间,使本周天线波束在扫过物标时,上一周的该物标回波亮点余辉尚未消失。这有利于构成连续完整的回波平面图像。

(3)天线转速 n_A 较高,有利于观察高速运动的物标,可使高速运动物标的回波在屏幕上不致跳跃过大,便于识别和观测。

（4）提高天线转速，还有利于抗海浪干扰。有些船用雷达采用双速天线，平时用常规低速，当海浪干扰严重时用高速旋转的天线（例如 80 r/min），利用人眼的惰性及屏幕余辉时间，可将天线多次扫掠的回波积累进行"平滑"出现。由于海浪回波是随机出现的，因此经天线多次扫掠平滑后要比其他物标回波弱，达到抗海浪干扰的效果。但是，天线高速旋转会对天线旋转机构提出很高要求，从而提高造价，而其抗海浪干扰效果并不十分理想，故这种方法目前应用并不广泛。目前，船用雷达天线转速 $n_A = 15 \sim 30$ r/min，而以 20 r/min 居多，为抑制海浪干扰，个别采用 80 r/min 的高速天线。

七、天线极化形式

船用雷达天线的极化形式有水平极化、垂直极化与圆极化。极化形式不同，其抗海浪干扰、雨雪干扰的性能也不同。

水平极化天线抗海浪干扰性能较好，海面上的目标反射较强，在船用雷达中得到广泛应用。

垂直极化天线抗雨雪干扰性能较好，常用于港口雷达中，仅个别 10 cm 波长的船用雷达采用垂直极化形式。

圆极化天线的重要优点是能有效地减弱雨的干扰反射波。实验表明，圆极化天线可将雨的干扰回波减弱至 $1/40 \sim 1/100$。此外，圆极化天线对于轴对称的目标（如浮筒、水雷、灯塔等）回波也将被减弱。因此，实际应用中常见的雷达兼有水平极化和圆极化两种极化形式，用显示器面板上的"极化选择"开关按需选用。在好天气时，用"水平极化"，以发挥其较高天线增益的优点；下雨天则选用"圆极化"，以抑制雨杂波干扰。

八、天线增益 G_A

由前述雷达方程可知，雷达最大作用距离 r_{max} 与天线增益 G_A 的平方根成正比，即天线增益 G_A 越高，则最大作用距离越远。但天线增益 G_A 主要取决于天线口径及工作波 λ，不可能大幅度提高。目前，X 波段船用雷达隙缝波导天线增益可达 $30 \sim 32$ dB。

九、接收机灵敏度 $P_{r\,min}$

由雷达方程可知，$P_{r\,min}$（最小可分辨信号功率）越小，接收机灵敏度越高，则雷达最大作用距离越远。$P_{r\,min}$ 取决于接收机噪声系数 N 和通频带 $\Delta f_{0.7}$。

十、接收机通频带 Δf

通频带越窄，$P_{r\,min}$ 值越小，接收机灵敏度越高，则最大作用距离 r_{max} 越大。但是，当通频带不够宽时，回波脉冲经接收机放大电路后将丢失很多谐波分量，使输出波形前后沿失真，导致雷达距离分辨力和测距精度降低，图像不清晰。通常，雷达的通频带也将随量程转换而改变。在近量程挡，雷达通常采用窄脉冲宽度 τ，其谐波分量频率分布范围较宽，因而要求接收机通频带较宽才能使回波不失真；在远量程挡，雷达采用宽脉冲宽度 τ，则接收机可采用较窄的通频带，以利提高接收机的灵敏度，使远处的微弱回波也能被雷达接收。

第三章　雷达的维护保养与安装、验收

第一节　雷达的维护保养

在对雷达进行维护保养工作时,应切断雷达的总电源,并且在雷达电源总开关处和显示器上挂警告牌禁止开机。在维护收发机和显示器时,应先将高压储能器件对地放电,防止高压触电。下面介绍各分机的维护保养项目和方法。

一、天线及波导的维护保养

(1)隙缝天线辐射面罩(或抛物面及辐射窗口)上的油烟灰尘至少每半年清除一次。在清除时,应用软湿布、软毛刷、清水洗净,不准加涂油漆。

(2)波导法兰(扼流关节)和波导支架紧固情况应至少每半年检查一次。检查波导是否开裂(如有开裂,必须立即更换),检查波导法兰连接处的密封情况,检查波导、电缆穿过甲板的水密情况等。

(3)天线基座(减速齿轮箱)每半年涂油漆一次,并对固定螺栓的锈蚀情况做仔细检查,以免因锈蚀严重而降低其强度,摔坏天线部件。

(4)每年按说明书规定对天线基座内各齿轮涂一次油脂或更新天线齿轮箱润滑油,并紧固基座内部的螺栓(当直流驱动机电刷磨损严重时,须及时修整或更换)。

(5)在天线基座内发现水迹时,必须及时采取措施消除,并通知专业修理人员找出原因,予以解决。当收发机及显示器工作正常而回波明显减弱时,应检查波导内有无积水现象。

(6)对安装在露天的波导和电缆,应仔细检查其是否紧固牢靠及有无损坏情况,并经常涂漆。

二、收发机的维护保养

(1)每三个月检查一次各种电缆接头和连接器是否牢固可靠。

(2)至少每三个月检查一次雷达测试电表各项指示是否在正常范围内。每次测试应在雷达工作半小时后进行。

(3)每半年用软毛刷清除一次收发机的灰尘。

(4)在更换磁控管后,应"预热"半小时以上再加高压,或按该磁控管的技术要求进行老炼。

(5)在更换磁控管、调制管、速调管等主要器件后,应按技术说明书要求对收发机进行重新调试,并将器件的更换日期、更换人员及各测试数据重新记入雷达日志(雷达使用记录本)。

三、显示器的维护保养

(1)每半年用软毛刷清除一次显示器内的灰尘。

(2)应定期轻轻地用软布蘸酒精或清水擦抹安全保护玻璃罩和标绘玻璃罩。清洁剂绝不能用苯类、薄漆、汽油或其他有害品代用。

(3)应小心地按照雷达说明书的规定打开显示器面罩,用蘸有酒精或清水的软布轻轻擦抹方位标尺表面。清洁剂绝不能用苯类、薄漆、汽油或其他有害品代用。

(4)用干的软布轻轻抹去屏幕表面的灰尘。

(5)检查各连接电缆和插头是否牢固可靠和接触良好。

(6)对旋转式扫描线圈的显示器,应定期按照说明书规定对转动部分加油,并用无水酒精除去集流环上的尘污等。

(7)当发现显像管高压帽的周围打火时,应在对地充分放电后,再用蘸有无水酒精的软布清除高压帽周围的尘污。

四、中频变流机组的维护保养

(1)按照说明书规定的要求对中频变流机组的轴系加注润滑油。

(2)当中频变流机组的电刷磨损较严重时,应及时换新,并用蘸有无水酒精等清洁剂的湿布清除电刷上的尘污。

(3)每半年检查一次中频变流机组的各种电缆连接是否牢固可靠。

五、中频逆变器的维护保养

(1)每三个月检查一次各种电缆接头是否牢固可靠。

(2)定期用软毛刷去除中频逆变器内的尘灰。

第二节　雷达的安装注意事项及验收

一、天线的安装

(1)天线的安装位置应不使船舶右舷出现阴影扇形区,并尽量避免产生假回波;不要靠近烟囱,以免产生遮挡角;同时,天线不应处于高热和有腐蚀作用的不良环境中。

(2)天线的高度应兼顾观测远距离物标和减少最小作用距离这两方面的要求。天线基座应尽量装在与船舶纵中剖面重合的驾驶台顶桅上,并且应避免被烟囱、大桅等遮挡。

(3)天线基座周围除应有足够的供天线旋转的空间外,还应有供安装和维修工作必需的环境条件。在天线安装高度超过安全工作高度(约1.5 m)时,应有足够大的工作平台和不低于1 m的保护栏杆。

(4)天线基座的安装应使天线旋转平面与主甲板平行。基座前方标志应在艏线±5°以内。

(5)如果需要架设单独的雷达天线桅杆,该桅杆应有适当的支撑或拉索固定,以使其振动最小。

（6）天线安装位置应满足天线与其他设备的兼容要求。

（7）天线基座的安装钢板与基座铸件的接触面要涂一层硅化物,以防止不同金属之间因电化学腐蚀作用而加速损坏,同时要使用抗腐蚀材料（比如不锈钢）制成的螺栓、螺母、垫片等。

（8）舱室外波导易碰撞部分应加装防护硬罩,以免其受外力作用而受到机械损伤。波导与防护硬罩之间应留有大于 2.5 cm 的间隙。

（9）连接波导的螺栓、螺母应用防锈的材料制作。波导连接处要用符合说明书要求的密封胶密封,装妥后需经 202.650 kPa 的气密试验不漏气,然后对其进行涂油漆保护处理。

（10）当安装两部同频段雷达时,两部天线最好上、下安装在同一垂直线上,否则,应满足式（3-2-1）要求

$$L < \frac{1}{2}H\tan\frac{\theta_v}{2} \qquad (3\text{-}2\text{-}1)$$

式中:L——两部天线的间距,（m）;

H——两部天线的高度差,（m）;

θ_v——天线垂直波束宽度。

二、收发机的安装

收发机应尽可能装在天线的正下方,并且满足雷达收发机与其他设备的兼容要求。

（1）天线与收发机之间的波导应尽可能地短,最好成直线通向收发机,尽量减少使用波导弯头,一般不应超过 5 个。软波导不能用作扭波导或波导弯头。与软波导对接的普通波导,在靠近法兰端处必须特别注意固定牢靠,不得晃动。在接软波导时,两者不能拉得过紧。S 波段雷达的微波同轴电缆的弯曲程度,应严格符合说明书要求。

（2）收发机与显示器之间的距离应在 1 m 以上,当有钢质舱壁遮挡时,可适当减小。

（3）收发机与磁罗经的间距应大于说明书规定的磁罗经安全距离。

（4）收发机应装在通风良好的干燥舱室内,安装高度及周围空间要便于维修。

（5）天线与收发机之间所需要的波导尺寸,必须精确测量,以保证波导与收发机出口妥善连接。收发机出口波导端面应加专用的隔水薄膜。

（6）收发机至显示器的同轴电缆长度应符合说明书的要求。

三、显示器的安装

（1）显示器安装在驾驶台的位置,应便于驾驶员观察和不影响瞭望。屏幕的朝向应使观察雷达图像者面向船首。显示器的安装高度应使驾驶员易于操作使用。

（2）显示器与磁罗经之间距离应大于说明书规定的磁罗经安全距离。

（3）显示器应装在干燥、通风良好、远离热源的地方。

（4）显示器周围应留有足够的空间以便于维修。

四、中频变流机组或逆变器的安装

（1）中频变流机组一般都应安装在电机室内,但其调压控制箱应安装在显示器的附近,以便调整电压。中频变流机组的旋转轴应与艏艉线平行。

（2）雷达电缆不应经过无线电室，也不允许与通信用的电源电缆绑扎在一起或平行敷设，以免相互干扰。

（3）中频变流机组或逆变器的安装位置应尽量远离驾驶台和船员舱室，并选择隔音效果良好的区域。要降低其噪声干扰，避免影响驾驶员的值班和船员休息，并应根据说明书要求采取避振降噪措施。

（4）安装中频变流机组或逆变器的舱室和驾驶台内都应设有雷达电源总开关。

五、雷达安装后的通电检查验收

（1）在启动天线前，应检查天线平台上是否有人和有无绳索等可能缠住天线转动系统的情况。在天线启动后，检查天线是否以额定的转速（一般 15~30 r/min）顺时针均匀旋转。

（2）对收发机和显示器进行必要的调整，使显示器上的回波饱满。

（3）雷达安装后应进行方位调整，使方位误差不大于 1°。

（4）对雷达进行测距调整，使测距误差符合雷达技术说明书的要求。

（5）测定阴影扇形区和最小作用距离。

（6）将上述第（1）~（5）的测量和检查结果如实地记录在雷达日志上。

（7）在雷达安装完工后，应由船方或主管部门验收并在安装工程报告上签字。

（8）在雷达安装完工后，主管工程师应主动向船方介绍雷达设备的实际性能、操作方法和一般维修保养要求。

（9）在雷达安装完工后，应根据要求填写雷达安装证书，以记录保修期的起算时间。

第三节　交接班检查及维修后的验收

一、交接班检查

（1）下船交班驾驶员应向上船接班驾驶员交接雷达的所有资料及备件，其中包括雷达技术说明书、使用说明书、安装说明书、雷达日志（雷达使用记录本）等。

雷达日志（雷达使用记录本）应确切记载下列内容：

①安装年、月、日，承装单位及负责人名单。

②安装完好后所测得的艏线误差、测距误差、测方位误差、阴影扇形区、最大作用距离表、最小作用距离等性能情况。在船舶进坞或进厂大、中修后，应重新确认上述数据。

③天线安装高度。

④每次使用雷达的实际工作时间及天气状况。

⑤记录磁控管电流、晶体电流、收发开关管预游离电流及测试电表指示的其他技术数据。

⑥雷达故障发生的年、月、日、时，故障现象，实际修理时间，检修处理情况，承修单位及修理人员等。

（2）交班驾驶员应在现场指导，使接班驾驶员掌握雷达正确的使用方法，并向接班者交代清楚本船雷达的现状和实际存在的各种误差等。

（3）接班驾驶员应将雷达现状和性能情况尽可能经本人实际校核后记录在雷达日志中。

二、维修后的验收

1. 雷达电源修理后的验收要求

（1）中频变流机组运转正常,旋转方向正确,转速在额定范围内,无过热、剧烈振动、摩擦或不正常声响,电刷的火花不应大于规定的要求。

（2）中频变流机组输出的电压稳定,其数值符合规定的要求。

（3）逆变器若工作正常,则应听到清晰均匀的音频振动声,输出电压稳定,频率和电压值符合规定。

2. 显示器修理后的验收要求

（1）刻度盘、面板、数字显示、扫描线、距标圈等各种亮度的控制正常,调整亮度时其变化应均匀平稳。

（2）扫描线能达到屏幕边缘。固定距标圈的圈数正常并且最后一圈距屏幕边缘 3 mm 左右,各固定距标圈的间距均匀。

（3）扫描线应正常顺时针旋转,并与天线旋转同步,在旋转时应无明显的跳动或不均匀现象。

（4）活动距标圈应和固定距标圈读数一致。

（5）艏线标志显示正常,宽度小于 0.5°,校正后方位误差小于 1°。

（6）显示器面板上各控钮的功能应正常。

（7）屏幕上没有由本机产生的电火花干扰现象。

3. 收发机修理后的验收要求

（1）显示器面板上有关收发机的各控钮（如增益、调谐、海浪抑制等）的功能正常,调整效果明显,回波清晰。

（2）收发机内检测电表各挡读数符合要求。

4. 天线及波导修理后的验收要求

（1）天线顺时针旋转均匀且正常,转速在额定值内,并无摩擦或异常声响。

（2）天线减速齿轮箱、辐射器、隙缝天线罩及波导等无破裂、变形及积水现象。

第四章　雷达基本操作与设置

第一节　雷达主要开关、控钮的功能及操作要领

　　船用雷达的型号繁多,显示器操作面板上的开关、控钮的布局及数量也各不相同,但其主要开关、控钮的功能及操作要领大体上是相同的。为了便于驾驶员适应各种型号雷达的操作,国际海事组织(IMO)对雷达各开关、控钮的面板符号提出了建议。雷达主要开关、控钮的面板符号和意义如表4-1-1所示。

表 4-1-1　雷达主要开关、控钮的面板符号与意义

符号	意义		符号	意义	
	英文	中文		英文	中文
⊙	RADAR OFF	雷达关	⊘	ANTI-CLUTTER RAIN MINIMUM	雨雪干扰抑制最小
⊙	RADAR ON	雷达开	⊙	ANTI-CLUTTER RAIN MAXIMUM	雨雪干扰抑制最大
⊙	RADAR STANDBY	雷达预备	⊙	ANTI-CLUTTER SEA MINIMUM	海浪干扰抑制最小
⌣	AERIAL ROTATING	天线旋转	⊙	ANTI-CLUTTER SEA MAXIMUM	海浪干扰抑制最大
◈	NORTH-UP PRESENTA-TION	真北向上显示方式	☼	SCALE ILLUMINATION	刻度照明
⊙	SHIP'S HEAD-UP PRES-ENTATION	艏线向上显示方式	⊛	DISPLAY BRILLIANCE	屏幕亮度
⊙	HEADING MARKER ALIGNMENT	艏线校正	◎	RANGE RINGS BRIL-LIANCE	固定距离圈亮度

续表

符号	意义		符号	意义	
	英文	中文		英文	中文
	RANGE SELECTOR	量程选择		VARIABLE RANGE MARKER	活动距标圈亮度
	SHORT PULSE	短脉冲		BEARING MARKER	电子方位标志
	LONG PULSE	长脉冲		TRANSMITTED POWER MONITOR	发射功率监视器
	TUNING	调谐		TRANSMIT/RECEIVE MONITOR	发射/接收监视器
	GAIN	增益			

现代雷达大多舍弃面板符号,直接以英文及英文缩写来表示雷达各开关、控钮的含义。

能否充分发挥雷达的性能,很大程度上依赖于各开关、控钮的操作是否正确。操作不正确,不但不能充分发挥雷达的性能,而且会影响设备的使用寿命,甚至损坏设备。要想操作好各开关、控钮,必须了解雷达的工作原理,熟知各开关、控钮的功能及操作要领。为了方便起见,下面把雷达各开关、控钮按其功能分成几类分别予以说明。

一、控制电源的开关

控制电源的开关包括船电开关,雷达电源开关、发射开关,天线开关。雷达虽然可以全天候 24 h 运行,但是其磁控管是寿命有限元件,并且在航行期间应避免频繁启闭控制电源的开关。

(一)船电开关(SHIP'S POWER SWITCH)

船电开关设在驾驶台配电面板上,一般为常开。在船电开关合上后,雷达各分机的加热电阻即通电,用于潮湿天气(相对湿度超过 80%)时的加温或驱潮。当显示器上的雷达电源开关合上时,加热电阻即断电。在干热天气不用雷达或在雷达机内进行维修保养时,应拉开船电闸开关。

(二)雷达电源开关(RADAR POWER SWITCH)

(1)早期雷达一般设有一个电源开关。该开关设在显示器面板上,用于控制雷达中频电源通断,一般有三个位置。

①低压开关:按下此键,开机表示打开雷达电源,关机表示关闭雷达电源。

②待机开关：各分机由低压电源供电，此时除发射机需接通特高压电源外，全机已通电。

③高压/发射开关：低压供电 3~5 min，使磁控管阴极充分预热，然后置该开关于"ON"位置。此时发射机加上特高压，开始发射。注意：当雷达短时间不用时，应将此开关扳回"STANDBY"位置，使发射机处于热备用状态。有的雷达在"ON"位置又分为短、长两挡，以切换脉冲宽度。

（2）在现代雷达中，电源开关和发射开关是分开设置的。

①电源开关

电源开关设在雷达显示器操作面板上，在启动后，雷达电源设备开始工作，除了发射机需接通高压电源之外，其他所有部分都已通电。经过 3 min 自动延迟后，延时继电器触点闭合，雷达发射机即将进入预备工作状态。此时屏幕指示"STANDBY"（预备），雷达发射机已进入随时可以发射信号的状态。

②发射开关

发射开关用于控制雷达发射机的工作。在雷达进入预备工作状态后，启动此开关，发射机开始发射信号，此时雷达进入完全工作状态。再次操作此开关，雷达返回预备工作状态。仅当雷达天线接收到辐射电磁波时，天线才应开始扫描。

（三）天线开关（SCANNER SWITCH、ANTENNA SWITCH）

现代雷达已经没有天线开关的设置。天线开关一般与雷达天线电源开关或发射开关同步。有的雷达天线在"预备"位置时即旋转，而有的雷达天线则在"发射"位置时才旋转，此时显示器才能调出扫描线。天线驱动电机的电源常用船电而非中频电，在安装或维修时应予注意。

二、调节图像质量的控钮

调节图像质量的控钮主要有亮度开关、增益控钮、调谐控钮、脉冲宽度选择开关等，对雷达图像的辅助控制还有回波增强和回波平均。

（一）亮度开关（BRILLIANCE）

早期雷达的亮度开关用来调整扫描线的亮度。亮度开关在开关机前或转换量程前，应先关至最小，开机后应调到扫描线刚见未见。

现代雷达屏幕亮度的调整应与环境光配合适度。很多雷达还设置了日视和夜视模式的转换，回波和背景色彩可以通过一键式操作适应白天明亮和夜间昏暗的环境。在夜航时，应注意雷达观测和视觉瞭望转换造成的视觉不适对航行安全的影响。

雷达操作菜单还可以对不同的显示内容分别调整亮度，例如，对比度（CONTRAST）、船线（HL）亮度、目标（TARGET）亮度、固定距标圈（RR）亮度、活动距离标志和电子方位标志亮度等。

（二）增益控钮（GAIN）

该控钮用来调整接收机中放放大量，以控制回波和杂波的强弱，调到使屏幕上噪声斑点似见未见或刚刚看得见效果最佳。增益过小，弱小目标的回波在屏幕亮度不足，容易丢失；增益过大，强回波容易过早发生屏幕饱和，损失回波对比度，不能观测到回波细节，同时还会使屏幕噪声斑点增强、图像混乱。在观测远距离弱回波时，增益可适当增大。

（三）调谐控钮（TUNING）

1. 在通常情况下调谐

该控钮用来微调接收机本振频率，使本振频率与回波信号频率（即发射频率）之差为中频，从而使屏幕上的回波图像最饱满、清晰。雷达在开机工作稳定后或在工作过程中，必要时应重调该钮，以保持图像清晰。当设有 AFC 电路的雷达"手动/自动"开关置于"自动"时，此调谐控钮无用，此时的本振频率由 AFC 电路自动控制。一般雷达还设有"调谐指示器"，可用来指示调谐的好坏。

为了尽快地调整好雷达图像质量，一般开机时把调谐置于"自动"。

2. 在观测 SART 时调谐

如果雷达屏幕上出现受到大面积杂波或陆地回波干扰的疑似 SART（Search and Rescue Transponder）回波，可以暂时将调谐调整到失谐状态。在此状态下，目标回波减弱或消失，SART 独特的回波则凸显出来。在确定 SART 位置后，应立即调谐好雷达，保证正常观测。有的雷达设有 SART 观测控制，在需要时可以直接启动该控制，相当于置雷达接收机于失谐状态，并扩展通频带宽度，能够在没有其他回波干扰的情况下，凸显 SART 回波。

（四）脉冲宽度选择开关（PULSE LENGTH SELECTOR）

该开关用来选择发射脉冲的宽度，以适应远、近量程不同的使用要求。为了提高雷达图像质量，其使用原则如下：量程 24 n mile 及以上选择长脉冲（LP），量程 6~12 n mile 选择中脉冲（MP），量程 3 n mile 及以下选择短脉冲（SP）。

有些雷达不单独设此开关，而由量程开关同轴转换，即随着量程的转换自动选择匹配的脉冲宽度。

（五）回波增强（ECHO ENHANCE）

回波增强控钮用于增大远距离物标回波的增益，使回波易于识别。

（六）回波扩展（ECHO STRETCH）

回波扩展通常有方位扩展、距离扩展和方位距离同时扩展等操作控制，使用的量程通常限制在 1.5~24 n mile。该控制对所有回波都有效，有利于发现远距离弱小目标，但当屏幕回波较密集和杂波较多的时候，不适合使用，在使用前应注意抑制杂波和噪声。

三、抑制杂波的控钮

（一）海浪干扰抑制控钮（开关）（ANTI-CLUTTER SEA、STC）

（1）该电路又称为灵敏度时间控制电路（SENSITIVITY TIME CONTROL，STC）。该控钮用来调整一个随时间按指数规律变化的脉冲电压的幅度，以控制中放增益（灵敏度），使中放的近距离增益大大减小，而随着距离的增加逐渐恢复正常，达到海浪干扰抑制的目的。海浪干扰抑制的范围和深度由该控钮控制，一般最大范围可达 6~8 n mile，有的可达 8~10 n mile。注意：该控钮应酌情调节，力求达到既抑制海浪干扰，又不丢失近距离海浪中的小物标回波的效果。

（2）海浪干扰抑制使用原则：

①务必注意去干扰、保物标。

②一般调整到任何距离内海浪杂波隐约可见,则物标回波即可见。

③避免抑制过度导致近距离物标丢失。抑制过度表现为以本船为中心、周围一定距离为半径的雷达屏幕内无任何回波,类似于盲区。

④慎重使用自动海浪抑制,避免抑制过度。

（3）除了使用上述"STC"控钮外,为抑制海浪干扰,还可选用 S 波段（10 cm）雷达;若有双速天线,可选用高速天线（80 r/min）;尽量选用窄脉冲宽度发射,效果会更好。

（二）线性/对数中放转换开关（LIN/LOG）

该开关用来选择接收机使用线性中放还是对数中放:当近距离有强物标回波或强海浪等干扰时,用对数中放;由于对数中放对灵敏度有损失,因此在远距离观测或近距离不存在强回波或强干扰时,应选用线性中放。

（三）雨雪干扰抑制控钮（或开关）（ANTI-CLUTTER RAIN、FTC）

（1）雨雪干扰抑制电路实际上是在回波视频放大器输入电路部分接入的一个微分电路,又称为快时间常数电路（FAST TIME CONSTANT,FTC）,可用来抑制雨雪等大片连续的干扰回波,也可增加距离分辨力。在使用"FTC"控钮时,应酌情调节,以达到既去除雨雪干扰杂波,又不丢失雨雪中物标回波的效果。

（2）雨雪抑制使用原则:

①务必注意去干扰、保物标。

②一般调整到雨雪干扰引起的亮斑区变淡如一片薄雾隐约可见,物标回波在里面清晰可见。

③避免抑制过度导致小物标丢失。抑制过度表现为雨雪干扰引起的亮斑区消失,小物标跟随消失,大物标回波明显变弱。

④慎重使用自动雨雪抑制,避免抑制过度。

（四）同频干扰抑制开关（DEFRUITER、Interference Rejection）

（1）同频干扰一般发生在进出港和拥挤锚地周围船舶较多时。

（2）该开关用来控制同频干扰抑制电路的电源通断。开关接通可去除同频雷达干扰。有的雷达还设有"门限电平"控钮,可稍加调节,使干扰消除而不丢失物标回波。

（3）有的雷达根据抑制程度进行分级,例如 IR1、IR2、IR3。在使用过程中,应注意选择合适的等级,不要过度抑制。

（4）使用该开关时应注意:适当增大增益控钮,以获得去干扰、保物标的最佳效果;不可同时使用"FTC"控钮,以防小物标回波丢失。

四、辅助调整控钮

（一）中心调整控钮（CENTRING、CENTER）

该控钮用来调整扫描中心在屏幕上的位置。在航海实践中,艏向上显示经常使用中心偏下显示,以增大船首方向扫描区域,可以及早地发现超量程范围的物标。驾驶员在使用此功能时注意不要过度中心偏下显示,以免不能及早捕捉船位接近的追越船而导致危险的发生。性能标准规定,"在选择偏心显示时,所选天线位置应能被定位在显示器上直至距操作显示区中心至少 50%半径但不超过 75%半径距离的任意点上"。当用中心显示（正常 PPI 显示）时,应使扫描中心与机械方位盘的中心标志相重合。

（二）艏线控钮（HEADING FLASH/HL OFF）

艏线控钮用于检查艏线方向有无物标回波。按住此控钮,可暂时关掉艏线,以检查艏线方向上有无物标回波,一松手,即恢复显示艏线。

（三）艏线校准控钮（HEADING LINE ALIGN）

该控钮用于在雷达开机时校正艏线所指示的方位。该控钮一般有粗调和细调,用在开机时校正艏线位置。

（四）刻度盘照明（DIMMER、ILLUMINATION）

刻度盘照明用来控制显示器面板上各照明灯亮度。

五、测距控钮

（一）量程选择开关（RANGE、SCALE）

该开关用来转换雷达观测的距离范围,一般有 7~9 个量程可供选用,其中 0.25 n mile、0.5 n mile、0.75 n mile、1.5 n mile、3 n mile、6 n mile、12 n mile 和 24 n mile 的量程是性能标准要求必须具备的。通常,船舶在狭水道、进出港时用近量程;而在开阔海域时用远量程,并经常换到中量程。为使目标分辨清楚及测量准确,应选择合适的量程,使欲测目标显示在 1/2~2/3 扫描线长度的区域为宜。注意:为避免在转换量程时屏幕上扫描线太亮,在转换量程前应先将屏幕亮度调小。个别雷达在某些量程之间加设了"STANDBY"挡,在转换过程中应在此位置上稍停一下。

现代雷达多采用箭头或加减号按键来改变量程。

（二）固定距标（Fixed Range Rings,RR）

固定距标是以本船为中心在雷达屏幕上显示若干等距离的圆,为雷达提供了度量目标距离范围的参考刻度标识。固定距标在 0.75 n mile 以下量程一般为 3 个,甚至 2 个;而在 1.5 n mile 以上量程,通常有 6 个。

（三）活动距标（VRM）

VRM 用于精确测量目标的距离,通常有 2 个。每个被激活的 VRM 在数据显示方面可以达到 0.01 n mile 的分辨力,测量误差不超过所用量程的 1% 和 30 m 中的较大值。VRM 控钮用来控制活动距标(可移距标)圈,旋转并测量各种目标的距离。性能标准要求,应至少配备 2 个活动距标圈。

（四）光标（MARKER/CURSOR）

光标在工作显示区域内时,可以快捷地标识位置,有连续的数字示值,能够实时测量并显示从统一公共基准点到当前位置的距离和方位、光标位置的经度与纬度,两者可以交替或同时显示。

六、测方位的控钮

（一）电子方位线控钮（EBL）

旋转该控钮可以测量物标的方位。驾驶员在使用该控钮时应注意,在艏向上显示时,测量的方位为相对方位；在北向上显示时，测量的方位为真方位。性能标准要求，应至少有 2 个电子方位线用于测量操作显示区内任何点目标的方位，显示器周围最大系统误差为 1°。

（二）可动方位圈旋钮（BEARING DIAL）

有的传统雷达设有可动方位圈旋钮。该旋钮用来转动可动方位圈，在艏向上相对运动显示方式时，使可动方位圈上的航向值转到固定方位圈 0° 处，则可动方位圈 0° 即代表真北，在此方位圈上读得的方位即为物标真方位。在相对运动"北向上"显示方式时，固定方位圈 0° 代表真北，艏线指航向值，此时将可动方位圈的 0° 调到艏线处，则可在可动方位圈上方便地测得目标的舷角。

（三）光标（MARKER、CURSOR）

光标能够实时测量并显示从统一公共基准点到当前位置的距离和方位、光标位置的经度与纬度，两者可以交替或同时显示。

七、转换显示方式的控钮

（一）显示方式选择开关

该开关用来选择雷达图像的显示方式，通常有以下几种显示方式可供选用：
（1）艏向上：HEAD UP。
（2）北向上：NORTH UP。
（3）航向向上：COURSE UP。

（二）运动模式选择开关

该开关用于在真运动和相对运动之间选择所需的显示方式。

（三）真方位/相对方位转换开关

该开关相当于上述北向上/艏向上相对运动显示方式。在真方位显示时，应注意检查分罗经与主罗经航向读数是否相符，艏线指向与分罗经航向值是否相符，如不符，应立即校准。

八、真运动控钮

真运动部分除上述显示方式选择开关外，还有下列几个控钮：

（一）罗经复示器调节控钮

按下此控钮并转动可以调整罗经复示器的航向读数与主罗经一致，平时应注意经常校核。

（二）中心重调控钮（RESET）

该控钮用作扫描中心起始位置调整。向下按住再转动可以调整扫描中心位置。该控钮设有东西（E-W）及南北（N-S）两个控钮。有的真运动雷达设有"快速重调"开关，只需切换该开关，便可使扫描中心跳到以屏中心为对称中心的对称位置而重新开始真运动。

（三）模拟速度输入控钮（SPEED KNOTS）

该控钮用来调节在"模拟速度真运动"显示方式时输入模拟速度的大小。

（四）航迹校正控钮

该控钮用在有风流影响时改正扫描中心在屏幕上移动的轨迹，使之符合本船实际航迹。

可调范围为左右各 25°。风流从左舷来,可加右若干度;反之,加左若干度。

(五)零速开关(TRUE/ZERO)

该开关用于在真运动显示过程中,由于某种原因需要暂停真运动而改为相对运动显示时,置于"零速"(ZERO),即可改为相对运动显示方式。若开关扳回"真运动"(TRUE),则恢复真运动显示。

九、矢量选择

(一)真矢量控钮(TRUE VECTOR)

该控钮可以用来判断来船与我船的会遇态势。

(二)相对矢量(RELATIVE VECTOR)

(1)相对矢量可以用来判断来船与我船是否有碰撞危险,特别是当多船会遇时,操作人员可以迅速做出判断。

(2)相对矢量可以用来判断来船过我船船头还是船尾。

十、尾迹和过去位置

(一)尾迹(TRAIL)

雷达能够提供可变长度(时间)的目标尾迹,并标识尾迹的时间和模式。尾迹有真尾迹和相对尾迹。对所有真运动显示方式而言,应能从复位状态选择真尾迹或相对尾迹。

(二)过去位置(PAST POSITION)

过去位置是指在本船和任何被跟踪目标船的艉部以一定的时间间隔显示的圆圈或亮点。

十一、性能测试开关

性能测试开关用于打开或关闭雷达性能监视器。

第二节　一般操作步骤

雷达是对操作技术要求非常严格的航行设备,良好的雷达操作有助于改善观测效果,提高定位、导航和避碰的精度,保障船舶安全航行。

一、开机前的准备工作

(1)检查天线上是否有人或妨碍天线旋转的障碍物(如旗绳、发报天线等),特别是在大风浪过后,应仔细检查天线周围是否有索具脱落而影响天线旋转。

(2)检查操作面板上的重要按钮是否处于正常位置:雷达电源开关及发射开关应置于"关";应将所有抗干扰控钮和回波增强处理控制预置在最小位置;传统 PPI 雷达的亮度和增益应预置在最小位置。

(3)若气温太低或空气太潮湿,则应先合上船电闸刀,让机内各加热电阻通电加热后再开机。

（4）检查提供艏向、航速、船位的各种传感器等外部连接设备工作是否正常，如陀螺罗经、计程仪、GPS、AIS 及其他传感器或网络，核对相应的信息数据是否正确。

二、开关机步骤

船用雷达具体的开关机操作步骤应按说明书中的说明进行。下面介绍的是一般雷达的基本操作步骤：

（一）开机

（1）接通"雷达电源开关"，出现磁控管预热倒计时菜单，一般为 3 min。

（2）待磁控管预热结束，雷达进入预备状态（STANDBY），可按下发射按钮（TX），雷达进入工作状态。

（3）调节亮度，在夜间时应调整到适应夜视眼。

（4）调节增益，至噪声斑点似见未见，或者刚刚看得见。

（5）调整调谐，在调谐指示达到最大时，再微调调谐确认回波饱满清晰；然后置调谐于自动调谐，并确认回波质量不低于人工调谐的最佳效果，否则采用人工调谐。

（6）根据海况和天气需要，使用各种抗干扰电路和雷达图像质量辅助控制装置。这里需要特别注意的是，为了满足在各种航行环境中不同雷达应用的需要，亮度、增益和各种抗杂波控制应酌情调整。

（7）在出现放射状虚线或曲线等同频干扰图像而影响到正常观测时，可打开同频干扰抑制去除干扰图像。

（8）完成其他雷达的基本设置，如最近会遇距离与最近会遇时间的报警设置（CPA/TCPA LIM）、选择合适的量程（观测目标在雷达屏幕 1/2~2/3）、选择合适的显示方式及运动模式等。

（二）关机

（1）将雷达电源开关从"发射"置于"预备"。

（2）将亮度、增益、STC、FTC 等控钮逆时针旋到底。

（3）将天线开关置于"断"（有些雷达此开关和"功能"开关合一，当该开关置于"预备"时，天线就断开电源）。

（4）将雷达电源开关置于"关"。

三、雷达操作注意事项

（一）开关机

雷达在开关机时通常只开关电源，并将所有的杂波抑制设为最小（不起控制作用）。近些年安装于综合航行系统（INS）中的雷达设备，在不使用时，可将雷达置于"STANDBY"状态。

（二）量程选择

应选择包含目标的最小量程，将目标显示在工作显示区域半径 1/2 之外，以获得雷达的最大观测精度。

（三）目标闪烁

雷达采用了数字信号检测与处理技术，一方面，复杂的视频分层技术将目标边缘的微弱回波信息更多地保留下来;另一方面,在技术上还需要进一步完善,降低量化、坐标转换和信号处理等诸多环节的系统误差和随机误差。以上问题综合表现为数字回波漂移,引起屏幕回波闪烁,降低了雷达目标在屏幕上显示的稳定性,给雷达观测带来不确定性。高性能监视器扩展了屏幕的动态范围,有效地控制了屏幕饱和,因此在操作光栅显示器时可以适当提高亮度和增益,有利于改善数字信号处理技术引起的回波闪烁现象。但需要注意在夜间航行时,屏幕亮度会影响视觉瞭望。

四、雷达传感器设置与数据核实

雷达应与符合国际标准要求的相关传感器连接。这些传感器包括:陀螺罗经或艏向发送设备(THD)、航速和航程测量设备(SDME)、电子定位系统(EPFS)、AIS等。

雷达系统不应使用标识为无效的数据。如果已知输入数据质量低劣,则应明确标注。在数据使用前,应尽可能通过与相连的其他传感器比较,或通过对有效和可信数据限定的测试,验证数据的完善性。输入数据的处理延时应最小。

在现代雷达中,提供数据输入输出的设备主要包括陀螺罗经、计程仪、GPS、ECDIS、VDR、AIS、测深仪等。在使用雷达的过程中,必须要对这些传感器进行正确的设置,并在使用过程中随时检查相关数据,保持各种设备所提供数据的准确、统一,以保证雷达设备的正常运行,确保船舶航行安全。

五、保持清晰观测目标的雷达操作方法

影响雷达观测目标的因素比较多,既会受到雷达本身的一些技术参数的影响,也会受到外界条件的影响。为了能够保持清晰观测目标,应当正确地调整雷达,将各个控钮调到最佳状态,在使用雷达时应注意以下几项:

(1)选择包含所测物标的合适量程,使物标回波显示于 $1/2 \sim 2/3$ 量程处。

(2)尽可能选用短脉冲发射工作状态,以减少回波外侧扩大效应引起的图像变形。

(3)使用宽通频带接收机(Δf 大),以减少通频带宽度不够引起的图像变形。

(4)减小天线水平波束宽度,以减少图像的角向肥大。

(5)用较大屏幕显示(D 大)。

(6)注意选择图像稳定显示方式(如"北向上")并保持图像稳定。

(7)正确调整屏幕亮度。

(8)正确调整回波强度,调节增益控钮,使屏幕上的噪声斑点似见未见。

(9)正确调谐,稍稍调节调谐控钮,使回波图像多而清晰。必要时应配合调增益、聚焦、亮度等控钮,使屏幕背景衬托回波效果最好。

(10)根据具体情况酌情调节 STC、FTC 控钮或使用线性/对数、极化选择、同频干扰抑制开关,以减弱或消除干扰杂波,使屏面图像清楚,但应防止弱小物标回波丢失。

第五章 雷达观测

第一节 雷达目标识别

由于天线波束宽度会造成回波横向肥大，脉冲宽度又会造成回波外缘扩张，遮蔽效应可能使岸线回波形状与海图不相符，再加上经常可能出现的各种假回波和干扰杂波等原因，使得雷达图像与实际海面状况或海图往往差别很大。因此，在雷达观测时，必须认真识别物标和辨认回波。

为快速、准确辨认物标，应当重视资料及经验的积累，做好记录，为下次航行做参考。在视线良好时，要勤加实测、辨认，熟悉各种回波特性、识别方法，本船雷达性能特点和能力，做好记录，用作在雾航等恶劣气象条件下航行时的参考。第一次进入显示屏幕上的回波距离可作为判断物标种类的一种手段。例如，在海上，一般在 10 n mile 处最初认出的回波亮点，可推测为中型船等。采用调整增益的方法也有助于辨认物标，例如在相同距离上有两个回波亮点，参考海图资料初定是在某浮标附近锚泊的船，这时可适当降低增益，回波弱的浮标便首先消失，由此可进一步进行区分。

雷达对几种常见物标所产生回波的特性可简述如下。

一、浮标

航海用的浮标因高度低、体积小，形状多为球形、圆柱形、圆锥形等，所以均为不良的雷达物标，作用距离一般为 0.5~6 n mile。

二、船舶

船舶的回波强度取决于其本身的视角、形状、大小及暴露于雷达波束照射范围内的结构及材料。在回波强度方面，一般正横方向强于艏艉方向，大船强于小船，空载船大于满载船，钢结构船大于木结构船或玻璃纤维结构船。当本船天线高度为 15 m 时，一些船舶的最大探测距离为：

（1）小木船，1/2~4 n mile；

（2）流网船，3~5 n mile；

（3）1 000 t 船，6~10 n mile；

（4）救生艇，不大于 2 n mile；

（5）拖船、驳船，不大于 7 n mile；

（6）10 000 t 船，10~16 n mile；

（7）50 000 t 船，16~20 n mile。

三、冰山

在高纬度海区,冰和冰山对航行安全的影响不容忽视。平整的大面积冰面、大片浮冰在雷达上看不到回波,但能够看到冰与海水交界线的回波。不平整的冰面会产生冰面杂波干扰。干扰杂波一般较弱,不均匀,但在屏幕上较稳定,边界明显。

冰山经常是连续出现,而且伴随着浮冰群。刚刚离体的冰山,四面陡峭,回波比较强,发现距离可达 20 n mile。有资料表明,南极的冰山多表面陡峭,发现距离可在 10 n mile 左右;而北极的冰山表面多倾斜,回波都比较弱,若隐若现,有的发现距离甚至不足 2 n mile。最危险的是融化剩余的残碎冰山。其水面以上不大,但水下的体积巨大。这种冰山在远距离上雷达探测不到,在近距离又容易被海浪回波干扰。

在冰区航行,应注意驾驶船舶在冰山移动的上游航行。瞭望,配合瞭头、减速和机动航行十分重要,尤其在夜间和能见度不好的情况下。雷达操作应特别谨慎,以发挥出雷达最佳探测性能和分辨力,既要防止漏失冰山目标,又要避免将相邻的两个冰山错误地观测为一个。因此,应该经常变换脉冲宽度和雷达量程。操作海浪杂波抑制控钮的技术对发现冰山非常关键,抑制太深或太浅将会漏失或淹没冰山回波。驾驶员应该注意随时谨慎调整 STC,以发现在海浪杂波中较稳定的冰山回波。

应注意雷达的船首方向是否存在阴影扇形区域,甚至盲区;还应注意冰区易发生次折射,会使得雷达的探测能力下降。

冰山的回波强度和探测距离与冰山大小、形状及视角有关,其探测距离为:

(1)一般冰山,8~10 n mile;

(2)斜坡面较大冰山,3 n mile;

(3)四周垂直的刚离体冰山,15~30 n mile;

(4)葫芦形冰山因水下大、水面小,最危险,应特别注意。

四、建筑物

大群体的建筑物常因其回波强且密集而难以辨认,所以这种回波往往不宜用于定位。

五、岸线

岸线较陡或较近才能显示与海图一致的回波形状,否则两者间的形状和位置均会有所不同。尤其是低而平坦的岸线、坡度斜缓的沙滩,往往先发现内陆山岭后才发现岸线。这种岸线不能适用于定位或导航。

六、悬崖与陡岸

悬崖与陡岸在视角合适时,回波边沿亮而清晰,形状和海图基本一致。沿岸的防波堤、码头、人造陆地等均为良好的定位物标。

七、海中岛屿

孤立的岛屿是很好的雷达观测目标,其探测距离很接近雷达探测地平。大多数岛屿的回波与其海图的对应都比较好。在远距离观测面积较大和高度较高的岛屿时,可以参照陆地回波的观测方法。近距离岛屿(在海面雷达探测地平之内)的回波前沿通常比较准确,是雷达目标距离测量的理想参考位置。若其地势较陡且距离合适,则图像较为理想,可用作定位或导航物标。

面积非常小的岛屿,如岛礁,作为点目标,是最理想的雷达观测目标,不仅距离测量精度高,而且方位测量精度也很高。

需要注意的是,与大陆毗邻的岛屿,在远距离观测时,若其回波难以与大陆完全分离,则其不能作为雷达的良好目标;在近距离观测时,若回波能够与大陆分离显示,则其能作为雷达的良好目标。

八、陆地上的山丘和大山

无论陆地的地形、地貌多么复杂,其回波基本是一个整体,很难分辨细微的山岭或建筑物。总的说来,陆地回波强度一般与其高度、坡度、坡面结构及坡面覆盖情况等因素有关,与陆地的延伸关系不大。陆地回波最有意义的是岸线。

陆地上的山丘和大山的回波一般成片状,回波强度与其高度、坡度及表面形态有关,即物标越高、越陡,回波越强。一座坡缓、反射性能差的高山的回波不一定比一座高度低、反射性能好的小山强。

九、过江架空电缆

过江架空电缆一般由几根表面光滑的粗电缆组成,它们是良好的导体。只有当雷达与电缆表面成90°角时,反射性才最好,否则雷达将收不到反射波。为此,船舶在江河中航行时应特别谨慎,不可忽视瞭望。

十、水上飞机、气垫船等快速物标

水上飞机、气垫船等快速物标在雷达近量程时将显示断续景象,所以难以判断其动向,船舶在航行时应予注意。

第二节 影响雷达回波正常观测的因素

一、扇形阴影区

雷达波束在传播路途中被本船的前桅、将军柱、烟囱等高大构件或建筑物阻挡和吸收,致使雷达无法探测到这些遮蔽物体后面的其他物标,在屏幕上对应的区域形成探测不到物标的扇形暗区。这种扇形暗区称为扇形阴影区。

本船的前桅、烟囱等高大构件形成的水平及垂直方向的扇形阴影区如图5-2-1所示。

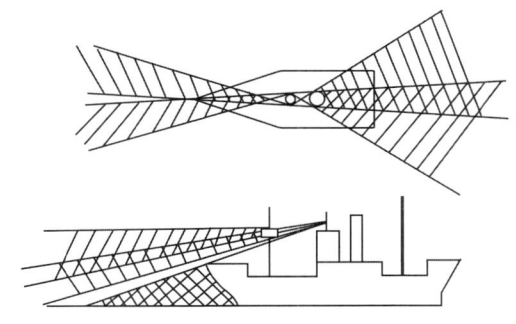

图 5-2-1　扇形阴影区

由于雷达波束具有一定宽度,而且雷达波还有一定的绕射和折射能力,因此阴影界限只是粗略的界限。

在一般的大船上,前桅产生的扇形阴影区为 1°～3°,若在天线附近存在大型吊车、吊杆和桅杆时,则造成的扇形阴影区可达 5°～10°;若烟囱较粗大且离天线较近,则造成的扇形阴影区可达 15°～45°。

扇形阴影区中心探测不到物标,但其边缘可探测到反射能力较强的物标回波。在扇形阴影区里驶近本船的大船的雷达作用距离可能从 12 n mile 降至 6 n mile;而小型船的作用距离将从(扇形阴影区外的)4 n mile 降到(扇形阴影区内的)0.5 n mile。

阴影区的大小主要取决于天线与有关构件的间距、构件大小及与天线的相对高度。高度等于或高于雷达天线的构件,尺寸越大,离天线越近,则扇形阴影区越大。显然,这对雷达观测物标是极为不利的,所以,应精心考虑雷达天线的安装位置及高度,尽量减小扇形阴影区,尤其是要避免在船首方向出现扇形阴影区。在航行中,若对扇形阴影区是否存在物标有疑问时,可暂时改向识别之。

新安装的雷达均应测定其扇形阴影区,把它画出且置于显示器附近以供日常观测参考用,并应记录在雷达日志中,以供查阅。测定扇形阴影区的方法是:

(1)用方位标尺测量本船周围海浪干扰杂波消失的起止方位,并标绘在作图纸上。为保证测量准确,扇形阴影区内不应有各种假回波,如间接反射假回波、多次反射假回波或旁瓣假回波等干扰。

(2)本船在未装雷达反射器的浮标附近做缓慢地回转并仔细精确地记录浮标回波出没的方位。由于有的扇形阴影区较窄,故船的回转速度应慢些。

(3)在船图上测量或在天线前用六分仪测量。但这是非常粗略的,很难获得令人满意的结果。

除了上述由本船的高大构件造成扇形阴影区之外,船舶在沿岸航行时经常遇到的峭壁、陡高岸和高大建筑物等形成的遮挡阴影区,使雷达屏幕上的图像与海图上所示的物标形状产生很大差异,如图 5-2-2 所示。

二、假回波

由于雷达技术上的某些缺陷和无线电波传播的某些物理现象,在雷达观测中,有时同一个目标在屏幕上多处显示,或显示的回波并不是目标的真实位置,这种多余的、影响雷达正常观

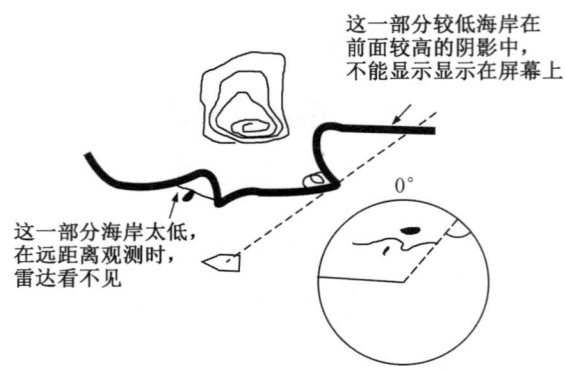

图 5-2-2　高大物标形成的阴影区

测的回波，称为假回波。常见的几种假回波的成因、特点及识别（克服）方法如下。

1. 间接反射假回波

本船上的烟囱、大桅等高大构件及其附近的大船、陆上的高大建筑物等强反射体，不但能阻挡雷达波向前传播而在其后方形成阴影区，还能将直接来自雷达天线的雷达波间接反射到目标，目标回波再经上述反射体间接反射回天线。这样，对于同一个目标，雷达波可能会有两条不同的传播路径：一条是直接从天线到目标的路径；另一条是经过上述反射体间接反射后再到达目标的路径。于是，一个目标在屏幕上可能产生两个回波亮点：除了真回波外，在上述反射体的方位上还会出现一个距离等于反射体至物标的距离和反射体至天线的距离之和的假回波，称为间接反射假回波，有时也简称为间接回波，如图 5-2-3 所示。

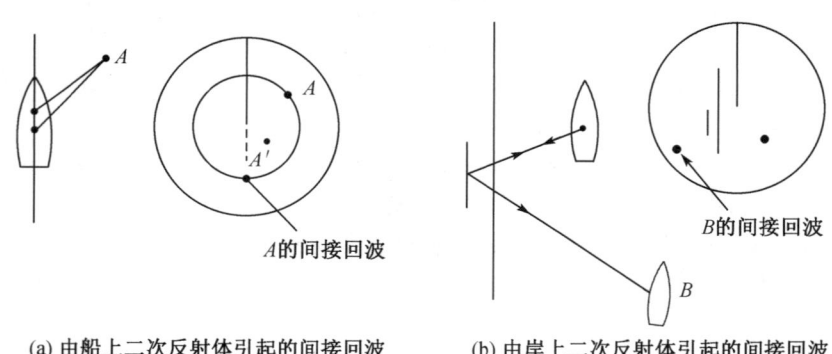

(a) 由船上二次反射体引起的间接回波　　　(b) 由岸上二次反射体引起的间接回波

图 5-2-3　间接反射假回波

间接反射假回波的特性及识别方法如下：

（1）间接反射假回波的距离和方位与真回波均不同，其方位为间接反射体所在方位，距离略偏大（等于反射体至物标的距离和反射体至天线的距离之和）。

（2）间接反射假回波常常出现在扇形阴影区。

（3）与真回波在屏幕上的移动比较，间接反射假回波的移动是不正常的。当物标方位移动时，间接反射假回波的方位往往仍出现在扇形阴影区不变，仅距离做相应的改变。当改变到某一角度时，间接反射假回波会在屏幕上消失。

（4）间接反射假回波在屏幕上的显示形状有明显畸变，且比真回波暗些（弱些）。

（5）通常识别间接反射假回波的方法是临时改变本船的航向。当本船改向时，真回波的方位将发生改变,但间接反射假回波仍将出现在扇形阴影区里或消失。

2. 多次反射假回波

雷达波在本船和正横近距离强反射体之间多次往返反射,均被雷达天线接收而产生的假回波,称为多次反射假回波。

多次反射假回波在屏幕上的显像特点是:在物标真回波外侧,连续出现几个等间距、强度逐个变弱的假回波,其方位与真回波一致,如图 5-2-4 所示。图中离屏中心最近、最强的一个(A)为真回波,其外侧两个(B 和 C)均为假回波。

多次反射假回波一般是在本船与强反射体相距约 1 n mile 以内,且在正横对正横或接近正横时发生,在狭水道航行或锚泊时可常见到。可根据多次反射假回波的上述显像特征予以识别或适当降低增益加以减弱,也可以用 STC 控钮加以抑制。

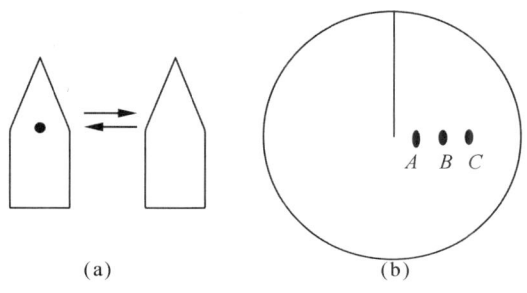

(a)　　　　(b)

图 5-2-4　多次反射假回波

3. 旁瓣回波

由天线波束的旁瓣波束扫到近处强反射物标所产生的假回波,称为旁瓣回波,如图 5-2-5 所示。

由于旁瓣波束对称分布于天线主瓣波束两侧,故旁瓣回波也对称分布在真回波两侧的圆弧上。图中 A 为真回波,E、B、D、C 为旁瓣回波。旁瓣回波的距离与真回波相同,但方位不同,而且其强度比真回波弱得多,可适当减小增益或用 STC 控钮加以减弱。

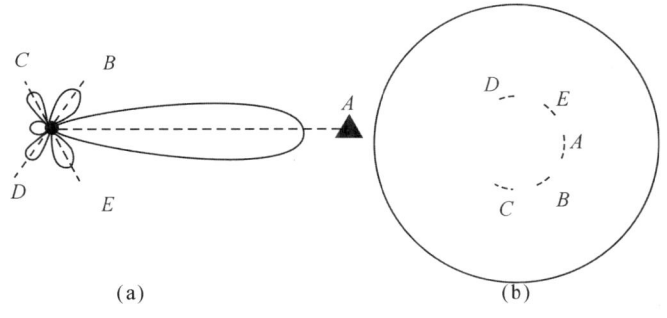

(a)　　　　(b)

图 5-2-5　旁瓣回波

4. 二次扫描回波

如前所述,当超折射现象非常强烈时,雷达的探测距离将大大增加。若远处物标回波返回天线的延时时间 Δt 大于雷达脉冲重复周期 T,则第一次发射产生的物标回波将显示在第二次扫描线上而形成的假回波,称为二次扫描回波,如图 5-2-6 所示。

从图中不难看出,可能出现二次扫描回波的距离范围为($c \cdot T/2$)~($c \cdot T/2 + R_D$),其中

c 为电波传播速度，T 为脉冲重复周期，R_D 为量程距离。假回波显示的距离等于物标实际距离减去脉冲重复周期 T 所对应的距离，即 $c \cdot T/2$。

二次扫描回波的特点是：

（1）二次扫描回波图形与实际物标形状不符，发生了变化。图 5-2-6 是远处直线陡岸在屏幕上显示时，变成"V"字形图像的情况。

（2）改变量程（从而改变脉冲重复周期），二次扫描回波图像距离会改变，图像会变形或消失。此可用于二次扫描回波的识别。

（3）二次扫描回波显示的方位是物标的真实方位，但显示的距离是实际距离与 $c \cdot T/2$ 之差。

（4）二次扫描回波在屏幕上的移动是不正常的。

根据上述特点，驾驶员可通过改变量程，并对照海图识别二次扫描回波。

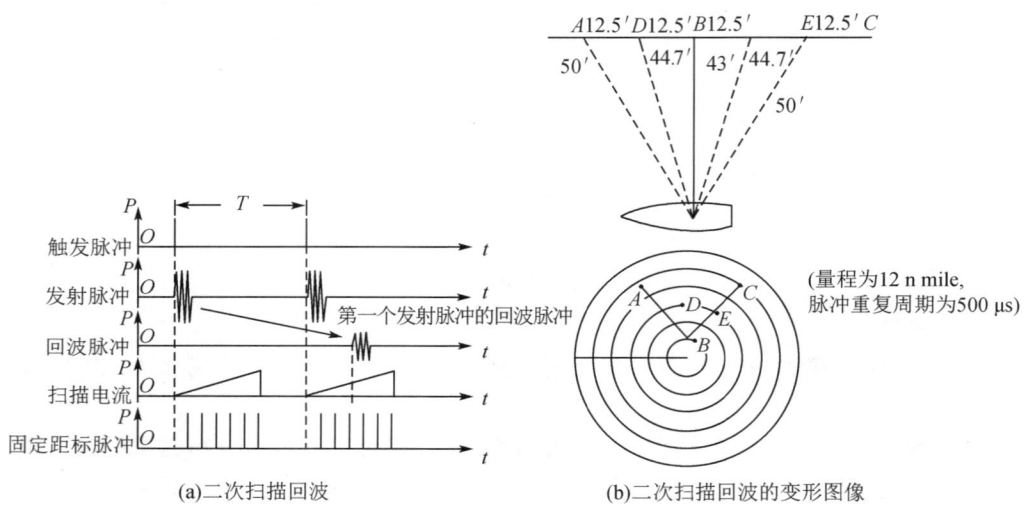

(a)二次扫描回波　　　　(b)二次扫描回波的变形图像

图 5-2-6　二次扫描回波及其变形图像

三、干扰杂波

在雷达屏幕上，除了可能存在上述各种假回波外，还可能出现一些干扰杂波，妨碍雷达的正常观测。下面介绍各种干扰的成因、显像特征及抑制方法。

1. 海浪干扰

海浪反射雷达波而产生海浪干扰杂波，在屏幕上形成本船周围 6~8 n mile（风浪大时甚至达 8~10 n mile）内的鱼鳞状闪亮斑点，如图 5-2-7 所示。海浪干扰杂波有时会淹没其他物标回波，影响正常观测。在大风浪时，强海浪回波会造成接收机饱和或过载。

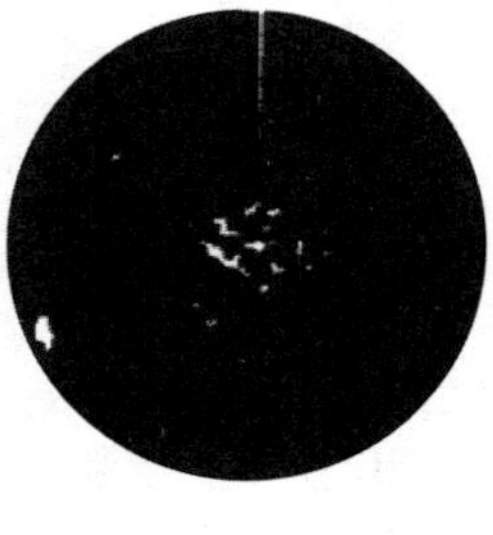

其特点是：

（1）离本船越近，海浪反射越强，随着距离增加，海浪反射强度呈指数规律迅速减弱。在一般风浪时，海浪回波显示范围可达 6~8 n mile，在大风浪时甚至可达 10 n mile。海浪回波在雷达屏幕上显示为扫描中心周围一片不稳定的亮斑。

图 5-2-7　海浪干扰

（2）海浪回波强度与风向有关,风向和海浪波形关系如图5-2-8所示。海浪回波上风侧强,显示距离远,下风侧弱,显示距离近。

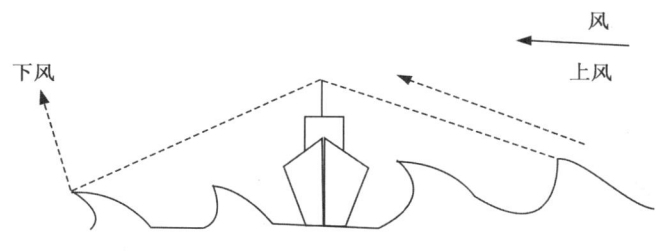

图 5-2-8　风向和海浪波形关系

（3）在大风浪时,海浪回波密集而变成分布在扫描中心周围的辉亮实体,如果是幅度较大的长涌,则可在屏幕上见到一条条浪涌回波。

（4）海浪回波的强弱还和雷达的下述技术参数有关:

①工作波长——3 cm雷达受海浪影响比10 cm雷达要大近10倍。

②波束的入射角——天线垂直波束越宽或天线高度越高,雷达波束对海浪的入射角越大,因而海浪回波则越强。

③雷达波的极化类型——用水平极化天线发射水平极化波,要比发射垂直极化波减弱海浪回波1/4~1/10。

④脉冲宽度和水平波束宽度——若这两者的宽度较宽,则海浪反射面积大,因而海浪回波也强。

常用的抑制海浪干扰的方法是:触发脉冲作用产生一个负指数规律变化的控制偏压,加至中放级,使中放增益在近距离时受到抑制,距离越近受抑制越强,随距离增大而逐渐恢复正常值,控制距离范围为0~8 n mile,不影响远目标的正常接收。该电路控制的是接收机近距离的增益,故称为近程增益控制电路;该电路随时间变化控制接收机的灵敏度高低,故又称为灵敏度时间控制(Sensitivity Time Control,STC)电路。

近程增益抑制范围可通过调节机内"抑制宽度"电位器改变控制偏压指数曲线回升斜率来加以调整,一般最远可达8~10 n mile。

近程增益抑制深度可通过调节显示器面板上的STC控钮,改变控制偏压的"深度"来调节。在使用时,务必注意"去干扰、保物标"的原则。海浪干扰抑制增大抑制海浪杂波图像变化情况如图5-2-9所示。

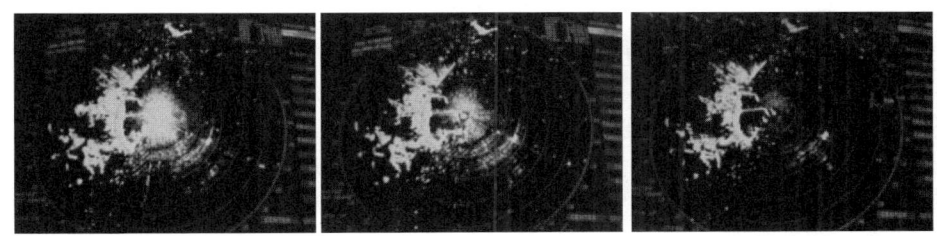

图 5-2-9　海浪干扰抑制增大抑制海浪杂波图像变化情况

除了使用上述STC控钮外,为抑制海浪干扰,还可选用S波段(10 cm)雷达;若有双速天线,则可选用高速天线(80 r/min);尽量选用窄脉冲宽度发射,效果更好。

2. 雨雪干扰

雨雪反射雷达波产生干扰脉冲,会在屏幕上形成无明显边缘的疏松的棉絮状连续亮斑区(雨雪区),如图5-2-10所示。

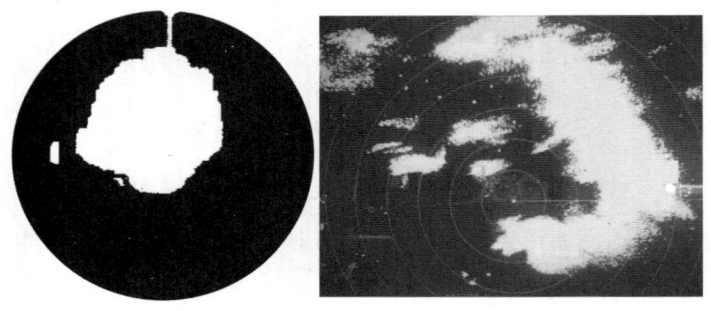

图5-2-10 雨雪干扰

降雨(或雪)量越大,雨点(或雪片)越大,雷达工作波长越短,天线波束越宽,脉冲宽度越宽,则雨雪反射越强,可能淹没雨区中的物标回波。

为抑制雨雪干扰,常用雨雪干扰抑制电路抑制干扰。该电路是接在显示器回波视频输入电路中的一个微分电路,又称为FTC(Fast Time Constant)电路。其作用是去除宽回波视频信号中连续不变的部分以抑制连续的雨雪回波,保留有用物标回波中变化的前沿部分;同时,它使宽回波变窄,可提高距离分辨力,如图5-2-11所示。在使用中,应注意有可能丢失小物标回波,因此其只应在雨雪干扰严重时使用。显示器面板上有FTC控钮可供选用。

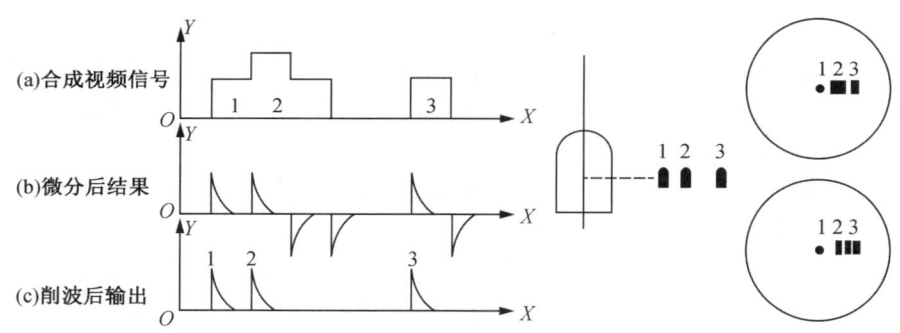

图5-2-11 微分电路作用

抑制雨雪干扰除可用FTC电路外,还可选用S波段(10 cm)雷达、选用窄脉冲宽度及圆极化天线,效果更好。

此外,有时含水量较高、高度较低的云层被雷达扫到,也在屏幕上产生类似于雨雪干扰那样的连续亮斑区,其特点和抑制方法均同于雨雪干扰,不再详述。

3. 同频雷达干扰

由邻近他船同频段雷达发射的电磁波进入本船雷达天线而产生的干扰,称为同频雷达干扰。由于同频雷达干扰电波是其他雷达单程发射后直接进入本船雷达天线,故本船雷达在停止发射时,只要接收机和显示器仍在工作,仍能接收到其他雷达干扰信号,而且他船离本船越近,接收到的同频雷达干扰越强。本船除雷达天线主瓣接收外,旁瓣也接收;除直接接收他船同频雷达干扰外,还接收经本船大桅等建筑物反射的同频雷达干扰。

一般雷达的重复周期在 1 000 Hz 左右,即相邻的两次扫描的时间间隔仅为 1 ms。这样短的时间内,即使探测到的一个相对速度为 100 kn 的目标,在相邻两次扫描上,目标的方位和距离变化也很小,基本可以视为不变,或者说它们在距离和方位上是相关的。而在同频雷达干扰回波方面,由于两部雷达的重复频率和扫描起始时间不同,每次扫描在屏幕上的位置是不同的,或者说它们在两次扫描中在扫描线上的位置是不相关的。这样,只要比较连续两次或几次回波的相关特性,就可以找出真正的目标回波,剔除同频雷达干扰及其他位置不相关的杂波。

同频雷达干扰抑制电路利用的是扫描线相关技术,如图 5-2-12 所示。相邻扫描线的视频信号可以进行相关处理来消除同频雷达干扰,即根据抑制程度的需要,让两根或多根扫描线进行"与"相关处理。在图 5-2-12 中,①是第 $n-2$ 次扫描线的回波;②是第 $n-1$ 次扫描线的回波;③是第 n 次扫描线的回波。T_1 和 T_2 是目标回波,在连续三根扫描线上是时间同步的,而同频雷达干扰回波 I_1 和 I_2 的时间是不同步的。把这三根扫描线的回波进行"与"处理,就可以处理掉时间不同步的同频雷达干扰杂波。

在实际电路中,要先对同频雷达干扰进行量化和数字化。在量化时,要设置量化电平,实际上很难设置理想的门限电平,所以必然要丢失一些弱小信号。

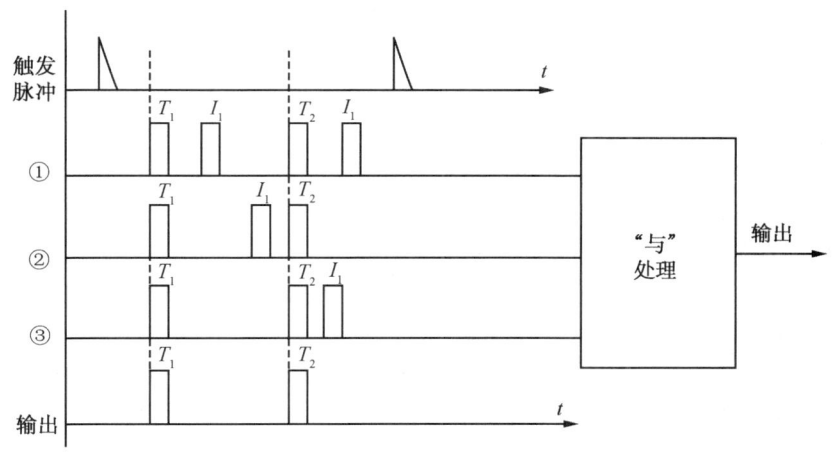

图 5-2-12 抑制雷达同频干扰原理图

同频雷达干扰在屏幕上的显像视他船与本船雷达脉冲重复频率之差的大小而不同。当两台雷达的脉冲重复频率相差很大时,显像为不规则的散乱光点。当两台雷达的脉冲重复频率稍有不同时,量程挡不同,显像也不同,即当用远量程挡时,显示点状螺旋线;当用近量程挡时,显示径向点射线,如图 5-2-13 所示。

同频雷达干扰的显像较特殊,比较容易识别,一般也不影响观测。当同频雷达干扰过于严重时,可换用近量程观测,可减小其影响;或选用另一波段雷达工作。若装有同频雷达干扰抑制电路(Radar Interference Canceler,RIC),则打开面板上的控制开关,即可消除。目前,新型雷达大都装有同频雷达干扰抑制电路。

同频雷达干扰抑制电路利用物标回波在若干次相邻的扫描线上的位置是相关的,而同频雷达干扰则是不相关的特性,用"与门"电路将前两个相邻重复周期的视频信号分别延时两个

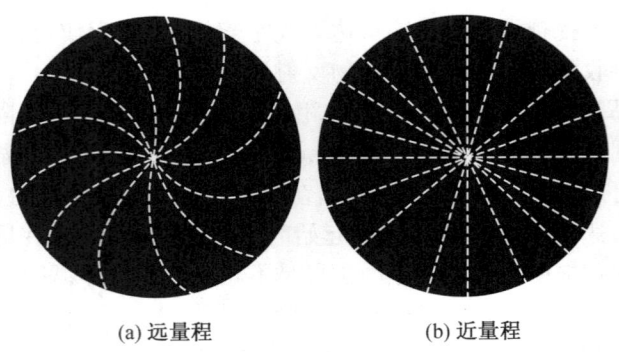

(a) 远量程   (b) 近量程

图 5-2-13   同频雷达干扰

重复周期($2T$)和一个重复周期(T)后和本周期信号进行"与"运算。显然,物标回波将保留输出,而干扰将被剔除。

在使用中,应注意:

（1）只有在干扰严重时才使用 RIC 电路,因为可能会丢失小目标。

（2）在使用 RIC 电路前,要将调谐、增益及海浪干扰抑制控钮调至最佳状态,使屏幕上噪声斑点在刚刚可见而回波饱满时抑制效果最佳。

（3）为避免丢失更多物标,使用 RIC 电路时不要使用 FTC 电路。

4. 电火花干扰

雷达屏幕上常见的电火花干扰有两类:一类是固定位置出现不规则的亮线,一般是由偏转线圈电刷和滑环接触不良引起的;另一类是位置不定的径向亮线,可能是由机内电源、发射机、接收机等有关器件跳火引起的,这是故障,应立即检查并排除故障后使用。

此外,天电干扰也会在屏幕上产生不稳定的径向亮线。它随天空闪电而随机地瞬时出现,随即消失,无法消除,但影响也不大。对于在固定方位上出现的电火花干扰,若一时无法排除故障而消除,则在使用中可采用暂时小改向方法,使欲测物标的回波避开上述干扰亮线。

5. 明暗扇形干扰

当雷达接收机工作于自控方式,即在使用自动频率控制时,如果自动频率控制（AFC）电路失调,则会在屏幕上出现明暗交替的扇形图像,如图 5-2-14 所示。此时,应改用手控方式进行调谐,待 AFC 电路正常后再改用自控方式工作。

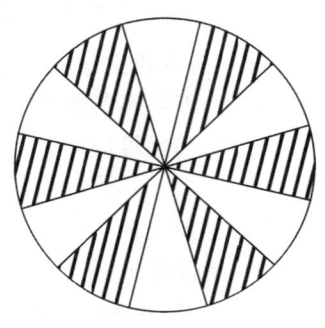

图 5-2-14   明暗扇形干扰

第三节　雷达定位

利用雷达观测周围已知目标的物标距离和方位,进行海图作业,求得本船船位的过程,称为雷达定位。驾驶员通过仔细对比海图与雷达图像,选择合适的定位目标,测量目标的距离或方位,在海图上画出对应目标的距离船位线或方位船位线,两条船位线的交点即为本船的观测船位。雷达能够提供较高的定位精度,是船舶驾驶员首选的自主定位设备。

随着电子海图在船舶上的普及使用,越来越多的驾驶员认为雷达定位已无必要。这是一种错误的观点。在电子海图上进行雷达定位,属于电子海图的基本操作。

雷达定位的必要性:

(1)雷达发射有源主动信号,可信程度高。

(2)在近岸航行时,尤其在沿岸 10 n mile 之内,雷达能够提供较高的定位精度,是驾驶员首选的自主定位设备。

另外,《SOLAS 公约》规定,船舶在完成一个航次任务过程中应有两种以上的定位方法,除 GPS 等卫星定位方法以外,雷达定位为驾驶员的首要选择。

一、回波识别和物标辨认

要使雷达定位准确,就必须正确地识别回波和辨认物标,选择合适的定位物标。驾驶员通过雷达显示器上的回波图像识别目标。正确地解译雷达回波图像的特点涉及很多因素,但这是驾驶员必须掌握的技能。雷达回波图像的特点如下:

(一)遮挡引起的图像残缺不完整

雷达天线不是从高空俯视地形,因此其视线会受到遮挡。此外,雷达也不像"眼睛"一样能提供光学分辨率。其结果是,雷达图像可能是一种不完整和完全不同于海图上精细地形的粗糙图像。这会影响驾驶员正确识别陆地回波以及对照相应的海图进行地形识别。实际目标是立体的,但雷达图像只是将目标迎向雷达面的垂直投影以加强亮点表示出来的平面图像,而且雷达的性能、电磁波传播特性以及目标对电磁波的反射特性等会造成目标回波变形。天线波束宽度会造成回波横向肥大,脉冲宽度又会造成回波外缘扩张,遮蔽效应可能使岸线回波形状与海图不相符,再加上经常可能出现的各种假回波和干扰杂波等,使得雷达图像与实际海面状况或海图往往差别很大。准确无误地识别目标回波是雷达定位的关键。在从测量到作图确定船位的整个过程中,驾驶员还应重视对目标回波的反复辨认,并与海图仔细比对。

(二)船位变化引起的图像不同

雷达发射的电磁波束基本上是水平的,而且电磁波具有反向散射特性,所以后面的较低地形的物标会被前面的物标遮挡,造成阴影区。这些阴影区会进一步导致雷达图像和海图对比关联困难。另外,雷达阴影区会随着本船位置的变化而变化,使得这个问题变得更复杂。

图 5-3-1 显示的是雷达垂直阴影区。从图中可以看出,靠近岸边的船舶 S_2 由于岸边的山丘遮挡后面的高山,所以雷达屏幕上只能显示海岸线的图像,如图 5-3-1(b)中船舶 S_2 雷达图像所示。在离岸较远的船舶 S_1 位置处,由于岸边的山丘不能完全遮挡住后面的高山,所以雷

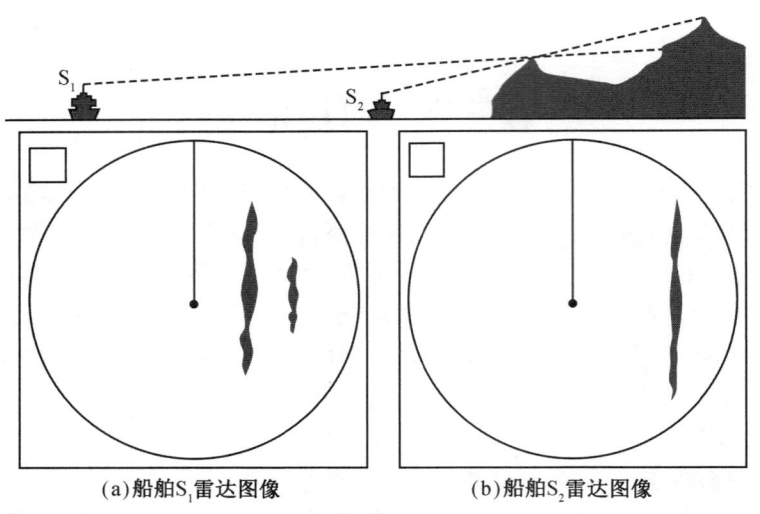

（a）船舶S₁雷达图像　　　　　　（b）船舶S₂雷达图像

图 5-3-1　雷达垂直阴影区

达屏幕上显示了分开的两列回波图像，前面的是海岸的回波，后面的是没有被遮挡的高山的回波，如图 5-3-1（a）中船舶 S₁ 雷达图像所示。因此，当船舶由远处朝着岸边航行的时候，最早在雷达屏幕上出现的应该是高山的回波，随着船岸距离变小，海岸线开始露出水平面，这时候雷达屏幕显示两列回波图像，前面的是海岸线的回波，后面的是没有被完全遮挡的高山回波。随着船岸距离进一步变小，海岸线山丘完全遮挡住了后面的高山，雷达屏幕上只剩下海岸线的回波，后面的高山回波消失了。

　　海岸线出现缺口，不是平滑连续，如图 5-3-2（a）所示，雷达图像上就会出现水平阴影区，图 5-3-2（b）是船舶在 A 点时观测到的雷达图像，图 5-3-2（c）是船舶在 B 点时观测到的雷达图像。在船舶从 A 点航行到 B 点的过程中，由于受到水平阴影区的影响，雷达图像不断变化，不能完全反映海图上的海岸线图形。

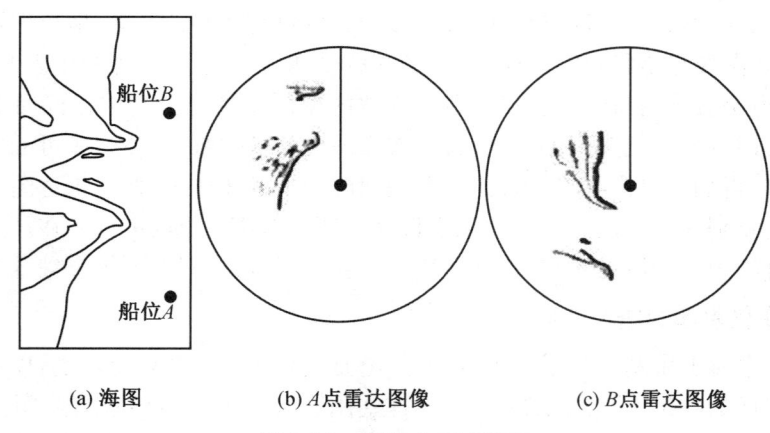

（a）海图　　　　　　（b）A点雷达图像　　　　　　（c）B点雷达图像

图 5-3-2　雷达水平阴影区

　　在多数情况下，垂直阴影区和水平阴影区是同时存在、相互作用的。在这时候，雷达电磁波在扫过陆地地形时，会产生复杂多变的回波图像。早期的一些雷达实验试图产生一系列的雷达实景图，这样的尝试被证明没有多大的实用价值。因为这些雷达实景图过分依赖船舶所处的位置以及雷达性能。不同的位置,采用不同性能的雷达,得到的雷达图像差别很大。

所以,当本船的船位不确定的时候,由于雷达电磁波复杂的遮挡效应,根据雷达图像去判断海岸线的延伸部分或识别陆地地形上的特定目标是非常困难的。

(三)雷达有限的分辨力导致的图像粘连失真

雷达在远距离探测时,仅仅根据几个有限的回波去识别特定的陆地地形是很困难的。尽管雷达设置在沿岸航行常用的量程,甚至在雷达 PPI 上出现更多的陆地回波,且这些陆地回波组成类似海图岸线状的形状,但由于显示器分辨率的影响,仍然很难确定特定的海岸特征。天线水平波束宽度和像素点幅角的影响,会导致目标回波的"角向肥大"效应。目标回波将向两边延伸一个"肥大角",这个"肥大角"等于水平波束宽度的一半加上像素点幅角的一半。即使不考虑像素点幅角的影响,很显然,如果两边岬角形成的海湾入口的角度小于雷达的水平波束宽度,那么这两边岬角回波将交叠在一起,在雷达上将不显示分开的入口,而显示连续的岸线图像。因此,雷达有限的方位分辨力会导致无法正确显示海岸的特征,如海湾、河口、海峡和其他类似的入口,如图 5-3-3 所示。靠近陆地的小岛可能会显示与陆地相连的半岛,两个相邻的小岛会显示成一个大岛。

因此,海图上的有很多凹陷的海岸线,在雷达上会显示成光滑的岸线。虽然雷达的水平波束宽度是固定的,但是随着与目标的距离变大,目标向两边肥大的弧线会变大,也就是说距离越大,岸线的特征就会被掩蔽而变得不明显;距离越小,岸线特征就可能显示出来。驾驶员必须牢记这一点。

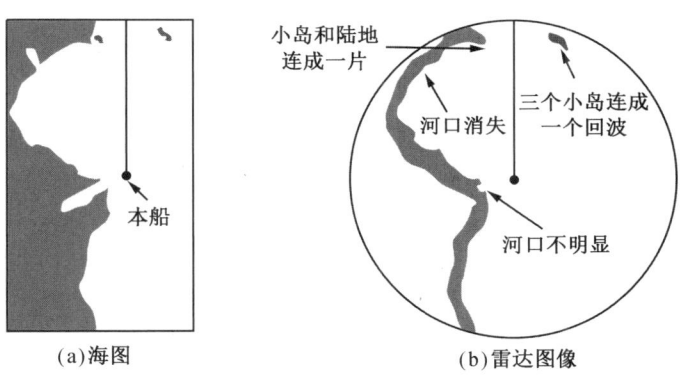

(a)海图　　　　　　　　(b)雷达图像

图 5-3-3　海图与雷达图像对比

雷达的脉冲宽度和像素点的尺寸会造成所有雷达回波的径向扩大畸变。除非在很小的量程,雷达回波的径向扩大畸变才不如方位肥大畸变那么明显。当两个一前一后的目标出现在雷达屏幕上时,例如一座小岛或一个浮标的后面是陆地,那么由于雷达距离分辨力的限制,在雷达屏幕上可能只显示一个连续的目标,而不能分开显示两个目标。

驾驶员在减小雷达方位分辨力和距离分辨力的影响方面的能力是很有限的。显示器像素点尺寸的影响可以通过选用更小的量程来减小。在双雷达系统中,通过双雷达系统转换开关选择水平波束宽度更小的天线可以提高雷达的方位分辨力。有时候临时调小增益,可能会有助于确定方位肥大畸变导致掩蔽的岸形特征。这需要一些实践经验,而且并非总会成功。雨雪干扰抑制的微分功能可以提高距离分辨力,抑制雷达回波的径向扩大畸变。然而,使用这种方法时要特别注意,当远距离的两个弱小回波交叠在一起时,使用微分可能会导致这两个目标回波都消失。

因此，由于雷达图像和海图对比识别的固有困难，千万要注意，只有正确识别的目标才能用于雷达定位。

（四）潮汐的影响

对于不同的潮位，雷达显示的图像也会有很大的不同。这种变化取决于岸线区域的特征。例如，在低潮时，原本被淹没的干出区会露出水面，但由于其表面很光滑，像镜子一样反射掉了天线来的电磁波，而不产生雷达回波；围绕其周围的浪花则在雷达屏幕上产生花边状的杂波回波图像，这些杂波的强度取决于风向和风力。与此相反，在高潮时，干出区被淹没在水下，水面平静时，不会产生雷达回波；在大风浪时，海岸上的浪花会在雷达屏幕上产生长条形杂波回波图像。理解和认识这些杂波回波有助于驾驶员识别特定的目标回波。

在辨认和观测回波之前，首先要根据海图等资料，仔细研究本船附近海面或岸上各种物标的特点，如高度、地形、地貌、视角等状况，并结合本雷达性能、当时的气象、海况等分析各种物标在屏幕上回波可能产生的变形，然后找出特征明显而不易混淆的物标（如孤立小岛、岬角、灯塔等）作为参考点，按其相对位置逐一加以辨认，并经再三核实后予以确认。为快速、准确辨认物标，还应当十分重视资料及经验的积累，做好记录，为下次航行做参考。

当海中小岛、钻井平台和航标等目标较多时，目标辨识增加了难度。驾驶员应在推算船位和船舶航向等已知条件下，根据雷达屏幕上回波的特征、目标在海图上的轮廓特征以及未知目标和已知目标间的相对位置关系加以辨识。例如，可以在雷达屏幕上将活动 ERBL 起点放到某已知目标回波便于测量的位置，测量某未知目标相对该已知目标的距离和方位数据，再根据所测数据在海图上识别出该未知目标。在进出港水道或重要导航水域，一些灯船、灯塔、岛礁和浮筒等重要目标装有 Racon（雷达信标或雷康）或 AIS AtoN。借助 Racon 编码回波或 AIS 报告信息，驾驶员能够方便地识别这些目标。

二、正确选择定位物标的原则

（1）应尽量选择图像稳定清晰、位置能与海图精确对应的物标回波来定位，如孤立小岛、防波堤、岩石、岬角、突堤、孤立灯标等。应避免选用平坦的岸线和山坡及附近有高大建筑物的灯塔等物标，这类物标的回波往往会产生严重变形或位置难以在海图上确定。

（2）应尽量选用近而便于确认的可靠物标，而不用远而易搞错的物标。

（3）在多物标定位时，应选用三条位置线交角接近于120°的物标，或选用两条位置线交角尽可能接近90°的物标。若只有一个可靠物标存在，则在不得已的情况下可以只采用单物标方位距离定位。

三、雷达定位工具的选择和使用

纸质海图雷达定位工具包括圆规、航海三角板、平行尺、铅笔、橡皮等。

（1）圆规用来作距离线。

（2）平行尺或三角板用来作方位线。

平行尺的使用：把平行尺放在海图罗经花上，对准测量物标的方位，利用平行尺的平移原理，慢慢推移平行尺到测量物标即可。此种方法直观，比较容易理解。但当测量物标离罗经花较远时，需要反复移动平行尺，操作手法要求高，否则会出现较大的测量误差。

航海三角板,又名海图三角板。船舶一般配备两只同规格的航海三角板。在进行海图作业时,航海三角板用于绘画方位线或航向线、量取方位线度数或航向线度数。

根据不同情况,航海三角板可单独使用或两只配合使用。在应用中,航海三角板比平行尺方便、灵活。特别是在量取方位线或航向线度数,但与海图上的罗经花距离较远时,使用航海三角板量取方位线或航向线的度数更为方便。在具体操作时,用一只三角板的长边对准所要量取的方位线或航向线,然后与另一只三角板配合,将对准方位线或航向线的长边平行移到就近的经度线上,使圆弧的中心点与经线重合,最后从圆弧刻度尺上读取方位或航向度数,如图5-3-4所示。

应注意,三角板的方位刻度有两个数值,彼此间相差180°。作图原理选择:在测量方位时,本船看物标;在定位时,物标看本船。例如:观测物标方位055°,作图方向应为235°。

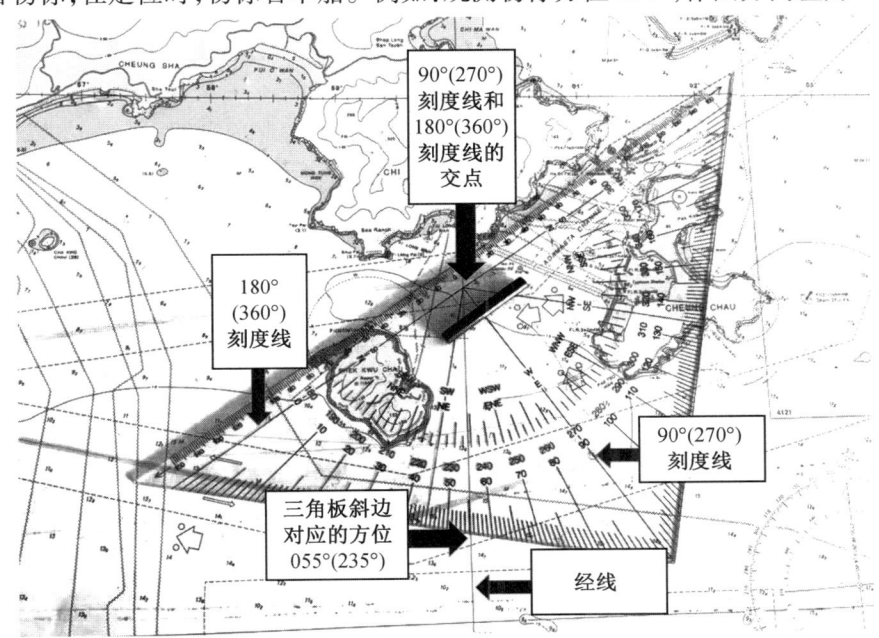

图 5-3-4　航海三角板量取方位线或航向线度数

四、准确测量目标位置的操作方法

在使用雷达进行定位、导航及避碰的过程中,要对各种目标进行测量。在测量的过程中,必须掌握正确的方法及要领,才能够准确测量目标,减小误差。

(一)准确测距的要领

(1)选择能显示被测量物标的合适量程,使物标回波显示于约 1/3～2/3 扫描线长度的附近。

(2)正确调节显示器各控钮,使回波饱满清晰。

(3)应使活动距标圈内缘与回波前沿(内缘)相切。

(4)测量的先后次序为:先正横,后艏艉(因艏艉向物标距离变化快)。

(5)应经常检查活动距标的准确度。

（二）准确测方位的要领

（1）选择能显示被测量物标的合适量程，使物标回波显示于约 1/3 ～ 2/3 扫描线长度的附近。

（2）选择近而可靠的物标、左右侧陡峭的物标或孤立物标。

（3）各控钮应调节适当，否则将使图像变形而导致测量误差。

（4）调准中心，减少中心偏差；正确读数，减少视差。

（5）检查艏线是否在正确的位置上。应校核罗经复示器、主罗经及艏线所指航向值三者是否一致。

（6）在测点物标时，应使方位标尺线穿过回波中心。在测横向岬角、突堤等物标时，应将方位标尺线切于回波边缘后进行测读，再扣去或加上"角向肥大"部分。

（7）测量的先后次序：先艏艉，后正横（因正横方向物标的方位变化快）。

（8）在船摇摆时，应把住舵，待船身回正时快测。当实在不可避免船摇时，则在横摇时尽可能选测正横方向物标，在纵摇时尽可能选测艏艉方向物标，避免测四个隅点方向的物标。

五、雷达定位方法选择原则

要使雷达定位准确，必须采用最佳的定位方法及正确的海图作业。一般来说，由于雷达图像存在"角向肥大"、罗经引入的误差及受外界影响等问题，因此测距定位比测方位定位更好。近距离物标定位优于远距离物标定位。此外，雷达定位精度还与驾驶员测距、测方位的精度和速度及选择的位置交角等有关。各种定位方法的精度高低排序大致如下：

（1）三物标距离定位。

（2）两物标距离加一物标方位定位。

（3）两物标距离定位。

（4）两物标方位加一物标距离定位。

（5）单物标距离方位定位。

（6）三物标方位定位。

（7）两物标方位定位。

值得指出的是，两物标距离定位和单物标距离方位定位因为定位时间短，定位精度较高，满足航行中船舶的定位要求，所以在航海实践中使用频率较高。三物标距离定位虽然定位精度最高，但需要的定位时间长，且物标不易选择，所以船舶在正常航行过程中很少使用，一般在一些要求船位精度很高的特定场合使用。

（一）单物标距离方位定位

单物标距离方位定位是用雷达同时测量所选同一物标的距离和真方位，在海图上画出相应的距离和方位船位线，交点即为本船船位。这种方法方便、快速，两条船位线垂直相交，作图精度较高。单物标距离方位定位是驾驶员常用的定位方法，如果航速不快，航行条件许可，使用陀螺罗经目测方位代替雷达方位，船位可靠性和精度则会更高，物标正横距离定位是这种方法的特例。图 5-3-5、图 5-3-6 所示为选择防波堤端点的单物标距离方位定位。

使用这种定位方法的时机：

（1）船舶从大洋驶近陆地出现第一个陆标（物标）时。

（2）船舶周围陆标（物标）方位位置线比较准确，例如孤立的小岛、灯塔、叠标、防波堤端点，突出的岬角、雷康等。

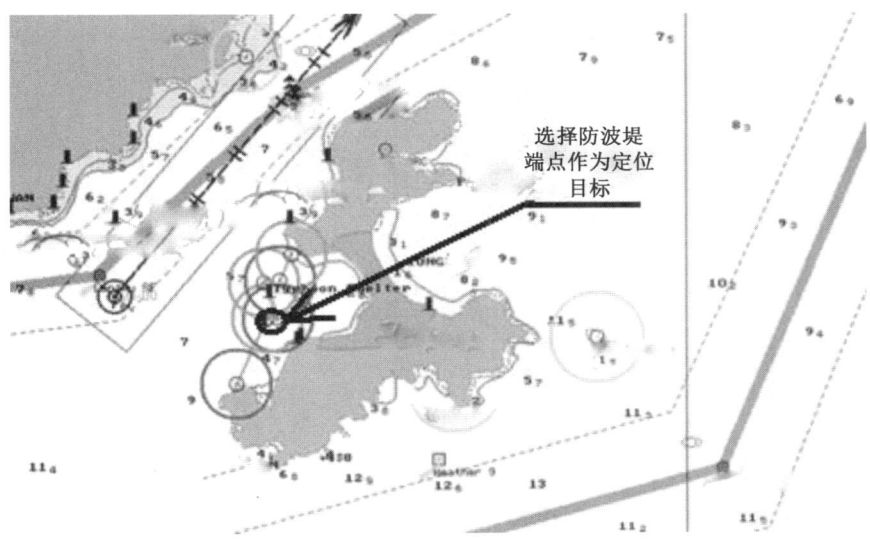

选择防波堤端点作为定位目标

图 5-3-5　单物标距离方位定位物标选择

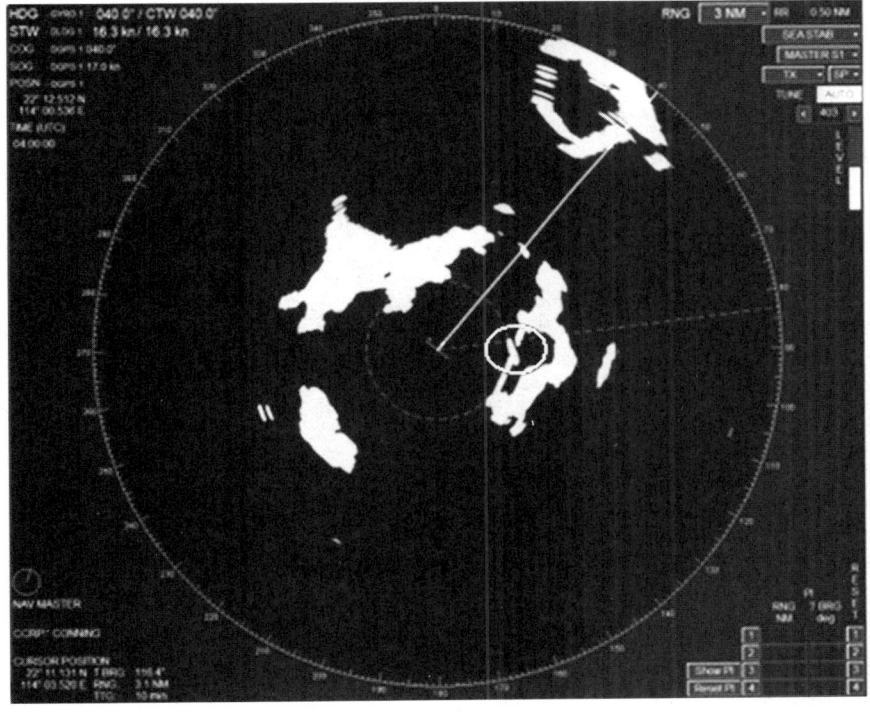

图 5-3-6　单物标距离方位定位雷达图像

（二）两物标距离定位

如果本船周围有适合用雷达测量距离定位的两个或多个物标，选择距离合适的两个物标测量距离,在海图上画出相应的距离船位线,其交点即为本船船位。这是船位精度较高的一种雷达定位方法,如图 5-3-7、图 5-3-8 所示。

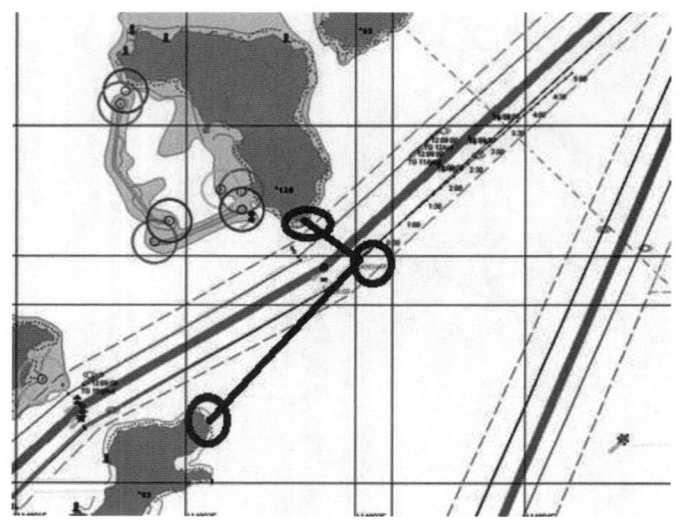

图 5-3-7　两物标距离定位物标选择

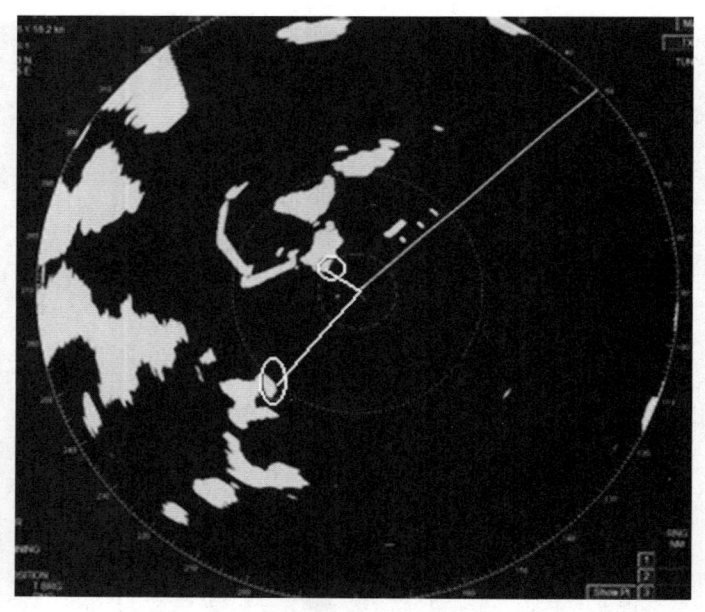

图 5-3-8　两物标距离定位雷达图像

两物标距离定位原则:

（1）为提高定位精度,选择物标交角接近 90°（60°~120°）的两个物标。

（2）注意先测距离变化慢的左右舷物标,后测艏艉向距离变化快的物标,先测难测物标,后测易测物标。

（三）三物标距离定位

如果本船周围有适合用雷达测量方位定位的多个物标，选择交角互为大致 120° 的三个物标，如图 5-3-9、图 5-3-10 所示。

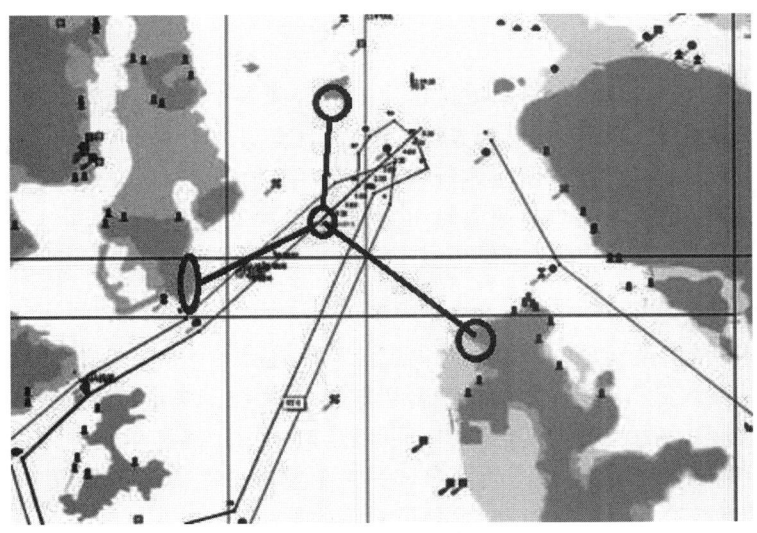

图 5-3-9　三物标距离定位物标选择

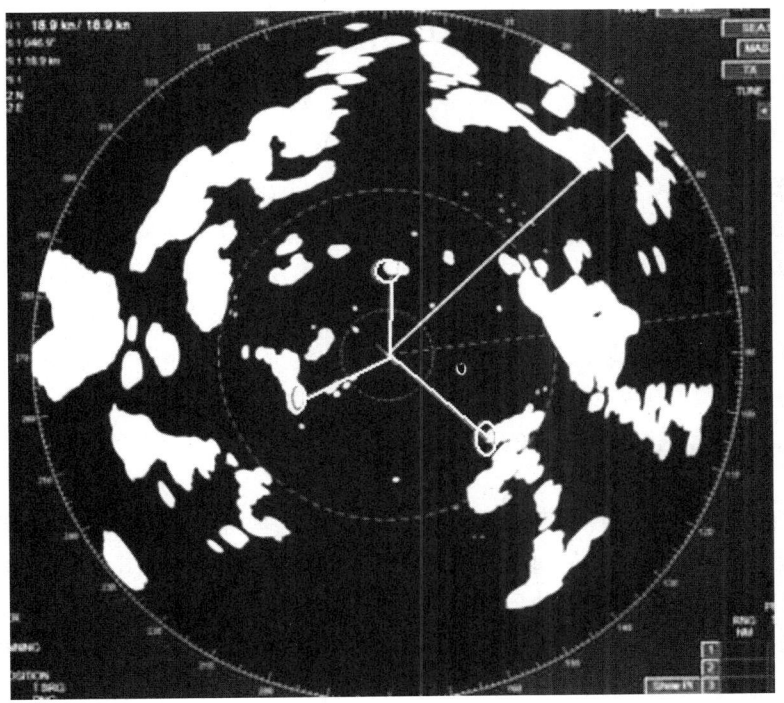

图 5-3-10　三物标距离定位雷达图像

三物标距离定位使用原则：

（1）通常用于船舶抛锚或船速较低时，需要获取很高精度锚位或船位的场景。

（2）三条位置线不交于一点会出现误差三角形，此时船位应根据航海学里误差三角形的最或然船位原则选择。

（四）两物标或三物标方位定位

如果本船周围有适合用雷达测量方位定位的两个或多个物标，选择交角合适的两个或三个物标测量方位，在海图上画出相应的方位船位线，其交点即为本船船位。这种方法的优点是作图方便，但雷达方位精度较低，所以航行中较少使用。在测量时，应充分利用雷达的双 EBL 功能，尽量缩短操作时间，并注意先测艏艉向物标，后测左右舷物标，先测难测物标，后测易测物标。

（五）多物标距离方位混合定位

如果本船周围既有适合用雷达测量距离定位又有适合测量方位定位的两个或多个物标，选择交角合适的两个或三个物标测量其距离和方位，在海图上画出相应的船位线，其交点即为本船船位。多物标距离方位混合定位的组合可以是两物标距离和单物标方位定位，或两物标方位和单物标距离定位，或单物标方位距离和另一单物标的距离或方位等方法定位。这种定位方法可靠性精度较高，是沿岸航行时驾驶员常用的方法。

第四节　雷达导航

使用雷达引导船舶航行的方法称为雷达导航。船舶在进出港、狭水道及沿岸航行中，尤其在夜间或能见度不良的恶劣天气时，使用雷达导航十分方便而有效。早期最常用的雷达导航方法是距离避险线（又称为雷达安全距离线）法和方位避险线（又称为安全方位线）法。

随着航海技术的发展，雷达导航技术不断提升，导航手段越来越丰富，有定位导航、叠标导航、导标导航和距离叠标导航等。在航行实践中，较实用的是采用平行指示线（Parallel Index Line）导航，简称为平行线导航。现代雷达还有绘图导航、航路点导航、电子海图导航。

熟悉导航工具，运用导航信息，发挥雷达导航优势，完成复杂环境中的导航任务，需要驾驶员在长时间的航行实践中反复练习，不断积累。

一、距离避险线法

当避险物标和危险物的连线与计划航线垂直或接近垂直时，距离避险线法避险效果较好。距离避险，一般选择与危险物同一侧的显著物标作为避险物标。如图 5-4-1 所示，先根据危险物及周围情况确定距危险物的最小安全距离 d，以危险物为圆心，d 为半径作圆，即危险圆。然后量出避险物标与危险圆之间的最大距离，称此为危险距离 $D_险$。为了确保避离危险物，船舶在接近危险水域前，就应用雷达不断观测本船与避险物标的距离，保持与避险物标的距离 $D \geqslant D_险$。

船舶在航行中应与岸线（或选定物标点）保持一定距离，为确保航行安全，可以采用距离避险线法航行。首先在海图上确定距离避险线。它由各危险点（包括浅滩、暗礁等）的安全距

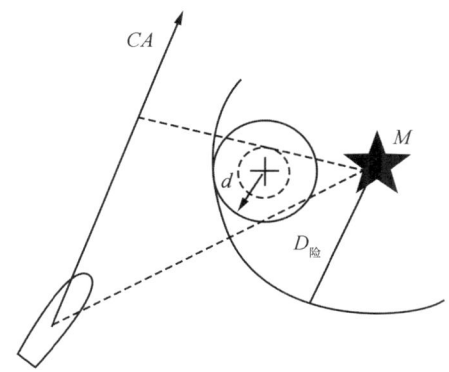

图 5-4-1 距离避险线法(一)

离圈的切线组成(参见图 5-4-2 中的虚线)。图 5-4-2 中的实线表示船舶的计划航线。在航行时,船舶应始终保持在距离避险线的外侧。

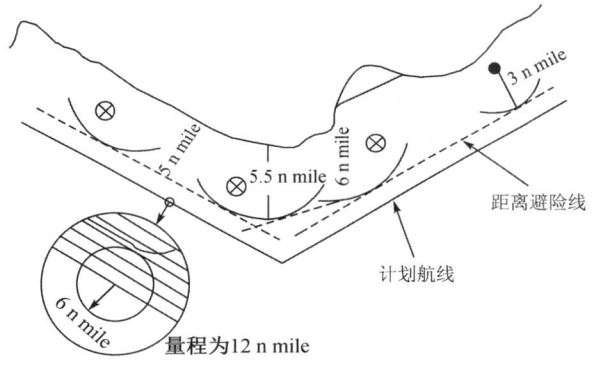

图 5-4-2 距离避险线法(二)

船舶安全距离的确定与很多因素有关,由航行水域、天气状况、能见度、水流、船舶类型和交通密度、本船的操纵性能、值班驾驶员的船艺水平等决定。

二、方位避险线法

当避险物标和危险物的连线与计划航线平行或接近平行时,船舶宜用方位避险线法避险。如图 5-4-3 所示,CA 线为计划航线,选 M 为避险物标,在海图上以危险物为中心,以一定的安全距离为半径作圆,此圆即为安全水域与危险水域的分界圆,并从避险物标作该圆位于航线一侧的切线,此切线即为方位避险线,量出它的真方位,即为避险方位 $TB_{险}$。在航行中,船舶只要保持航行在避险位置线的安全水域一侧,如图中的 A 船,即只要船舶保持观测 M 物标的 $TB \geqslant TB_{险}$,便能确保船舶对危险物有效避离。若船舶观测 M 物标的 $TB < TB_{险}$,如图中的 B 船,则船舶就有可能进入危险水域。

从图 5-4-3 中可以看出,只要在雷达上作一导航线,方向等于图中的 CA,置于雷达扫描中心右侧,距离等于 CA 到避险物标 M 之间的垂直距离即可。在航行中,船舶保持导航线切在导航物标上,即可用导航替代避险。船舶只要航行在设计航线上,就不存在危险,除非航线设计在危险物上。

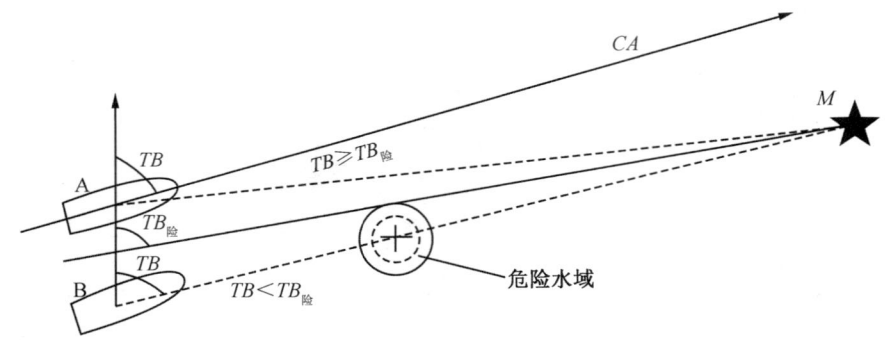

图 5-4-3　方位避险

三、平行线导航

在近岸或狭水道等特殊的航行环境中,只要仔细研究海图,根据水域周围岸线雷达回波的特点,配合合理设计航线,尽可能少地或者不需要雷达定位操作,凭借特殊的雷达导航方法——平行线导航,就可以做到连续监视船位,保持船舶沿计划航线航行。这种雷达导航方法在航道狭窄、水深和水流变化较大、水文地理环境复杂,特别在航道附近存在雷达探测不到的水下碍航物,尤其在夜间或恶劣气象、海况时,能够有效地实现连续监测船位,实现安全导航。

平行指示线是指相对本船稳定,距离和方位可以相对本船灵活设置,且与显示方式无关的直线。平行指示线是平行于本船的艏向且相互平行的指示线。雷达可至少提供四条平行指示线。平行指示线的方向和距离可以由操作者设置,帮助本船在航行时和岸线及危险物保持既定的安全距离,以方便地实现安全导航。

（一）平行线导航参考物标的选取

在平行线导航时,应事先结合海图,选取离航线近、显著、海图位置准确的物标为参考物标,量取该物标到计划航线的距离 d。选择北向上相对运动显示方式,设定平行指示线在物标同侧,与计划航线平行且距离 d。在航行中,船舶保持参考物标 T 回波始终沿该平行指示线移动,确保船舶行驶在计划航线上,如图 5-4-4 所示。

（二）保持计划航线

如图 5-4-5 所示,当船舶偏离计划航线时,物标 T 的回波从 a 向 a_1 偏离平行指示线,本船应向左改变航向,使该物标的回波回到平行指示线上,以保持在计划航线上航行。

船舶根据需要进行合理设计,还可以利用多条平行指示线进行导航。

平行线导航能够监视船舶沿某段计划航线航行,但不能确定本船准确位置。因此,平行线导航并不免除驾驶员按照航行值班要求进行船舶定位的工作职责。

（三）平行线避险

利用航线附近物标可进行平行线导航,也可按平行方位线导航中所述方法设定避险线,进行平行线避险。船舶在航行中只要保持物标的雷达回波始终位于该避险线的安全一侧,即可确保本船安全地避离航线附近的危险物。

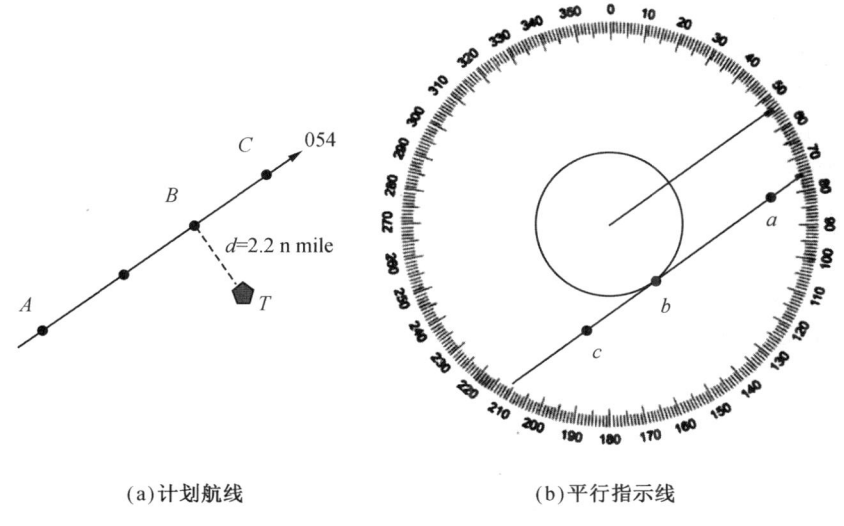

(a)计划航线　　　　　　　(b)平行指示线

图 5-4-4　平行线导航

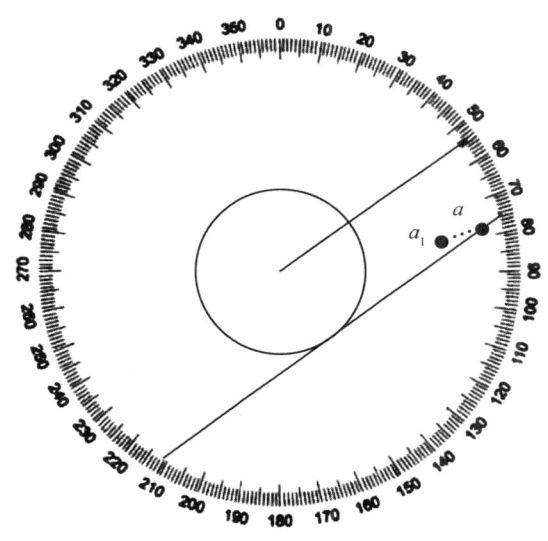

图 5-4-5　保持计划航线

四、雷达导航的注意事项

（1）船舶在进入导航水域前,应仔细研究航区内主要物标(包括导标、航标及危险物等)的位置和特点,确定转向点位置及转向数据,设定好避险线,制订计划航线,了解和掌握当时、当地的风流及船舶动态等,早做准备;在航行中,应利用一切有利时机,分析雷达图像与海图实际情况的差异,积累资料,总结经验。

（2）在狭水道中,由于陆标近,方位变化快,应随时对照海图,准确快速辨认和测定物标进行导航。

（3）正确辨认浮标,并熟悉各浮标可能发现的距离及回波特点。若有怀疑,则应以岸标核对。

（4）注意各种假回波的识别,尤其应注意辨别小船和浮标回波,切勿混淆。

（5）应充分利用雷达方位标尺线及活动距标圈协助判断船位,节省时间。

（6）在能见度许可时,应特别加强视觉瞭望,注意参考其他传感器信息(如 AIS、ECDIS 等),避免仅凭雷达信息做出草率决策。

五、雷达导航优势与局限性

雷达是船舶航行中不可或缺的导航设备,与其他导航设备相比,具有明显的优势。但是,驾驶员需要对雷达的使用性能,特别是对其局限性保持清醒的认识,轻率相信和盲目依赖雷达将会威胁航行安全。

（一）雷达导航优势

（1）雷达观测距离远,不受能见度和夜间视距的影响,弥补了驾驶员视觉瞭望的局限性。通过雷达图像,驾驶员能够较好地了解航道和岸线的情况,还能够探测到周边船舶的分布以及船舶交通流的情况,掌握较为全面的航行环境和船舶会遇局面,有利于在复杂恶劣的水域环境下增强船舶位置感,实现安全导航。

（2）雷达能够充分利用各种传感器信息,导航方法丰富,能够实现定位导航、距离叠标导航、平行指示线导航、绘图导航、航路点导航和电子海图叠加导航等功能,便于在多种复杂航行环境下灵活运用,导航精度高,是船舶不可或缺的导航设备。

（二）雷达导航局限性

（1）雷达经常会受到自身性能、电磁波传播路径和物标反射雷达波能力等因素的影响,引起影像失真和探测误差,容易造成回波识别困难或错误,影响了导航精度,甚至有时限制了雷达导航的应用。

（2）雷达导航精度依赖传感器的精度;雷达性能的发挥还依赖驾驶员的操作技术;雷达图像的解释与导航技术的发挥也依赖驾驶员的经验。在紧张的航行值班工作中,驾驶员如果忽略了任何一个环节,都可能造成错误导航,导致严重后果。

（3）雷达仅能探测水面以上物标,在龙骨下富余水深有限水域航行时,应仔细研究海域的水文地理信息,以克服雷达导航局限性,发挥雷达的导航优势。

第五节 雷达航标

为了使浮筒、灯船和灯塔之类的重要目标易被雷达发现,航道管理部门常在这类导航标志上加设各种雷达航标,以增强其对雷达波的反射能力,从而增大雷达发现这些航标的距离。在能见度不良时,这些雷达航标为船舶的安全航行带来了极大的方便。下面将介绍几种常用的雷达航标(Radar Aid to Navigation, Radar AtoN)。

一、雷达反射器

雷达反射器(Radar Reflector)的基本组成单元是由三块相互垂直的金属板或金属网组成

的。其基本特点是在一个很宽的角度范围内,电磁波射进入角内的能量将从完全相反的方向反射出来,如图 5-5-1 所示。

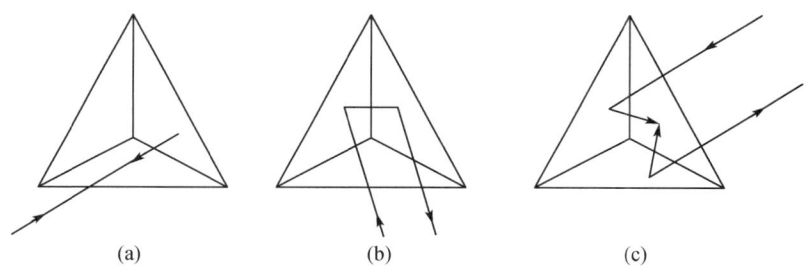

(a)　　　　　　　　(b)　　　　　　　　(c)

图 5-5-1　雷达反射器对入射波的反射

单个雷达反射器只能在有限角度范围内有效,如将几个雷达反射器拼成如图 5-5-2 所示的五角形反射器和八面体反射器,就能有效地反射任何方向传来的电磁波。

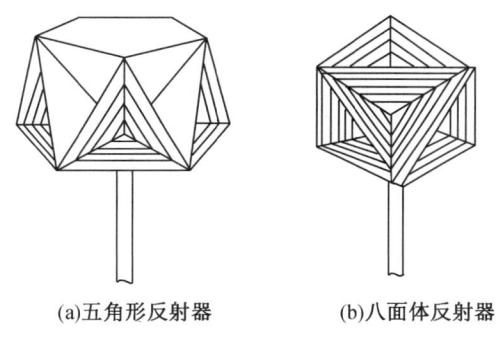

(a)五角形反射器　　　　　(b)八面体反射器

图 5-5-2　雷达反射器

在实际效果方面,五角形反射器优于八面体反射器。但在摇摆时,八面体反射器效能不变,而五角形反射器的效能将大大减弱。

雷达反射器的作用是十分显著的。例如,装了五角形反射器后,三级浮标的探测距离可从 1.5 n mile 增加到 3.5 n mile;罐形和柱形浮标可从 3.5 n mile 增加到 7 n mile;球形浮标可在 5 n mile 或更远的距离被探测到。若在反射性能很差的木质渔船上一定的高度处设置一个边长为 30 cm 的雷达反射器,则探测距离可从 2 n mile 增加到 6 n mile。使用 40 cm 的雷达反射器的救生艇探测距离从 3 n mile 增加到 7 n mile。边长为 0.5~1 m 的雷达反射器具有相当于 3 000~4 000 t 船的反射能力。边长为 1 m 的雷达反射器,在天气良好时的探测距离可达 7~10 n mile。

雷达反射器在海图上的符号如图 5-5-3 所示。

除上述雷达反射器外,还有一种特殊的雷达反射器,称为透镜反射器(Lens Reflector)。它是由几个用不同电介质材料(折射系数不同)制成的同心空球组成的微波透镜,能将入射到透镜上的雷达波聚焦于直径相对一边的表面上的一点,然后按相反的方向再反射回去,不受入射波方向的影响。直径约 30 cm 的透镜反射器,架设高度为 2 m,雷达天线高度为 15 m,探测距离可达 10 n mile。

雷达反射器的缺点是,无源信标对雷达波无放大作用,因此作用距离有限,且无编码识别,

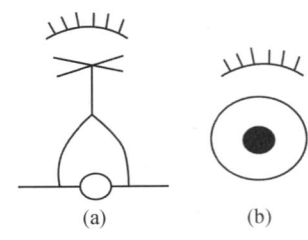

图 5-5-3　雷达反射器在海图上的符号

容易造成目标混淆。

二、雷达方位信标

雷达方位信标（Ramark）又称为雷达指向标，是一种有源主动雷达信标。它按一定时间间隔（如 15 s）向四周发射信号。在船上雷达收到信号后，屏幕上显示出一条径向亮线或一个夹角为 1°~3°的点线或扇形，以指示出该雷达方位信标所在方位，如图 5-5-4 所示。

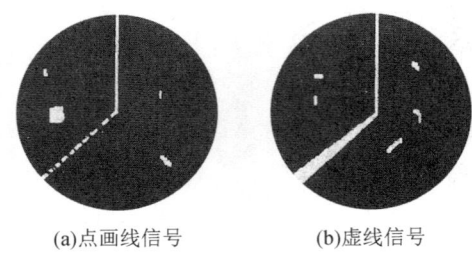

(a)点画线信号　　　　(b)虚线信号

图 5-5-4　雷达方位信标图像

为区分各个雷达方位信标，它们所发的信号还可用"点""划"组成莫尔斯码来加以区别。该雷达方位信标的工作不受船上雷达控制。

雷达方位信标分为扫频式和固定频率式：

（1）扫频式雷达方位信标的发射频率是变化的，而且变化范围很大，可包括船用雷达使用的整个频率范围（现大多工作在 X 波段），使所有工作在该波段的雷达均能收到它的信号。屏幕上显示连续径向亮线还是点线或虚线，取决于雷达方位信标的扫频速率快慢。这种扫频式雷达方位信标在日本、英国等地较多。

（2）固定频率式雷达方位信标的发射频率在船用雷达工作频率范围之外，船用雷达需另配一套接收设备才能接收，接收到信号后经处理再送到雷达显示器显示。

若雷达方位信标信号很强，则可能在雷达屏幕上产生间接反射假回波和旁瓣回波，结果使得屏中心附近显示混乱，如图 5-5-5（a）所示。这些假回波可用 FTC 电路消除。雷达方位信标在海图上的符号如图 5-5-5（b）所示。

雷达方位信标发射的信号比雷达接收到的物标回波要强得多，故其作用距离远，一般可达 20~30 n mile，因此可用它来增加探测距离和作为识别标志用。除了作为狭水道、重要航道和港湾的导航标志外，雷达方位信标还经常用于岬角、岛屿和山等其他物标密集区及海岸线平坦、低缓难以被雷达探测和分辨的地区的识别标志。

目前大多数雷达方位信标已经淘汰，现已非常少见。

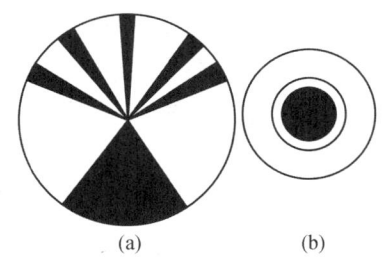

图 5-5-5　雷达方位信标的假回波和在海图上的符号

三、雷达信标(雷康)

雷达信标又称为雷康(Racon),是一种被动式的有源雷达信标。它须在接收到船用雷达发射的脉冲信号后约 0.5 μs 便自动发出经编码的回答脉冲信号,故有时又称为雷达应答器或二次雷达。其经编码的回答脉冲信号被船用雷达接收后显示在屏幕上,可以测其方位和距离,以供定位和导航之用。回答脉冲是经编码的,便于相互识别。雷康信号如图 5-5-6 所示。常用的雷康信号是把脉冲编成莫尔斯码,如 A(·—)、B(—···)、N(—·)等。有关这些编码的变更、信标的增设及废除等资料可查航海通告或航海警告。

雷康回答信号与雷康机架实物产生的回波延迟时间随设备的不同而异(约 0.5 μs)。有时(如远距离观测时)雷康机架回波较弱以致雷达屏幕上不显示它的回波,而只显示它的回答信号,如图 5-5-6 所示。

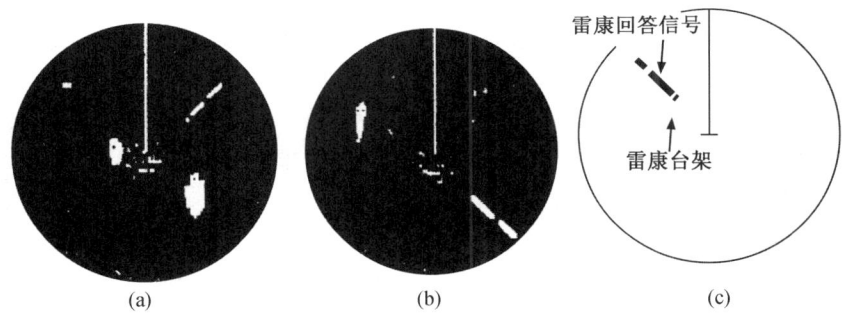

图 5-5-6　雷康信号

雷康可在整个船用雷达工作频率范围内接收雷达脉冲信号(一般是 X 波段,少数也有在 S 波段),而它的回答脉冲信号也可被附近同波段雷达接收。大多数雷康发射机工作几分钟(如 1.5 min)再停几分钟,故雷达屏幕上每隔一定时间才能见到它的回答脉冲信号。

雷康的一般探测距离在十几海里以内,理想情况下,可达 17~30 n mile。若雷康天线装得低,则探测距离近些。雷康在海图上的符号如图 5-5-7(a)所示。

雷康回答脉冲信号也可能产生间接反射假回波,如图 5-5-7(b)所示。这些假回波可采用减小增益或用 FTC 电路消除。此外,当雷康被附近多台雷达触发时,其性能将被减弱。受触发越多,雷康回答脉冲信号与本船雷达的扫描可能越不同步,距离也就不能显示,有时还会出现类似雷达方位信标那样的干扰信号。

雷康既可测方位,又可测距离,还有编码供识别,故比雷达方位信标应用更为广泛。

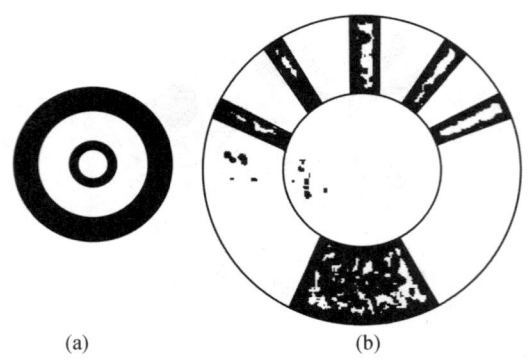

(a)　　　　　　　　　(b)

图 5-5-7　雷康在海图上的符号和雷康产生的间接反射假回波

四、雷达目标增强器

雷达目标增强器（Radar Target Enhancer，RTE）是一种接收、放大并转发船舶雷达探测脉冲的装置。它将接收到的雷达脉冲信号直接放大并以最小的延时重新发射，延时可以被控制在几纳秒以内，所产生的距离误差可以忽略。RTE 的雷达回波与目标回波相同，但更为稳定。目前，RTE 主要应用在 X 波段，通常用于浮标和小型船舶。相关资料表明，RTE 应用于浮标，可将稳定检测距离从 2~3 n mile 增加到 6~10 n mile。

五、AIS 航标

AIS 航标（AIS AtoN）作为雷达传感器，能够将装备 AIS 设备的航标信息显示在雷达屏幕上。AIS AtoN 一般安装在重要的导航设施上，能够将中小型真实航标的雷达观测距离从不足 3 n mile 增加到 6 n mile 以上。AIS AtoN 分为真实 AIS 航标、仿真 AIS 航标、预报仿真 AIS 航标和虚拟 AIS 航标。AIS AtoN 类型不同，其观测特点也不同。

（1）真实 AIS 航标和仿真 AIS 航标。真实 AIS 航标和仿真 AIS 航标，在远距离观测时仅显示为 AIS 图标标识；当船舶驶近浮标且能够探测到雷达回波时，由于雷达和 AIS 都存在误差，回波和 AIS 航标标识往往会出现偏差。真实 AIS 航标和仿真 AIS 航标误差较小，故可将 AIS 航标作为浮标设置。预报仿真 AIS 航标的误差可能偏大，需要驾驶员根据实际情况确认浮标的位置。

（2）虚拟 AIS 航标。虚拟 AIS 航标一般为突发事件临时设置以标记航行危险，在雷达屏幕上只能看到 AIS 图标标识，没有雷达回波。这需要驾驶员多方查证，确认 AIS 航标位置报告的意义和精度。

此外，近几年，特别是 2018 年以后，一类基于 AIS 技术的自主水上无线电设备（AMRD）应用于海上污染/危险物跟踪装置、渔网示位装置、水文气象装置、潜水定位追踪装置等，显示为"○"图标。这类设备通常不在主航道，雷达探测不到回波，对航行安全的直接影响不是很大，但会使屏幕信息凌乱，有碍雷达观测，因而会间接影响航行安全。

近几年，基于 AIS 技术的各种航标应用发展迅速，目前，国际上关于包括 AMRD 和移动航标在内的航标标准和规范的探讨还在进行。

第六节　搜救雷达应答器

船舶海上搜寻与救助应参照《SOLAS 公约》第 V 章相关内容,且应以《国际航空和海上搜寻救助手册》(Intermational Aeronautical and Maritime Search and Rescue Manual,IAMSAR Manual)为指南。在制订和执行搜寻计划时,船舶驾驶人员应综合利用雷达及相关救助单元信息,识别和确认遇险目标,并在接近遇险目标的航行中,适时、合理调整、运用雷达,评估雷达信息,正确决策,通过积极有效的团队协作,操控船舶,完成对遇险目标的搜寻与救助任务。

一、搜救雷达应答器的功能

搜救雷达应答器的英文全称为 Search and Rescue Radar Transponder,缩写为 SART,简称为雷达应答器。在 GMDSS 中,它是指示遇难船舶或救生艇位置的主要设备,如图 5-6-1 所示。在海难发生时,它是进行搜救的寻位装置。

图 5-6-1　SART 实物

根据修订的《SOLAS 公约》第 Ⅳ 章的规定,凡在 A1、A2、A3 以及 A4 海区航行的船舶,在 1995 年 2 月 1 日之后必须配备 SART。SART 可永久性地安装在救生艇上,也可在船舶沉没时抛出海面自动启动。它工作在 9 GHz 波段(3 cm),在收到救助船或飞机发出的 3 cm 导航雷达询问波后,SART 发射 9 GHz 的电磁波进行应答,以使救助船或飞机上导航雷达屏幕上出现多个近小远大光点组成的信号,借以判断 SART 位置。SART 可以戴视听装置,幸存者从 SART 指示灯的闪烁速度是否增加、声响频率是否加快来判断是否有直升机或救助船正在接近遇难船,以增强求生的信心。

SART 处于工作状态时会不间断地守听 9 GHz 波段(3 cm)的询问信号。若有直升机或救助船前来营救,雷达应答器在收到其所发的询问信号后,会立即在同一波段发射一连串脉冲信号,于是在直升机或救助船的导航雷达屏幕上显示出 SART 响应的信号标志,即在同一方向上有 12 个间距相同的光点。根据该标志起始光点的位置可以推算出幸存者与直升机或救助船的距离,再根据一连串光点的方位可以推算出幸存者确切位置。

SART 的图像如图 5-6-2 所示。当距离较远时,雷达显示的图像为如图 5-6-2(a)所示的 12 个小点,点与点之间的间隔为 0.6 n mile。随着与 SART 的距离越来越小,这些点状回波开始往两边延伸成弧线。当与 SART 的距离为 1 n mile 左右时,雷达显示的图像如图 5-6-2(b)所示，12个短划线显示为同心弧。当进一步靠近SART时，雷达图像如图5-6-2(c)所示，是12个同心圆，表明SART离救助船很近，救助船应该减速，并注意搜索海面。降低雷达接收机的增益，可减弱同心弧现象，便于确定幸存者的方位。杂波干扰SART信号，会使雷达暂时处于失谐状态而难以清晰观测到SART信号。

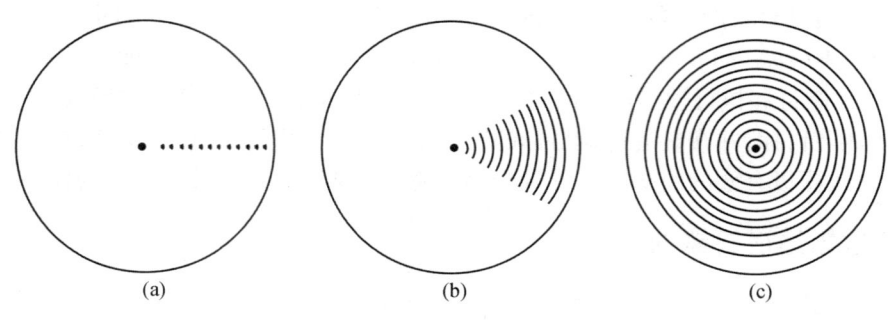

图5-6-2　SART的图像

SART一般装有判断工作情况的发光装置。在没有救助船时，定时器以2 s周期控制指示灯闪烁0.5 s，停1.5 s；在收到救助船的询问信号时，指示灯闪烁0.5 s，停0.5 s，闪烁周期缩短，也表示有望（获得）救助。SART装有判断工作情况的音响装置，在收到雷达询问信号时，可以听到雷达重复频率约1 kHz的调制音响。当雷达距离尚远时，只有在雷达天线指向SART时才能周期性地听到应答时发出的短促声；在近距离时，雷达波旁瓣也能触发并逐渐变成连续音响。若各救助船所用雷达的调制频率有差异，则SART的音调有变，可以估计在难船附近的救助船的数目。

二、SART示位系统的工作原理

SART示位系统由SART和导航雷达共同构成。作为示位信号源的SART主要由接收机、发射机、天线、定时电路和电源组成。SART可以由人工启动和关闭，也可以在落入水中时自动启动。当接收到导航雷达在9 GHz波段上发射的雷达信号时，SART能自动应答，发射独特的应答信号。导航雷达接收到SART的应答信号后，经解调可显示在雷达屏幕上，从而指示出SART的具体位置。

三、SART的操作与维护保养

SART按照其安装的方式可分为三类，即固定式（安装在船上或救生艇筏上）SART、便携式SART、装有释放机械和/或与自浮式EPIRB组装在一起的SART。SART的外壳结构是水密的，它本身由天线、接收机、发射机、漂浮容器及电池组成。平时SART应颠倒放置，指示灯在最下面而电池在最上面，这时候电池的水银开关断开，SART不工作。由于整个SART底部重、顶部轻，当发生海难时，它丢入水中即能自动释放和保持直立状态，使指示灯在上、电池在下。此时，在水银开关接通电池对电路供电后，SART立即进入待命状态，等待搜救船上导航雷达的询问。在这期间，当SART上的接收机收到导航雷达的询问信号时，SART立即予以应答。SART露出海面的高度应不低于1 m，以免使SART发射的信号被海浪淹没。

为了保证SART处于正常工作状态，需对SART定期检查。在检查前，应认真阅读SART外壳上标注的操作简介，以及所配电池的有效日期。可以将SART放在救生艇上，开启导航雷达以及 SART 电源,观察雷达屏幕上是否有 SART 的应答信号,同时观察 SART 的音响与灯光是否有变化。在试验时,可用双向手携式 VHF 电话相互联系。需要强调的是,每次试验只能限制在几秒钟时间进行,以免造成误会。

四、SART 与一般雷达信标的区别

SART 内有雷达接收机和扫频发射机,依靠电源供电工作,所以也称为有源反射器。SART 接收机自动接收船上导航雷达发射的雷达信号,随后以最短的延迟由扫频发射机自动发射应答信号,其应答信号用长短间隔编码来识别。编码信号在雷达显示器上离圆心最近的那个代表 SART 的位置。

SART 与一般雷达信标的主要区别有如下方面。

1. 功能不同

一般雷达信标用于助航、识别物标。而 SART 仅用于搜寻救助的寻位,寻位效果好,即使在浓雾黑夜的情况下,在几海里外也可收到 SART 的应答信号。

2. 工作频率不同

一般雷达信标接收频率、发射机扫频因各自用途、识别而有差异。而 SART 的工作频率为国际统一,即 9 GHz 范围。

3. 应答信号不同

一般雷达信标脉冲长短不一,延迟时间、编码识别也不相同。而 SART 为了使雷达显示器上的信号区别于其他物标的信号,会在显示器上显示一系列等距离的小亮点,很容易被识别。

五、自动识别系统搜救发信器

《SOLAS 公约》规定,从 2010 年 1 月 1 日起自动识别系统搜救雷达应答器(AIS-SART)可以替代 SART 用于搜救寻位。

AIS-SART 在工作时于雷达屏幕上显示信息。如果该装置在救生设备上,其水面探测距离至少为 5 n mile,在平静海面时探测距离超过 7 n mile。当本船与 AIS-SART 接近时,通常在 3 n mile 之内救生设备的雷达回波才能够被发现。由于 AIS-SART 位置更新率较低,驾驶员应以雷达回波作为遇险参考位置。

第六章　雷达避碰

第一节　概述

雷达不仅是航行定位的重要仪器,而且是用于保持正规瞭望、避免船舶间发生碰撞的一种有效工具,尤其是在通航密度较大的近海水域或在能见度不良的情况下,更能显示出其极大的优越性。但是,雷达避碰的有效性取决于会遇船舶所采取的避让行动时机和幅度。

一、雷达在避碰中的作用

就避让而言,雷达通常具有以下作用:

(1)能及早地发现来船并获得碰撞危险的早期警报;

(2)通过系统观察或进行雷达标绘,能准确地获得两船通过时的 DCPA(Distance to Closest Point of Approach,最近会遇距离)与 TCPA(Time to Closest Point of Approach,最近会遇时间),从而确定是否存在碰撞危险;

(3)通过作图,可求得来船的航向与航速;

(4)通过作图,可求得本船的避让措施;

(5)通过进一步的观察,可及时地判断来船的行动,并能迅速地查核双方所采取的避让行动的有效性;

(6)通过作图,确定本船可以恢复原航向或原航速的时机,以确保两船在安全的距离上驶过。

随着导航仪器的发展以及计算机的广泛应用,普通雷达所具有的上述功能业已被新一代雷达的自动标绘功能代替。但由于种种原因,许多船舶仍在使用普通雷达。为此,IMO 要求船长及驾驶员都应熟练掌握普通雷达的六大功能。

二、雷达协助避碰的行动时机和幅度

在采用雷达协助避碰时,只有正确掌握行动时机和采用合理的行动幅度才能达到预期的效果。

1. 行动时机

采用雷达协助避碰的过程不如船舶在互见时那样直观,即在本船采取行动前往往需要一定的时间进行观察以确定碰撞危险。因此,为了对存在的碰撞危险做出早期警报,以便及早地采取避让行动,要求船舶应及时开启雷达。一般情况下,装有可供使用的雷达的船舶,应尽可能在 10~12 n mile 发现其他船舶的存在,此后应在回波接近 6 n mile 以前,通过连续观测或雷达标绘,确定是否存在碰撞危险。如果存在碰撞危险,则应在回波到达 5~6 n mile 时采取避让行动,一般不迟于 4 n mile。

2.行动幅度

（1）在能见度不良的情况下，所采取的避让行动应大得足以使他船用雷达观察时容易察觉到。他船的行动只能通过相对运动线的变化幅度来判断，而当两船航速相差不多时，相对运动线的变化幅度只有他船转向角的一半。例如，他船转向20°，相对运动线才变化10°，所以如果转向幅度很小，就很难识别他船的动态。

（2）正如难以对安全航速进行量化的实际情况一样，对于采取多大幅度的变向或变速才符合大幅度的规定，也是很难定量化的。这不仅取决于当时的环境和情况，而且与两船间的距离和会遇局面密切相关。但有一点是肯定的，在相同的局面下，能见度不良的转向幅度要比互见时大。在能见度不良的情况下，对正横前的来船，往往至少转向30°，有时甚至达60°~90°；而当船舶减速避让时，由于减速需要较长时间，并不易被他船察觉到，所以通常一次减速应减到原来船速的一半以下，也可以采用先停车把船停住，然后再缓速前进或微速前进。

三、使用雷达避碰的注意事项

《1972年国际海上避碰规则》（以下简称为《规则》）在第六条"安全航速"、第七条"碰撞危险"、第八条"避免碰撞的行动"和第十九条"能见度不良时的行动规则"中专门提到了雷达及其使用的问题，并对如何正确使用雷达进行了相应的要求和规定。在实际工作中，使用雷达避碰应注意以下事项。

1.正确调制雷达控钮和识别回波

使用雷达避让的首要的关键是正确使用各控钮以获得正确而清晰的雷达图像。只有在合理使用雷达亮度、增益等控钮的情况下，才能及时发现物标和判断碰撞危险，否则就无从谈起安全避让的问题。

另外，还应注意到，在使用STC或FTC控钮排除外界干扰波时，应当能使来船的回波从海浪或雨雪干扰中区分出来。如果这类干扰非常严重，则应认识到近距离来船的回波有可能被干扰杂波覆盖而无法辨认，尤其是小型船舶，所以在这种情况下应加强对近距离范围海面的视觉和听觉瞭望。同时，STC或FTC控钮不能调制过大，以免将回波抑制掉。

对雷达屏幕上发现的各个回波，驾驶人员都必须认真加以识别；除了观测这些回波的形状、大小、强度和移动方向与速度外，应通过仔细观测来辨别可能产生的假回波，避免近距离假回波的突然产生而造成自己行动上的混乱。

2.正确测定物标回波的方位和距离

正确测定物标回波的方位和距离关系到标绘求取物标的相对运动线及其航速的正确性，对判断物标的驶过状态、危险程度和决定以后的避让措施都极为重要。许多碰撞事故都是由于对两船最初驶过势态的判断不正确而造成的。

3.正确读取时间

读取时间正确与否会影响作图的精度。对多物标进行标绘，一般可按方位或距离的适当顺序进行正确测定，并保证时间准确。为了避免观测中发生时间上的误差而影响观测精度，必要时应认真做好时间及结果的记录或在适当的位置上清楚地加以标出。

4.正确选择雷达显示方式

在相对运动作图时，雷达应采取真北向上的模式，即雷达图像稳定显示的状态。这样可以避免船舶在采取转向避让的情况下，因雷达不稳定显示而造成物标回波向相反的方向转动而使图像发生混乱的情况,从而导致难以连续正确观测的后果。

5.合理使用雷达距离标尺

合理使用雷达距离标尺可以及早获得碰撞危险的早期警报,同时也便于对物标进行观察和掌握他船的动态。在对物标回波进行雷达标绘时,建议使用 12 n mile 的距离标尺。物标在接近的过程中,若必要,应适当变换和交替使用大小不同的距离标尺,以便对当时的局面进行全面观察和做出充分的估计。

6.及早大幅度的避让行动

在判明来船与本船存有碰撞危险后,应及早采取避让行动。避让行动应大得足以使他船从视觉或雷达屏幕上容易觉察到,避免一连串的小变动。

7.正确采用多船观测和避让的方法

当雷达屏幕上同时出现两个或多个回波,在进行观测和避让时,应采用以下方法。在回波的方位上:先船首前方 30°附近,再正横前,后正横后,先右舷后左舷。在危险接近程度上:先注意危险性大的来船回波,即相对速度大、接近快的船,特别是接近时间短,即 TCPA 小的船。远距离但接近时间短的来船与近距离但接近时间长的来船相比更为危险,应优先予以考虑避让。

采取的转向或减速行动可能对周围其他船舶产生影响,应避免造成另一紧迫危险。特别是采用的转向避让,应遵守《规则》第十九条 4 款规定,即除对被追越船外,对正横前来船应避免向左转向,对正横附近或正横后来船,避免朝它转向。

8.认真核查避让效果

在本船采取转向或(和)变速避让措施后,应继续进行雷达观测和标绘,以检验避让是否达到预计的效果。

第二节　雷达标绘

雷达标绘是指以一定的时间间隔来观察来船的方位和距离,以求得来船的运动要素(航向和航速)以及两船的 DCPA 与 TCPA,从而判断是否存在碰撞危险的一种方法。

雷达标绘不仅可以判断两船是否存在碰撞危险,而且还可以核查避让行动的有效性,直到碰撞危险过去为止。

一、雷达标绘工具

在从事雷达标绘的实际过程中,船舶驾驶人员主要采用铅笔在雷达标绘纸或使用专用的标绘笔在安置于雷达显示屏幕上的雷达反射标绘仪上,借助于直尺和/或分规等辅助工具来完成雷达标绘工作。关于雷达作图纸与雷达反射标绘仪的有关情况及使用方法见以下说明。

1.雷达标绘纸

雷达标绘纸是一种标有方位与距离的标志、距离比例刻度的专用于标算物标船的运动参数和求取对物标船安全避让措施的专用纸张,如图 6-2-1 所示。

综观各种雷达标绘纸,它们虽然大小、格式与内容有所不同,但是都必须具有清晰而明确的方位(圈)与距离(圈)标志,并附有距离比例尺。雷达标绘纸的方位刻度的数据一般均取整

10°,并清楚标出每一度的标记。其距离圈标记一般取 0~12 n mile 的每 1 n mile 或 2 n mile 用虚线或实线加以标出。

舰 操 绘 算 图

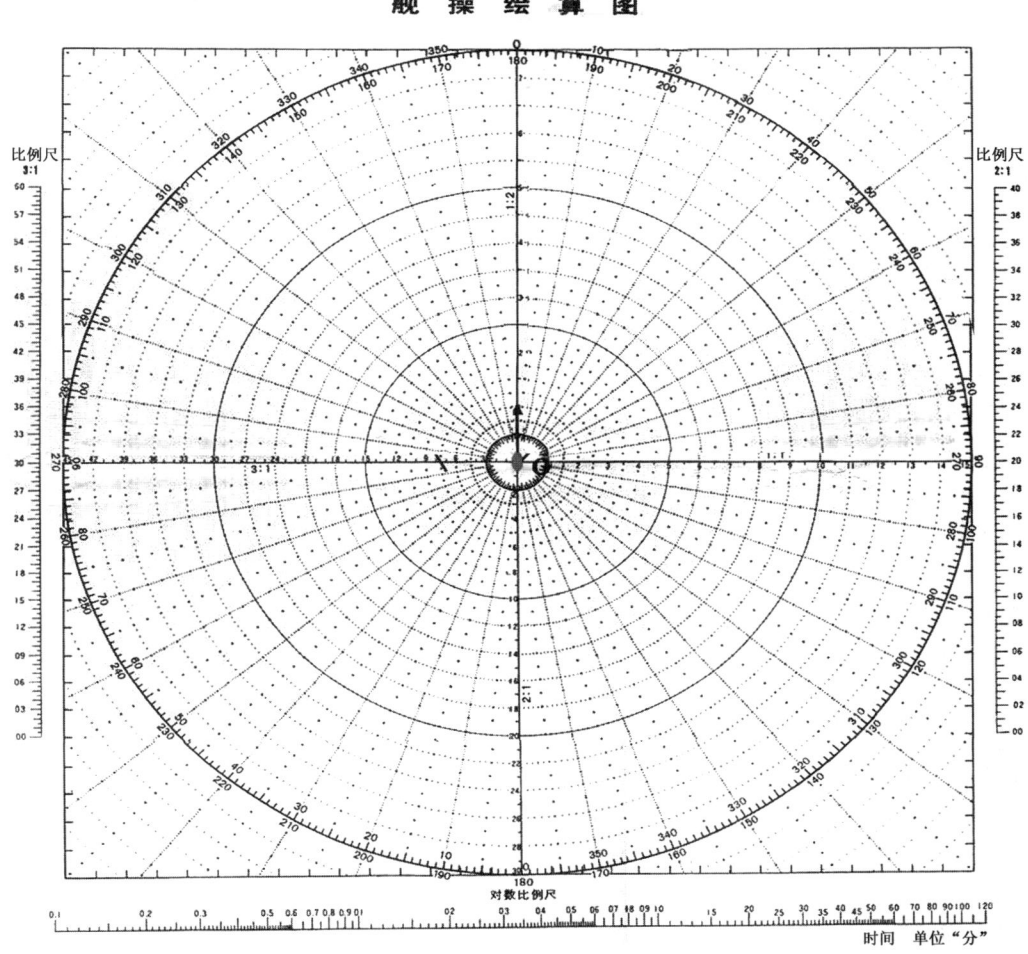

图 6-2-1　雷达标绘纸

有些雷达标绘纸除了具有方位与距离标志和距离比例尺等基本内容外,为了便于使用人员在时间与距离之间换算,还附时间距离换算的对数比例尺,以方便地换算时间、距离和速度,即通过对数函数将乘除法运算转变成加减法运算。有些雷达标绘纸上还有用于填写观测物标的时间及其方位与距离的表格。

2. 雷达反射标绘器

雷达反射标绘器可用于对所观察到的物标的位置进行实时和连续的标绘,以判断是否与本船存在碰撞危险和求取安全避让措施。在该装置上对物标进行标绘具有操作方便、快速和准确的特点,因此它是一种船舶驾驶人员常用的标绘装置。

雷达反射标绘器根据其用于标绘的透明面板的形状可分成两种,一是平板形,二是凹板形。为了正确使用雷达反射标绘器进行雷达相对运动的标绘,首先应熟练地掌握在雷达作图纸上进行相对运动标绘的方法,同时通过在该标绘器上反复操作,认真总结使用该标绘器的经验和注意事项，以提高标绘的技能和精度。

二、雷达显示模式的选择

船舶在海上航行时，考虑到判断碰撞危险的方便和船舶在采取避让行动后雷达图像的稳定性，一般都采用相对运动北向上或航向向上稳定显示的方式进行标绘。

在从事雷达标绘时，如果本船的雷达装置上配有雷达反射标绘器，则可直接在该雷达反射标绘器上连续标出物标的所在位置和进行具体的作图。

在纸上标绘时，应注意基准航向标志线的选择。一种方法是以图上标出的北标志线为真北线，再画出本船的真航向线标志，然后将观测到的物标的真方位和距离标在相应的位置上，并进行作图。另一种方法是以图上的北标志线为本船的航向线，然后将物标的相对方位和距离标在相应之处。必须注意的是，前者通过标绘所得到的物标的航向就是真航向，而后者所标的航向还须结合本船的航向加以换算才能得到其真航向。另外，采用前一种方法得到物标方位为相对方位，必须将该相对方位换算成真方位，以确保作图方便和正确。

第三节　相对运动作图

雷达标绘的方法分为真运动标绘和相对运动标绘，即真运动作图和相对运动作图。在航海上，利用相对运动作图来判断碰撞危险比较常见，因此本教材不再介绍真运动作图，只介绍相对运动作图。

标绘涉及运动学的矢量概念及其表示方法，并应用相对运动的基本概念和原理作图。当船舶在平面内的运动时，船舶的航向、航速是反映船舶运动状态的参数，因此在标绘中通常用矢量来表示船舶运动状态。一个矢量或向量可能是多维的，即包含多个标量，但在标绘中船舶的矢量是二维的，只包含航向、航速两个标量。

标绘作图运用平行四边形法则进行矢量合成运算，为了作图简便，实际上常只作一个三角形，即三角形法则。

相对运动作图是根据物体的相对运动原理，以在海上运动的本船作为参照物，把他船相对于本船的运动情况如实地标绘在雷达标绘纸或雷达反射标绘器上的一种作图方法。

在相对运动三角形 ABC 中，如图 6-3-1 所示，$BA(V_o)$ 为本船航速的矢量；$BC(V_t)$ 为物标船航速的矢量；$AC(V_r)$ 为物标船相对于本船的合成相对矢量。

这三个矢量间的关系表达式为：

$$V_r = V_t - V_o$$
$$BA + AC = BC$$

式中：V_t——物标船的运动矢量；

$\quad V_o$——本船的运动矢量；

$\quad V_r$——物标船与本船的相对运动矢量。

该矢量式又称为相对运动速度的三角形表达式。在该表达式中包含着本船与物标船的六个参量，即：

相对航向 ——RC；

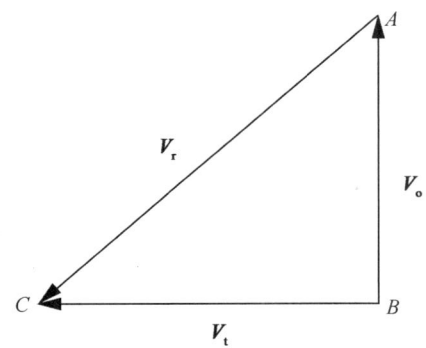

图 6-3-1 相对运动三角形

相对速度 ——V_r；

来船航向 ——TC_t；

来船航速 ——V_t；

本船航向 ——TC_o；

本船航速 ——V_o。

若已知其中任意四个参量（或任意两个矢量），通过图解法即可求得另外两个参量（或另外一个矢量）。

下面着重介绍相对运动北向上作图法。

一、求取来船的相对航向与航速和两船间的 DCPA、TCPA

作图步骤（见图 6-3-2）：

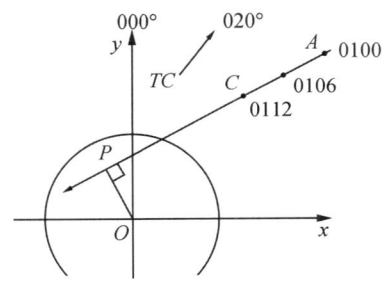

图 6-3-2 求取来船的相对航向与航速和两船间的 DCPA、TCPA 的作图

（1）先在运动图（或雷达反射标绘器）上标绘本船航向线。

（2）根据在不同的观测时间所获得的回波资料——真方位（TB）与距离（D），在雷达标绘纸上标绘来船的各船位点，把回波的始点（第一次获得的船位）记为 A 点，把回波的终点（最后一次获得的船位）记为 C 点。

设：本船 $TC = 020°$，$V = 12$ kn，回波资料如下：

时间	TB	D
0100	050°	8.0′
0106	048°	6.5′

0112　046°　5.0′

（3）连接 A、C 点并延长。

（4）A、C 点连线即为回波在观测时间之内的相应航程,将其转换成相对速度,即可得到经标绘的相对航向和相对航速,$RC = 237.5°$,$V_r = 15$ kn。

（5）过 O 点作 AC 的垂线,得一垂足,记为 P 点,OP 线段即为两船通过时的 DCPA:

经标绘:DCPA = 1.0′;

经计算:$TCPA = \dfrac{CP}{AC} \times t_{AC} + T = \dfrac{4.8′}{3.0′} \times 12 + 0112 = 0131$。

二、求取来船的航向与航速

通过雷达标绘发现,若 DCPA = 0 或 DCPA 小于安全会遇距离,则说明两船存在着碰撞的危险或碰撞的可能性。为了能正确地采取避让行动,每一船舶均应通过作图或系统观测求得来船的航向与航速(TC 与 V)。其作图方法如下(见图 6-3-3)。注:下述作图仍然引用前面提供的雷达资料。

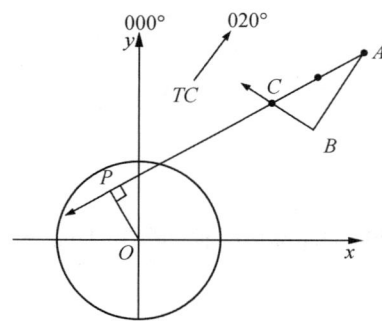

图 6-3-3　求取来船航向与航速作图

（1）过 A 点作本船航向的反航向线,并截取本船在观测时间内相应航程(取 12 n mile 的航程为 2.4′),得一点记为 B 点;

（2）连接 B、C 点,并延长,BC 即为来船的 TC,BC 的距离为来船的 12 n mile 的航程,转换成航速即可。

经标绘:$TC = 289°$;

经计算:$V = 9.3′$。

该作图方法可简单归纳为一句话,即:"自始(始点 A)反航向终(终点 C)连。"

在掌握该方法之后,通过作图即可求取任意情况下的来船运动要素。例如下述五种情况只要通过简单的图解,即可求得各船的航向、航速(见图 6-3-4):

①V_r 与 V_o 方向相反、大小相等,B、C 点重叠,即可判断该物标为一静止物标;

②V_r 与 V_o 方向相反,$V_r > V_o$,B 点位于 A、C 点之间,即可判断两船为"对驶";

③V_r 与 V_o 方向相反,$V_r < V_o$,B 点位于 C 点下方,即可判断来船是一艘同向低速船;

④$V_r = 0$,但 $BA = BC$,即可判断两船同速同向;

⑤V_r 与 V_o 方向相同,$BA < BC$,即可判断该船航速大于本船。

除上述五种情况之外,其余的会遇情况均可判断为两船航向收敛的"交叉态势"(见图 6-3-5)。

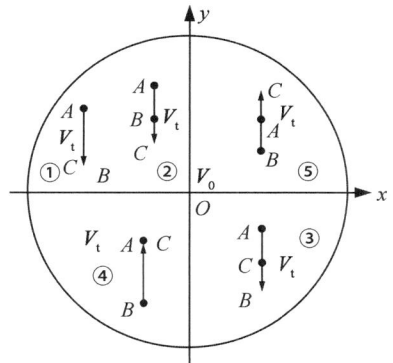

图 6-3-4　五种情况

在相对运动雷达上,判断物标船的航向,除要用上述作图法之外,还可通过一般的观察以获得物标船的航向区间。在存在多物标且来不及逐个进行标绘以求取物标船的航向与航速的情况下,该方法具有一定的实际意义。虽然该方法不能像作图法一样能获得具体的数值,但可大致了解其航向的区间,其判断方法如下(见图 6-3-5):

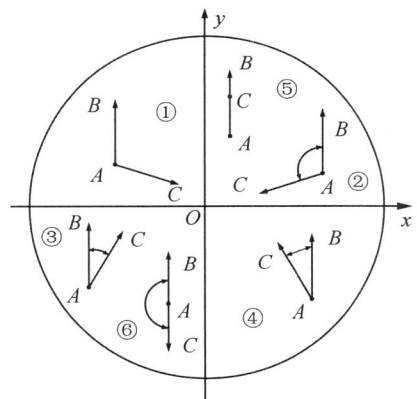

图 6-3-5　两船航向收敛的"交叉态势"

①以三次观察回波所获得的回波运动轨迹线为基线,并记为 AC;

②以 A 点为基点,作本船艏线的平行线,记为 AB;

③BA 与 AC 所构成的扇形 BAC(取小于或等于 $180°$ 的扇形角为该区间)即为物标船的航向区间。

若存在"扇形区间",则表明两船航向交叉(见图中①~④);若"扇形区间"为 $0°$ 或 $180°$,则表明两船航向"同向"或"相反"(见图中⑤~⑥)。至于两船之间究竟是构成"追越"还是"对驶",是"同速同向"还是其中一船为固定物标,通常可以从 AC 与 AB 的大小做出判断,在此不再详细论述。

三、求取避让措施的作图方法

求取避让措施的作图方法通常包括保速变向、保向变速(其中包括停车避让)以及变向结合变速三类。应指出的是,在图解法中,可能同时存在多种均能保证船舶在安全距离驶过的避让措施。因而,如何取舍,取决于《规则》的有关规定以及海员的通常做法与良好船艺。在决定采取避让行动时,还应考虑作图以及采取行动时所需的时间,通常采用预先确定预定避让点进行作图以求取避让措施的做法,求得避让措施。在回波接近到该预定避让点时,立即采取行动,只有这样才能获得预定的避让效果。

1. 保速变向作图法(见图6-3-6)

设雾航,本船 $TC=010°$,航速 $V=12$ kn,测得雷达资料如下:

时间	TB	D
0100	050°	10.0′
0106	050°	8.5′
0112	050°	7.0′

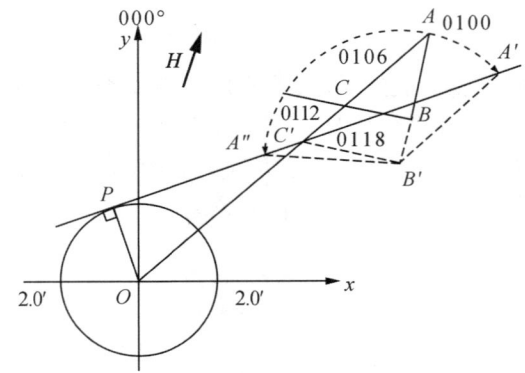

图 6-3-6　保速变向作图法

为使来船能以 DCPA=2 n mile 安全通过,本船于 0118 应改驶何航向?

作图方法如下:

(1)根据雷达资料,在运动图上标定各船位,并求取来船的航向与航速;

(2)在 AC 上确定 0118 预定避让点,记为 C′点。

(3)过 C′点作 2 n mile 圆切线(以下简称为切线)。

(4)延长 AB。

(5)过 C′点作 BC 的平行线,并交于 AB 延长线上一点,记为 B′点。

(6)以 B′点为圆心,B′A 线段为半径作圆弧,交切线两点,分别记为 A′、A″点,则 BA′、BA″均为本航的新航向。

若本船改驶 B′A′,即本船右转(本题中应右转36°),则回波即可自 C 点开始沿切线方向运动(见△A′B′C′),达到预定避让效果。

若本船改驶 B′A″,即本船左转或大幅度右转(本题中应左转93°或右转267°),则两船以发散的航向行驶,回波将自 C′点开始,沿切线的 A″C 方向移动。同样能消除存在的碰撞危险。但由于来船位于本船的正横以前,《规则》第十九条第4款不允许本船向左转向,即使本船采用大幅度右转,已达到 BA″,但也不符合海员通常做法,更无此必要。因而,图中获得的 BA″应舍去。

2. 保向变速作图法(见图6-3-7)

作图方法如下:

(1)根据雷达资料,在运动图上标定各船位,并求取来船的航向与航速。

（2）在 AC 上确定 0118 预定避让点，记为 C' 点。

（3）过 C' 点作 2 n mile 圆切线（以下简称为切线）。

（4）延长 AB。

（5）过 C' 点作 BC 的平行线，并交于 AB 延长线上一点，记为 B' 点。

（6）切线交于 AB' 线段上一点，记为 A' 点。$A'B'$ 线段即为本船改驶的新航速在 18 min 内的相应航程，再转换航速即可（本题中，新航速应是 6 kn）。若本船在 18 min 内的航程由 AB 下降到 $A'B'$，则回波即可自 C' 点开始沿切线方向运动（见 $\triangle A'B'C'$）。

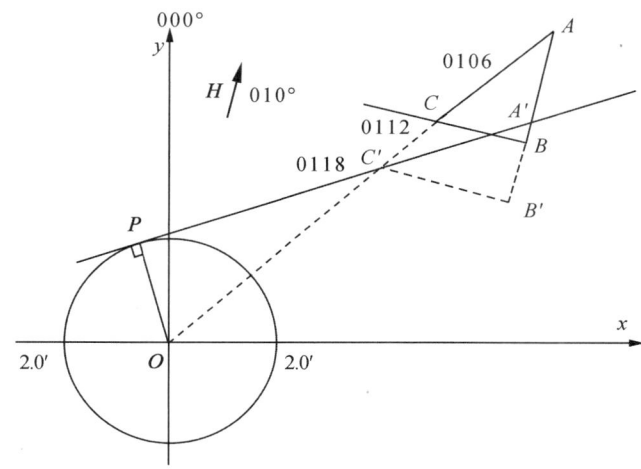

图 6-3-7　保向变速作图法

3. 转向结合变速作图法（见图 6-3-8）

（1）根据雷达资料，在运动图上标定各船位，并求取来船的航向与航速。

（2）在 AC 上确定 0118 预定避让点，记为 C' 点。

（3）过 C' 点作 2 n mile 圆切线（以下简称切线）。

（4）延长 AB。

（5）过 C' 点作 BC 的平行线，并交于 AB 延长线上一点，记为 B' 点。

（6）设 A'_1 点与 A'_2 点均为切线上的两位置点，其中 $B'A'_2$ 为本船 保速变向避让方案中的新航向，$B'A'_2$ 为本船保向变速避让方案中的新航速。

（7）在 $A'_1A'_2$ 线段中任取一点，并连接 $B'A'$，$B'A'$ 即为本船的避让新方案，即本船在右转的同时还应减速（见图 6-3-8），本船应右转 23°，同时航速下降至 6 kn。若本船采取这一行动，则回波即可自 C 点开始沿切线方向运动（见 $\triangle A'B'C'$）。

应指出的是，在 $A'_1A'_2$ 线段中，任取一点 A' 点，均符合避让要求。若 A' 点选择在 A'_1 点的右侧切线上，则本船不但要增大右转的角度，同时要增速；若 A' 点选择在 A'_2 点的左侧切线上，则本船不但要进一步减速，同时还要左转。

后两个方案不是违反《规则》的规定就是不符合海员的通常做法与良好的船艺的要求，故均不可取。

四、求取本船恢复原航向或原航速的时间

本船在采取改向或变速避让行动后，应查核避让行动的有效性。当发现两船已能在安全

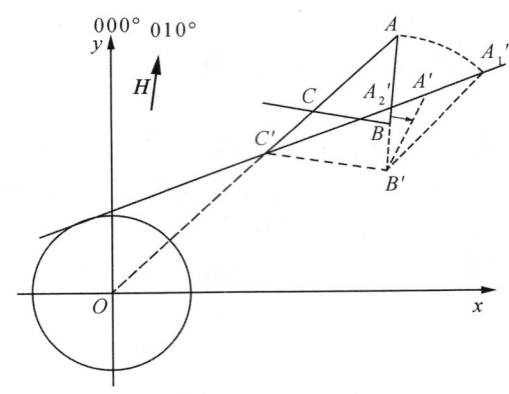

图 6-3-8　转向结合变速作图法

距离上通过时,则在某一时刻,本船即可恢复原航向或原航速。通过作图可以求出恢复原航向或原航速的回波点,从而求出该点的时间。

1. 他船保向保速时恢复原航向点的求取

设:本船的 $TC=000°$,$V=12$ kn,雷达测得他船的真方位和距离如下:

时间	TB	D
0800	040°	11.0′
0806	040°	9.0′
0812	040°	7.0′

0815,本船向右改向 60°,求本船改向后的 DCPA。为使他船从本船左舷 2.0′通过,本船应于何时恢复航向?

作图方法如下(见图 6-3-9):

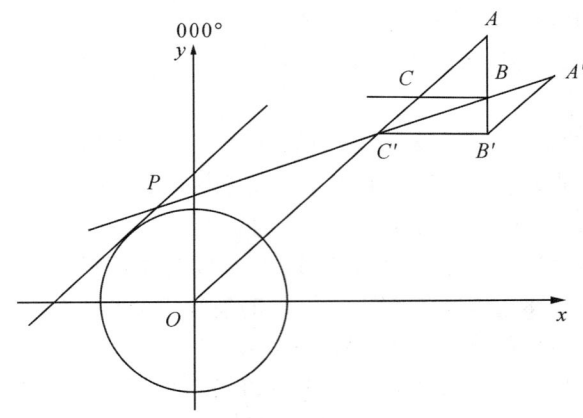

图 6-3-9　求取他船保向保速时恢复航向点作图法

(1)根据已知条件画出矢量三角形 ABC。

(2)在 AC 上确定 0815 预定避让点,记为 C' 点。

(3)过 C' 点作 BC 的平行线,交 AB 的延长线于 B' 点。

(4)以 B' 点为圆心,$B'A$ 为半径向右改向至 060°,得到 A' 点。

(5)连接 $A'C'$ 并延长,则 $A'C'$ 即为本船向右改 60°时的相对运动线。

（6）过 O 点作 AC 的垂线，求得 DCPA＝2.8′。

（7）将本船恢复原航向后的相对运动线 AC 作 2.0′圆的切线，与 A′C′的延长线交于一点 P 点，则 P 点即为本船恢复原航向的回波点。

（8）根据 A′C′的相对运动速度求得回波自 C′点移动至 P 点所需的时间为 11 min，则 P 点的时间为 0815＋11＝0826。

2. 他船改向后本船恢复原航速点的求取

设：本船 TC＝000°，V＝12 kn，雷达测得他船的回波如下：

时间	TB	D
0800	050°	8.0′
0806	050°	6.5′
0812	050°	5.0′

0812，他船向右改向 30°；0818，本船又减速一半。

则两船采取行动后的 DCPA 为多少？ 本船何时恢复原航速，使他船从本船前方 2.0′通过？

作图方法如下（见图 6-3-10）：

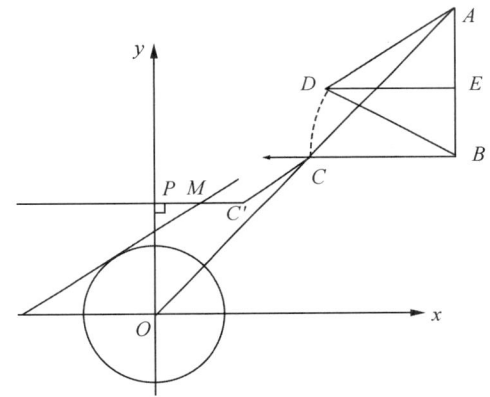

图 6-3-10　求取他船改向后本船恢复原航速点作图法

（1）根据已知条件作矢量三角形 ABC，求取他船的 TC＝281°。

（2）以 B 点为圆心，BC 为半径向右转至 BD，使 BD＝281°＋30°＝311°。

（3）连接 AD，则 AD 即为他船右转后的相对运动线。

（4）过 C 点作 AD 的平行线，在该平行线上截取 C′点，使 C′C＝AD/2，则 C′点即为 0818 的回波点。

（5）取 BA 的中点为 E 点，连接 DE，则 DE 即为本船减速一半的相对运动线。

（6）过 C′点作 DE 的平行线并延长，过 O 点作该平行线的垂线，量取 DCPA＝3.4′。

（7）本船恢复原航速后的相对运动线为 CC′，将 CC′作 2.0′圆的切线，与 C′P 交于 M 点，则 M 点即为本船恢复原航速的点。量取 CM 的时间为 8.5 min，则 M 点的时间为：0818＋8.5＝0826.5。

五、停车避让作图法

1. 已知停车时间，求停住后两船的 DCPA

设：本船的 TC＝000°，V＝12 kn，雷达测回波数据如下：

时间	TB	D
0800	050°	11.0′
0806	050°	9.5′
0812	050°	8.0′

0818,本船停车避让,停车冲程为1.5′,历时12 min,本船停住后的DCPA为多少?

作图方法如下(见图6-3-11):

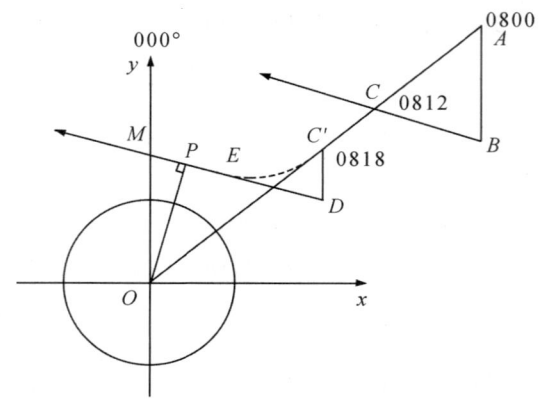

图 6-3-11　求停住后两船 DCPA 作图法

(1)根据已知条件画出矢量三角形 ABC。

(2)在 AC 的延长线上求取 0818 回波点 C′点。

(3)过 C′点作 AB 的平行线,以 C′点为起点量取 C′D = 1.5′。

(4)过 D 点作 BC 的平行线,并延长之。

(5)在 BC 的平行线上量取 DE = BC,则 E 点即为本船停住时的回波点,E 点 TB = 040°,D = 4.0′。

(6)过 O 点作该平行线的垂线,量取 DCPA = 3.5′。

(7)DE 的延长线与本船航向线 000°的交点 M 点即为本船停住后他船过本船船首的点,其时间为 0818+26 = 0844。

2. 为使他船在本船前方安全距离通过,求取本船停车时间

设:已知本船 TD = 000°,V = 12 kn,测得他船的回波如下:

时间	TB	D
0800	040°	9.0′
0806	040°	7.5′
0812	040°	6.0′

为使他船从本船前方 2.0′通过,本船应于何时停车?(本船的停车冲程为 1.5′,历时12 min)。

作图方法如下(见图6-3-12):

(1)根据已知条件作矢量三角形 ABC。

(2)将 BC 平行下移作 2.0′圆的切线。

(3)延长 AB 交于切线 M 点。

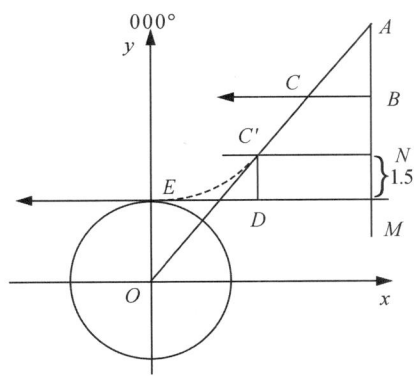

图 6-3-12 求取本船停车时间作图法

（4）以 M 点为起点向上量取 $MN = 1.5'$。

（5）过 N 点作 BC 上的平行线与 AC 的延长线交于 C' 点，则该点就是本船的停车点，经计算，在 C' 点的相应时间为 0818，即 0818 本船即时停车，他船恰好保持在本船 2.0' 圆上通过。

六、判断他船的动态

设：雾中 A 船以 $TC = 310°$，$V = 12$ kn 航速行驶，雷达测得 B 船真方位—距离数据如下：

时间	TB	D
0230	278°	11.0′
0236	278°	9.0′
0242	278°	7.0′

0242，A 船向右改向 30°，在之后的雷达观测中发现 B 船回波继续逼近，相对运动线仍不变，作运动图求：

（1）B 船原航向、航速。

（2）A 船改向后，B 船采取了什么行动？ 若是改向，则新航向是多少？ 若是变速，则新航速是多少？

作图步骤如下（见图 6-3-13）：

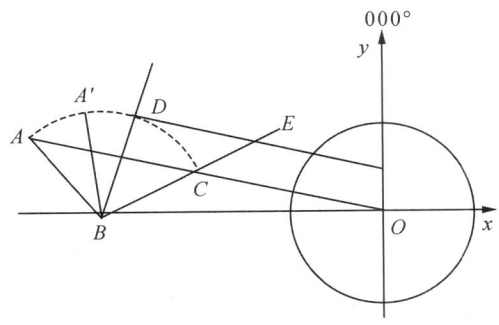

图 6-3-13 判断他船动态作图法

（1）根据已知条件作 0230—0242 的矢量三角形，求得 B 船的航向线为 BC，则可求得 B 船的原航向为 066°，B 船的原航速为 11.5 kn。

（2）以 B 点为圆心，以 BA 为半径向右转向至 BA'，使 BA' = 340°，过 A' 点作 AC 的平行线，与 BC 的延长线交于一点 E 点。

（3）若 B 船航向不变，则 B 船采取了加速的行动，其新航速为 19.5 kn。

（4）若 B 船航速不变，以 B 点为圆心，BC 为半径向左改向与 AC 的平行线交于一点 D，则 BD 的方向即为 B 船的新航向 031°。

七、相对运动线的变化规律

在使用雷达避让他船的过程中，了解和掌握相对运动线的变化非常重要，因为它可用来判断来船动态和核查本船采取避让行动后的效果。不了解来船相对运动的变化规律，随意避让非常危险。以下特介绍这方面的知识。

1. 本船改向后的相对运动线变化

假定有碰撞危险，如果来船的航向、航速不变，本船仅改变航向而航速不变进行避让，则来船相对运动线将如下变化：

（1）本船向右改向，不论来船在右前方或左前方，相对运动线都沿顺时针方向转动（见图 6-3-14）。

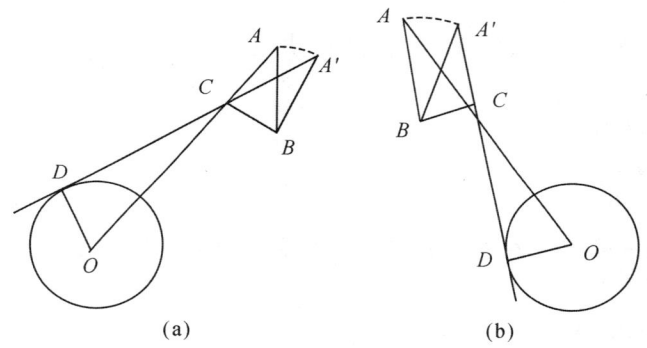

(a)   (b)

图 6-3-14　本船向右改向后的相对运动线变化

（2）本船向左改向，不论来船在右前方或左前方，相对运动线都沿逆时针方向转动（见图 6-3-15）。

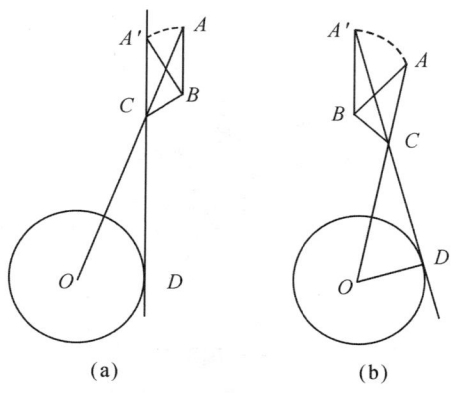

(a)   (b)

图 6-3-15　本船向左改向后的相对运动线变化

2. 本船减速后相对运动线变化

假定有碰撞危险,如果来船航向、航速不变,本船航向不变而仅采取减速避让,则来船相对运动线将如下变化:

(1)来船在右前方,相对运动线沿顺时针方向转动并越过本船首(见图6-3-16)。

(2)来船在左前方,相对运动线沿逆时针方向转动并越过本船首(见图6-3-17)。

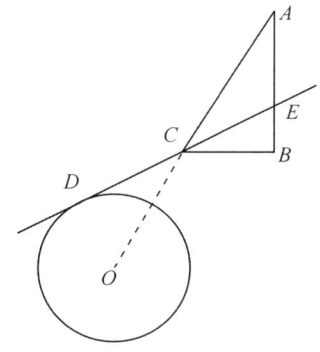

图6-3-16 来船在右前方　　　　　图6-3-17 来船在左前方

3. 来船改向后相对运动线变化

假定有碰撞危险,本船航向、航速不变,来船仅用改向进行避让,则相对运动线将如下变化:

(1)来船向右改向,相对运动线沿顺时针方向转动(见图6-3-18),并越过本船前方。左前方来船的相对运动线将从本船左舷通过。

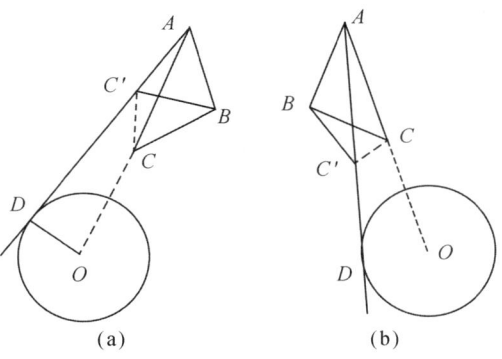

(a)　　　　　　　　　(b)

图6-3-18 来船向右改向

来船在左前方,其航速小于本船航速且相对运动线的交角大于90°(即矢量三角形 ABC 中的 $\angle BAC>90°$)。若来船采取大幅度右转,则相对运动线沿逆时针方向转动,当超出一定角度($\angle BC'A$)后才变为沿顺时针方向转动(见图6-3-19)。若来船向左转向,则相对运动线变化规律与上述情况相反。

(2)来船向左改向,相对运动线沿逆时针方向转动(见图6-3-20)。右前方来船在前面所述船速、航向与相对运动线交角相似的情况下,若采取大幅度左转,则相对运动线先沿顺时针方向转动,而后变为沿逆时针方向转动(见图6-3-21)。

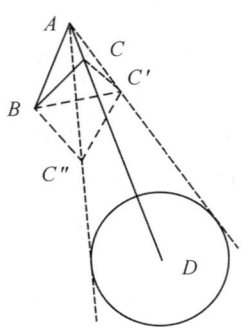

图 6-3-19　来船在左前方改向

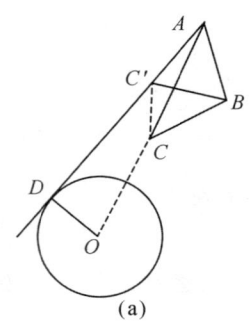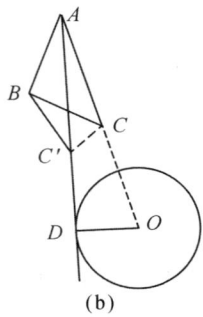

图 6-3-20　来船向左改向

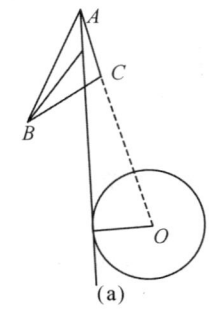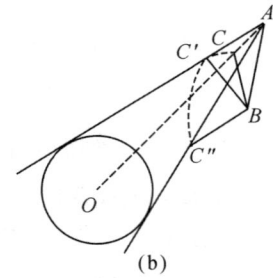

图 6-3-21　来船在右前方改向

4. 来船减速后相对运动线变化

本船航向、航速不变,若来船采用保向减速措施,则相对运动线将做如下变化:

（1）来船在右前方,相对运动线沿逆时针方向转动,舷角逐渐增大,从本船右舷或船尾驶过（见图 6-3-22）。

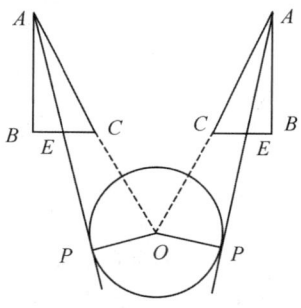

图 6-3-22　来船在右前方并减速

（2）来船在左前方,相对运动线沿顺时针方向转动（见图 6-3-22）。

5. 两船动作不协调时相对运动线的变化

假定有碰撞危险,在采取避让措施时,两船动作不协调,均采用改向避让,若一船左转,另一船右转,则相对运动线沿逆时针转动变化很小或甚至不变。遇此情况,最好的解决办法是立即停车,继续观测,在判断来船动向后,再尽快采取新的避让行动。

如图 6-3-23 所示,右前方来船经观测判断有碰撞危险,相对运动线延长后将在中心附近通过。本船采取向右改向避让(新航向为 BA')。这时如果来船采取向左改向避让(新航向为 BC'),则新的相对运动线 $A'C'$ 仍指向中心,两船避让措施互相抵消,相对运动线未发生变化(仍向中心逼近)或仅有微小变化。

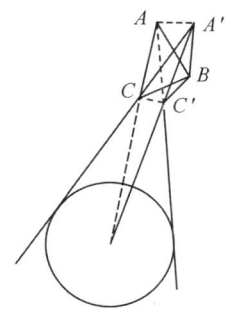

图 6-3-23 来船在左前方并减速

八、转向不变线的概念及其应用

1. 转向不变线的概念

在来船保向、保速,本船只转向不变速的条件下,转向不变线是指本船转向角的一半,即与 $\angle C/2$ 相对方位线相垂直的一条直线。若来船位于该线及其平行线上做相对运动,则在本船转向后,来船相应于该线及其平行线的 DCPA 不变。

如图 6-3-24 所示,$A_1 A_2$、$B_1 B_2$、$C_1 C_2$ 均为在本船在转向前的相对航向线,$A_3 A_4$、$B_3 B_4$、$C_3 C_4$ 均为本船转向后的来船新的相对航向线。此时,来船相对航向的变化如下:

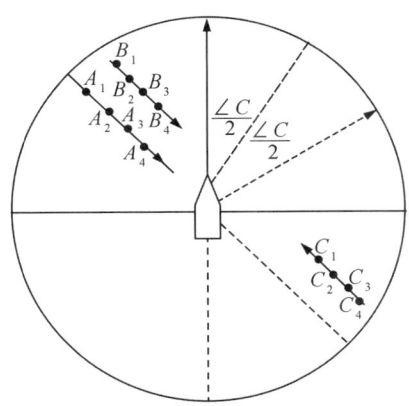

图 6-3-24 转向不变线

(1)当来船航速比 $K>1$ 时,其相对航向线变化角 $\alpha=0°$,相对航向不变。

(2)当 $K<1$ 时,$\alpha=180°$,其相对航向掉转 $180°$。

(3)当 $K=1$ 时,α 不定,有以下两种情况。

①当 $K=1$,$V_r \neq 0$,即来船与本船同速不同向行驶时,转向后仍位于转向不变线或其平行线上,变成 $V_r=0$ 的同速同向船。

②当 $K=1$,$V_r=0$,即来船与本船同速同向行驶时,转向后亦仍位于转向不变线或其平行线

上，变成 $V_r \neq 0$ 的同速不同向船。其相对航向与转向方向相反。

根据上述相对航向的变化，位于转向不变线上做相对运动的来船（简称为转向不变线上的来船），其 K 值不一，DCPA = 0，转向后仍可能存在碰撞危险。

转向不变线（或称为 DCPA = 0 线）可用来检验本船转向后与来船有无碰撞危险或所确定的转向角是否合适。

2. 利用转向不变线判别相对航向线的变化方向

根据数学分析，转向不变线是相对航向线变化方向的分界线，并有如下所述的规律：

当来船的相对航向线舷角处于转向不变线的上侧时，其变化方向与转向方向相同，处于下侧时则与转向方向相反。当转向 180° 时，处于右舷者右转，处于左舷者左转。

注：以原艏向为准分左、右舷，原艏向所指的转向不变线一侧为上侧，另一侧为下侧。

如图 6-3-25 所示，本船系右转 60°，转向不变线垂直于 $\angle C/2 = 30°$ 的相对方位线。A、F、D 船的相对航向线舷角都处于转向不变线的上侧，其变化方向与转向方向相同而右转；C 船的相对航向线舷角处于下侧，应与转向方向相反而左转；B、E 两船的相对航向线与转向不变线平行，转向后仍保持在原相对航向线上，其航向变化须根据 K 值的具体情况来确定。

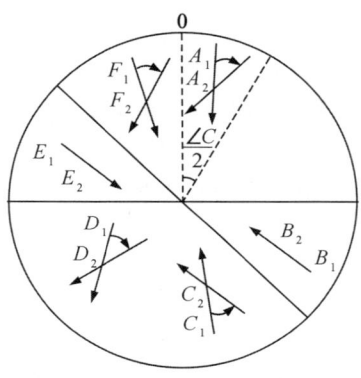

图 6-3-25　例图

3. 利用转向不变线预计转向角

前已述及，位于转向不变线及其平行线上的来船，转向后其 DCPA 不变。但位于该线上的来船，其 DCPA 仍为 0，有时还可能存在碰撞危险，须注意加以判别。

此外，其他各方向上 DCPA = 0 的来船，转向后其 DCPA ≠ 0。若来船的 K 值距离一定，一般 DCPA 的变化将随来船远离转向不变线而增大到某一定值；DCPA ≠ 0 的来船，根据其情况的不同，转向后其 DCPA 可能增大或减小。因此，为了让清来船，应结合 DCPA 减小的来船适当地选取能供转向不变线与避让重点船拉开一定角距的转向角。

从转向幅度上看，转向角的大小与本船的快慢（即 K 值的大小）有关。快船与慢船相比，如在相同的距离上转向并取得相同的 DCPA，则慢船转向的幅度要比快船大。从安全的角度来考虑，与不同 K 值的来船间的避让，以本船为慢船来考虑转向幅度较为有利。

在实际避碰中，特别是在多船进行综合避碰时，除按 K 值假定本船为慢船外，还应选择适宜的转向角，在使转向不变线与避让重点船拉开一定的角距的同时，又能使 DCPA 减小的来船得以安全驶过才是妥善的。

估计转向后避让来船的 DCPA 是选择适宜转向角的基础。DCPA 的大小与转向角、船速比及转向时两船的距离有关。

九、通过观测物标方位与距离的变化估算 CPA

除了采用雷达标绘法求取物标船的 CPA 外,在使用雷达进行观测和标绘的实际过程中,船舶驾驶人员可通过观测物标在特定的接近距离内其方位变化的情况,直接采用方位变化与距离变化关系表(见表 6-3-1)估算出该物标的具体 CPA,即可根据对物标连续两次或三次观测方位的变化量查表求取 CPA,具体方法如下。

若已知连续两次观测物标的方位变化量,则可在表中先确定相应的距离变化栏,再根据该栏下面的方位变化量查取表左侧的对应的 CPA 即可。

表 6-3-1 方位变化与距离变化关系表

RNG CPA V.BRG	12~11	11~10	10~9	9~8	8~7	7~6	6~5	5~4	4~3	3~2	2~1
0.25	0.1	0.1	0.2	0.2	0.3	0.3	0.5	0.7	1.2	2.4	7.3
0.50	0.2	0.3	0.3	0.4	0.5	0.7	0.9	1.5	2.4	4.9	15.5
0.75	0.3	0.3	0.5	0.6	0.8	1.1	1.4	2.2	3.7	7.5	26.6
1.00	0.4	0.6	0.7	0.9	1.0	1.4	1.9	3.0	5.0	10.0	60.6
1.50	0.6	0.8	1.0	1.2	1.5	2.1	3.0	4.5	8.0	18.5	—
2.00	0.8	1.0	1.3	1.6	2.1	2.9	4.1	6.4	11.8	48.2	—

注:RNG——两船间距离;V.BRG——方位变化量。表中的两船间距离和 CPA 的单位为海里,方位变化量的单位为度。

第四节 雷达避碰操纵示意图的应用

在海上实际的雷达避碰过程中,如果当时所处环境的条件许可和必要,船舶驾驶员也可根据雷达避碰操纵示意图所介绍的方法采取避让行动,以避免与相遇物标船发生紧迫局面和碰撞危险。

一、雷达避碰操纵示意图

雷达避碰操纵示意图是英国航海学会根据《规则》第十九条的有关规定,运用几何计算的方法并结合了海上避碰的一些实际经验而设计绘制的,可帮助船舶驾驶人员在能见度不良时避让他船。该图适用于一船仅凭雷达探测到他船,并业已通过系统观测而断定与他船存在碰撞危险或正在形成碰撞局面的情况。在来船接近速度快而作图时间有限的情况下,该图尤为适用。

鉴于该图仅是一种推荐性的雷达避碰操纵示意图,而本身不具有任何的法律约束力,建议在使用此图时应以《规则》有关条款的原文精神为依据。

二、雷达避碰操纵示意图的使用方法

雷达避碰操纵示意图建议船舶驾驶人员可根据来船的相对运动线的方向，对不同方位的来船在 4~6 n mile 时采取相应的转向避让措施，如图 6-4-1 所示。图中 000° 为舯向，各方位为所见物标回波的相对方位。具体的转向避让方法如下：

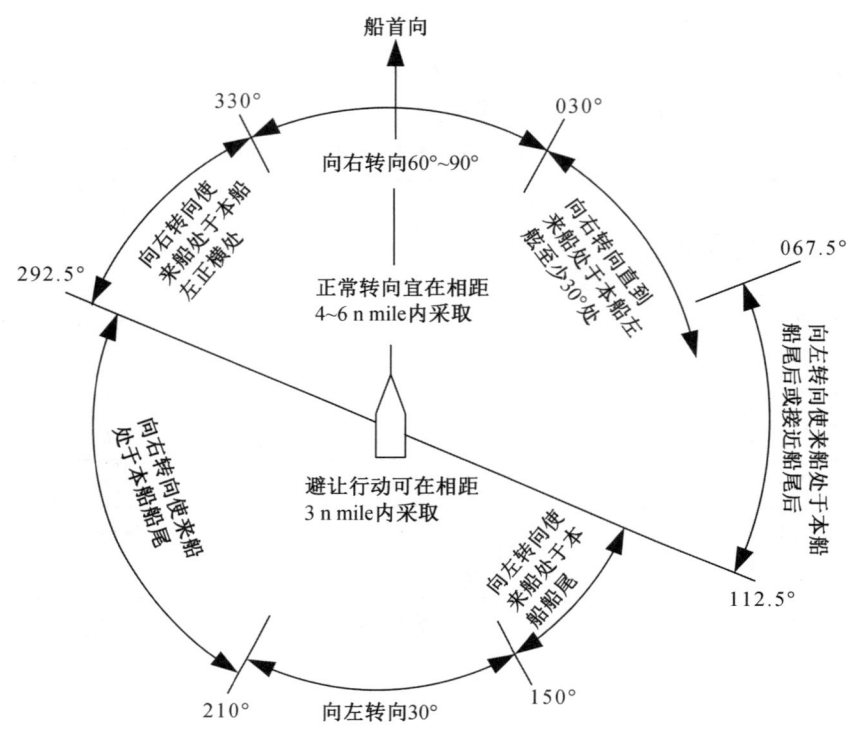

图 6-4-1　雷达避碰操纵示意图

（1）对于 330°~030°（左舷 30°到右舷 30°）方位之间的来船，可向右转向 60°~90°，当来船处于右舷、距离较近和其航速比本船大时，可右转 90°；

（2）对于 030°~067.5°方位之间的来船，向右转向直到来船处于本船左舷至少 30°处；

（3）对于 112.5°~150°方位之间的来船，向左转向使来船处于本船船尾；

（4）对于 150°~210°方位之间的来船，向左转向 30°；

（5）对于 210°~292.5°方位之间的来船，向右转向使来船处于本船船尾；

（6）对于 292.5°~330°方位之间的来船，向右转向使来船处于本船左正横。

三、使用雷达避碰操纵示意图时应注意的事项

（1）在使用雷达避碰操纵示意图时，应注意到该图所建议的方法适用于避让区域宽广的大海，而适用的船舶仅为一船对另一船。如果在海上与多船相遇，则不能简单或随意采用图中所建议的方法。

（2）图中标明了对 292.5°~112.5° 方位范围内的来船的正常转向宜在相距 4~6 n mile 内采取，而对 112.5°~292.5° 方位范围的来船的避让行动则可在相距 3 n mile 内采取。这就说明船舶驾驶人员在按上述方法采取避让行动时的效果是与采取行动的时机密切相关的。如果船舶在小于以上要求的距离采取行动，则难以保证船舶的航行安全。

（3）在按雷达避碰操纵示意图的要求采取转向行动后，不得随意变换航速，以防转向行动的避让效果被变速行动抵消。如果第一次转向行动不足，若当时环境条件许可，可再次转向，直至能与来船安全通过。

第七章　雷达目标跟踪与试操船

航行避碰是驾驶员值班非常重要的职责之一。通过雷达观测，驾驶员能够得到目标的实时位置。在一段时间内，如果通过对雷达目标的连续观测，并记录下目标的运动过程，即雷达标绘，则可以得到目标船的航向、航速、CPA、TCPA 等数据。这些数据有助于驾驶员判断会遇局面和是否有碰撞危险，做出正确的避碰决策，采取恰当的避碰行动。但人工标绘费时费力，在很多航行环境下，已经不再能满足船舶避碰的需求。

随着现代信息处理技术在雷达视频处理中的广泛应用，20 世纪 60 年代末出现了自动标绘/跟踪目标的雷达辅助设备，即自动雷达标绘仪（Automatic Radar Plotting Aids，ARPA）。ARPA 能够通过驾驶员人工或在驾驶员设定的条件下自动捕获目标，并开始自动跟踪目标，获得目标与本船之间的航行避碰数据。到 20 世纪 90 年代，随着大规模集成电路和计算机信息处理技术的进一步发展，ARPA 已经从独立的辅助设备发展为雷达视频信息处理的一个不可或缺的重要功能模块。

进入 21 世纪，以卫星导航为基础的信息技术已经广泛应用于航海技术领域，实现了雷达技术与航海信息综合处理技术的快速融合与发展。

2004 年 12 月，IMO MSC. 192(79)船舶导航雷达性能标准建议案将该组织以往分别颁布的关于雷达和 ARPA 的两个性能标准合二为一。ARPA 已经不再作为一个单独的设备出现，这个名词也未在标准中提及，取而代之使用了"目标跟踪"（Target Tracking，TT）。雷达目标跟踪装置及其功能已经成为船舶导航雷达的标准配置和功能。雷达的目标跟踪（TT）和船舶自动识别系统（AIS）报告的目标都属于雷达目标的范畴，具有相同的地位。根据《SOLAS 公约》的要求，所有船舶上安装的雷达必须具有 TT 功能，总吨位 10 000 及以上的船舶安装的雷达还必须具有自动录取和试操船的功能。同时该标准规定，雷达设备必须连接电子定位系统（EPFS）以及 AIS 传感器，为驾驶员提供地理位置信息以及目标识别和避碰参考信息，辅助雷达实现导航以及避碰功能。此外，雷达还可以从电子航海图（ENC）和其他矢量海图信息中选取水文地理信息，协助航行和船位监视。

具有 TT 功能的雷达必须输入罗经的艏向和计程仪的对水速度信息。在标准里，艏向信息由艏向发送装置（Transmitting Heading Device，THD）提供，对水航速由船舶航速与航程测量装置（Speed and Distance Measuring Equipment，SDME）提供。没有这些准确的传感器信息，ARPA 和目标跟踪功能就无法使用。

第一节 雷达目标跟踪基本原理

经过半个多世纪的发展,以雷达目标跟踪功能为代表的现代雷达信息处理技术已经成为雷达信息处理与显示系统的核心技术和功能。因此,雷达目标跟踪装置的基本原理和信息处理与显示系统的基本工作原理是不可分割的。

一、雷达目标跟踪装置构成

雷达目标跟踪功能最初是 ARPA 设备具有的功能,目前独立的 ARPA 设备已经淘汰。进入 21 世纪以来,雷达目标跟踪功能是在信息处理与显示系统中实现的。为了理解雷达目标跟踪装置的基本原理,将信息处理与显示系统以图 7-1-1 所示的结构表示。从目标跟踪的角度看,信息处理与显示系统包括主控制器、输入/输出接口及视频处理器、跟踪器、信息处理器和综合信息显示与操作控制终端,雷达、陀螺罗经或 THD、SDME、EPFS、AIS、ECDIS 等各种航海仪器是该系统的传感器。

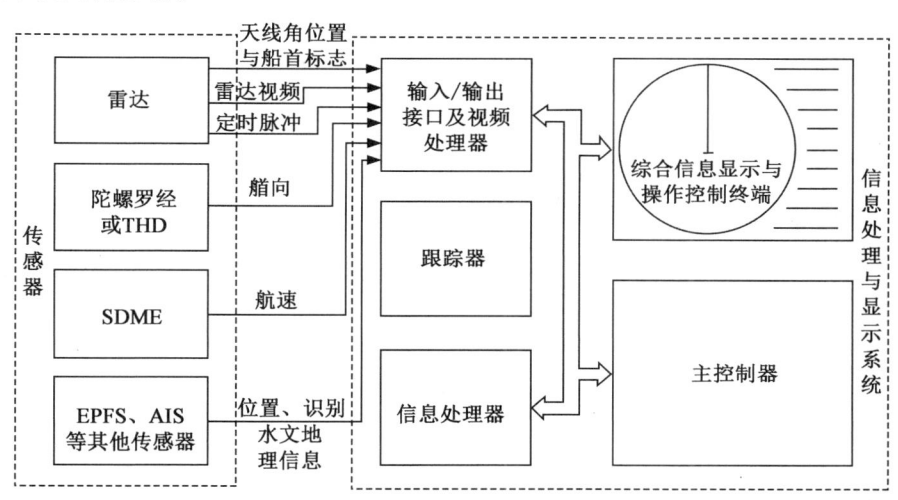

图 7-1-1 雷达目标跟踪装置原理框图

(一)传感器

保证跟踪器与信息处理器正常工作的基本传感器包括雷达、陀螺罗经或 THD、SDME(如计程仪)、EPFS 和 AIS。此外,在 ENC 或其他矢量海图系统的支持下,雷达还可以更方便地实现目标辨识和复杂水域导航功能。

(二)信息处理器

信息处理器是雷达信息综合处理的核心装置,其功能包括:

(1)按照综合导航系统(Intergrated Navigation System,INS)综合信息处理原则,验证各传感器的完善性,对未通过完善性验证的传感器信息发出报警。

(2)按照驾驶员及程序指令处理、分配和综合(融合)船位、艏向、航速、AIS 目标报告、雷达目标跟踪、海图的水文地理等信息,完成目标跟踪信息与其他传感器信息的融合。

（三）跟踪器

跟踪器通过硬件和软件的配合，在主处理器协调下，完成对目标的检测、捕获和跟踪，建立目标的运动轨迹，警示危险目标，辅助提供避碰措施等功能。目标跟踪功能的性能主要取决于跟踪器的设计与实现。跟踪器的设计需要平衡和考虑很多因素，这些因素或互相依存、彼此影响，或互相对立、彼此矛盾。在各种影响目标运动参数的因素中，去除干扰和扰动（噪声），获得目标最佳信息的过程称为滤波。实现目标跟踪功能的滤波方案有很多种，每一种方案都有其优势和局限性。比如，为了使跟踪器能够敏感地检测到被跟踪目标的机动航行，就应该使跟踪器具有较高的灵敏度。在气象、海况良好的航行环境中，这样的设计能够尽早地报告目标航行和避碰参数的变化，为驾驶员提供目标碰撞危险早期预警。但是在航行环境恶劣时，船舶随风浪不规则运动，灵敏度高的跟踪器就可能错误地报告目标的机动航行，给驾驶员带来困扰。

（四）综合信息显示与操作控制终端

在雷达显示器上，通过控制面板上的各种开关、控钮或操作屏幕菜单，能够控制雷达的所有功能。按照程序或操作面板的指令，在主控制器的控制下，将视频处理器输出的雷达视频、跟踪器获得的目标跟踪信息以及信息处理器对多传感器信息的运算结果融合为雷达综合视频，送至显示器显示。

此外，驾驶员还可根据需要标注图示参考信息、航线设计信息、AIS 报告目标、ENC 信息等。

二、雷达目标跟踪基本原理

雷达跟踪目标在屏幕上位置的变化，建立目标运动轨迹，获取目标运动参数的跟踪器运算过程，称为目标跟踪。为了实现目标跟踪功能，雷达首先需要检测到目标的存在，启动对目标的初始跟踪，称为目标捕获（亦称为录取）。当初始跟踪达到一定精度时，获得目标的运动趋势的过程通常在 1 min 之内完成。在随后 2 min 时间内，雷达对被捕获目标进一步跟踪，达到较高的跟踪精度，获得目标的预测运动，为驾驶员避碰决策提供参考，进入稳定跟踪状态。

（一）雷达信号的预处理

雷达要进行目标的跟踪，首先要把接收机传送过来的原始视频信号进行处理，转变成数字视频信号。根据性能标准的要求，雷达必须具有四个基本输入接口，即 THD、SDME、EPFS 和 AIS。EPFS 和 AIS 都是通过标准的导航数据端口给雷达输入数据的。而 THD 和 SDME 提供的信息有模拟信号，也有数字信号。传感器提供的模拟信号必须经过数字化才能被雷达接收。因此，雷达信号的预处理内容包括：雷达原始视频信号的杂波处理以及目标回波的距离、方位信号的量化处理；陀螺罗经提供的模拟航向信号、计程仪提供的模拟航速信号的数字化处理。

雷达的主要干扰杂波包括海浪干扰、雨雪干扰、雷达同频异步干扰和机内外噪声。普通的航海雷达只用一些简单的抗杂波处理技术，并不能完全实现目标的跟踪功能。航海雷达中采用的计算机的内存和计算能力均有限，若不对上述杂波干扰做进一步的处理，则容易引起 ARPA 设备和 TT 在对目标进行自动检测、自动录取和自动跟踪过程中产生"误、漏、丢"现象，导致 ARPA 设备和 TT 工作的可靠性和精度大为降低。杂波干扰严重，会导致数据处理器饱和，出现过载现象，丧失目标的处理能力。雷达信号和传感器信号经过量化或数字化处理后，才能使用计算机对其进行跟踪和处理。

雷达信号的预处理主要是雷达原始视频信号的杂波处理和目标回波的距离、方位的量化处理。

1. 雷达原始视频信号的杂波处理

目前,航海雷达的杂波处理方法主要有恒虚警处理和解相关处理两种,随着计算机技术不断发展,雷达也开始应用数字图像的处理方法。

(1)恒虚警处理(CFAR Processing)

恒虚警率(Constant Flase Alarm Rate,CFAR),表示在单位时间内出现的虚警数(虚警频率)一定。所谓 CFAR 处理,是指当杂波干扰强度变化时,雷达信号经 CFAR 处理器,使其输出端的虚警率大为降低并保持恒定。处理的方法是,先取出带杂波干扰的原始视频信号积分均值,然后将它与原始视频信号相减,以去除杂波,输出有用的目标回波。显然,如果将随着热噪声大小及干扰的强弱而变化的积分均值作为上述相减门限电平,则杂波干扰的处理将具有自适应的性质,抑制效果将更显著,如图 7-1-2 所示。

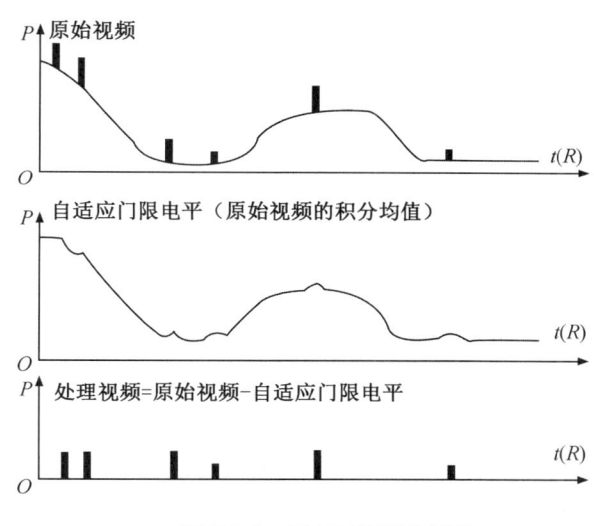

图 7-1-2 CFAR 原理示意图

(2)解相关处理

雷达同频异步干扰抑制就是一种时间解相关处理杂波的方法。根据同频异步干扰回波与距离扫描非相关,真实目标回波与距离扫描强相关这一特点,让两根或多根依次相邻的扫描线进行相关处理,可以较好地抑制雷达同频异步干扰。所以,雷达同频异步干扰抑制也称为扫描线相关处理。

后来,在扫描线相关处理的技术基础上出现的天线扫掠相关处理技术,也叫雷达图像相关处理技术,首先应用在了岸基航海雷达上。它的基本设计理念是:雷达采用高速天线,如80 r/min 的高速天线,得到前后两幅雷达图像的时间间隔不到 1 s;目标回波在 1 s 内移动的距离很小,这两幅雷达图像中的位置基本不变;而海浪杂波由于是随机干扰杂波,所以在两幅图像中的杂波是不一样的。把两幅或多幅依次连续的雷达图像进行相关处理,就能较好地抑制海浪干扰等随机干扰杂波。这种技术在采用高速天线的雷达中应用效果比较好,特别是采用频率分集技术的雷达,因为这种雷达前后两幅雷达图像只间隔了十几微秒。现在的船载航海雷达也采用这种杂波处理技术,叫作回波平均功能。需要注意的是,由于船载航海雷达采用的是低速天线，前后两幅雷达图像的时间间隔在 3 s 左右，一些高速移动的目标回波，如气垫船、高速艇等，就会被当作杂波消除掉。

（3）数字图像处理

随着计算机技术的发展，新型雷达显示器开始普遍采用图形工作站，内存和数据处理能力日益强大，一些原来用于数字图像处理的算法开始用于雷达信号处理。天线扫描一圈的雷达回波进入计算机，以数字图像的形式存入计算机内存。雷达显示器利用图形工作站强大的图形图像处理能力对数字雷达图像进行各种杂波处理。比如，有的航海雷达在本船船首偏荡很大的时候，采用一种噪声电平保持算法，就是利用上一根扫描线或上一圈扫描线的噪声电平来处理视频信号。还有的雷达在应对弱小目标检测概率低的时候，采用一种峰值保持算法，就是选用相邻扫描线上目标信号的峰值作为检测单元的信号电平，以提高弱小目标的检测概率。当然这些算法都是针对某种特定的环境或目标，不适用于所有的情况。

2. 量化处理

雷达信号的量化处理就是把雷达接收机传送来的模拟视频信号转换成数字视频信号，并存入计算机内存，天线扫描一圈的视频信号可以看作计算机内存中的一帧数字视频图像。量化处理包括方位量化、距离量化和幅度量化。

（1）方位量化

方位量化就是把从雷达天线传送到显示器的天线波束的角位置信号变成数字信号，把雷达图像 360° 等分成若干方位量化单元 a，并用二进制代码表示不同的方位。量化单元 a 越小，方位精度就越高。

（2）距离量化

距离量化就是时间量化，即以雷达触发脉冲前沿为起点，将整个距离扫描线对应的时间等分成若干时间量化单元。

方位量化和距离量化将雷达的 PPI 分割成许多量化单元。方位量化和距离量化单元越小，则分割成的量化单元也越小，量化精度就越高。PPI 上的任一点均有唯一的方位和距离编码，对应着内存中的某个地址。这样，操作者对 PPI 观测平面的操作就变成了对内存的操作。雷达图像对应着计算机内存中的一幅数字图像，雷达图像的距离和方位对应内存中相应数字图像像素点的地址。

（3）幅度量化

雷达原始视频信号的数字化就是把雷达接收机输出的原始视频信号经过幅度分层和上述的时间量化而变成数字视频信号的过程。要实现对雷达信号的检测就必须把原始视频信号转换成数字视频信号，然后采用 CFAR 检测每一个量化单元是否存在目标回波。对原始视频信号的幅度分层处理是采用电压比较器来实现的。图 7-1-3 是原始视频信号 2 分层量化，图 7-1-3（a）是输入的模拟视频信号与设定的固定门限电平相比较，图 7-1-3（b）是采样脉冲信号，图 7-1-3（c）是 2 分层量化后得到的二进制数码表示的数字视频信号。

实际中的航海雷达不能简单地采用 2 分层量化，常用多个门限电平，实现多分层，如 4 分层、8 分层、16 分层等。现代航海雷达均采用 A/D 转换器来实现视频信号的幅度量化，例如采用 8 位的 A/D 转换器，视频信号的量化多达 256 分层。分层越多，数字视频信号的灰度级越高，因量化引起的损失就越小，数字视频信号越接近模拟信号，越有利于提高雷达的检测性能。

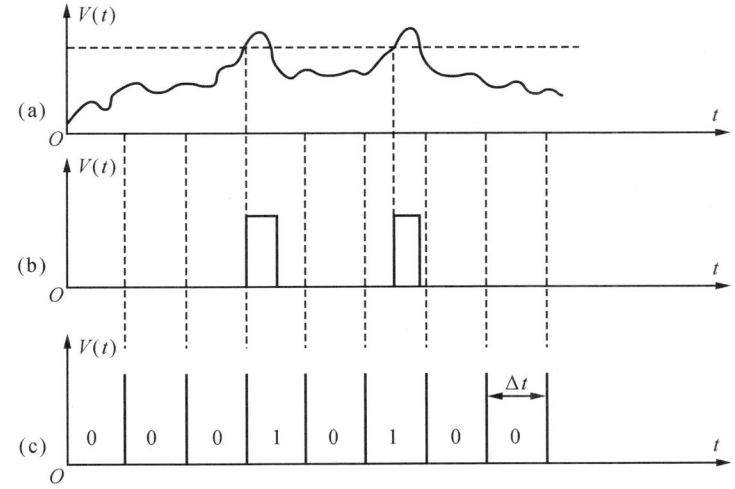

图 7-1-3　原始视频信号 2 分层量化

（二）目标检测

雷达信号的目标检测就是在噪声和杂波干扰的背景中识别有没有目标的存在。在航海雷达中，目标检测是在雷达信号的预处理后进行的。预处理不能完全消除噪声和杂波干扰，只是改善了判别的条件，预处理后的目标信号检测仍然用于在剩余的杂波干扰背景中判别是否有目标的存在。

早期的 ARPA 雷达采用数字式电路进行自动检测。自动检测原理框图如图 7-1-4 所示。数字检测电路由检测器（又称为第一门限）、$n-1$ 个移位寄存器、加法器和门限判决器（又称为第二门限）组成。

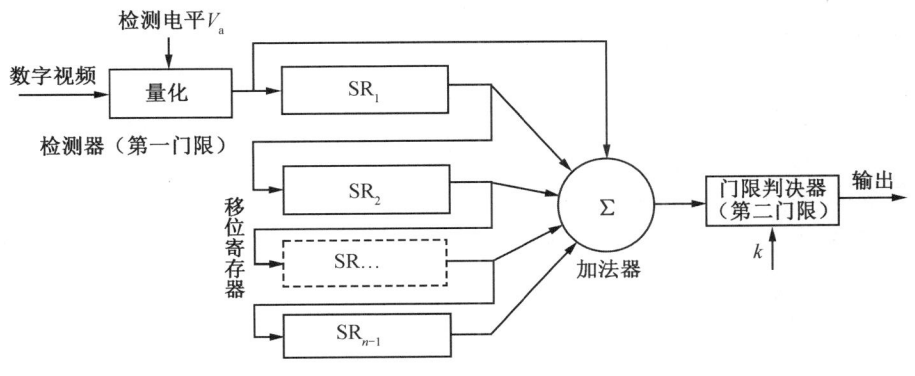

图 7-1-4　自动检测原理框图

经过预处理后的雷达数字视频信号输入检测器后输出 0、1 这两种二值信号，雷达数字视频信号大于第一门限，则输出为"1"，否则为"0"。检测得到的二值信号从移位寄存器 SR_1 的左端鱼贯而入，在检测时钟的驱动下，$n-1$ 个移位寄存器中的值依次右移。假设检测了 n 次，则第一次检测的值存储在 SR_{n-1} 中，第 $n-1$ 次检测的值存储在 SR_1 中，把 n 次检测的结果送到加法器，得到累计的检测值，然后送入门限判决器。由于目标会占据一定的方位和距离宽度，所以对目标的检测不能仅仅是一个方位量化和距离量化单元的检测，而是一个方位宽度为 m、距离宽度为 2~3 个距离量化单元的窗孔，沿着距离和方位不断滑动，用来检测目标回波信号。所以这种检测器也叫滑窗检测器。

门限判决器又叫 MOON 判决器，是一种基于统计规律的判决器。经 n 次检测，加法器得到的累计检测值为 $0~n$ 的某一值，其中有正确的检测，也有错误的检测。为了判断滑窗内到底有没有目标，采用 M/N 准则作为判据。M/N 准则的原意是 M Out Of N，缩写为 MOON 准则，意思就是在 N 次检测中，假如滑窗内的检测累计数大于等于 M，则判断为滑窗内有目标，输出为"1"，否则判断为无目标，输出为"0"。

MOON 准则中的 M/N 的取值对目标自动检测性能的影响是明显的。N 大，表明检测次数多，目标不容易丢失，但是检测的时间较长；M 大，表明门限高，干扰杂波被误检测为目标的概率小，检测的可靠性高，但弱小目标容易丢失。例如，$M/N=6/8$，表示在连续 8 次检测中，至少检测到"1"的累计值为 6 以上，才判决滑窗内有目标。由于航海雷达都采用低速天线，也就是说检测一次的周期约为 3 s，检测周期长，因此 N 值不适合取很大的值，很少有航海雷达的 N 值超过 10 的。M 和 N 都取相对较大的值，检测的可靠性高，而且目标也不容易丢失。

现代航海雷达的显示终端大多采用图形工作站，内存和计算能力都极大提高，不再需要专门的数字电路来实现目标的自动检测。雷达数字视频信号变成了存在计算机中的一帧数字图像，MOON 检测就变成对内存中 n 帧连续的雷达数字图像进行检测和判决。M/N 的取值可以根据噪声和杂波干扰条件来调整。这是早期采用检测电路的雷达所达不到的。

根据性能标准的要求，雷达自动检测目标的能力应不低于驾驶员观察屏幕人工检测目标的能力。

三、目标捕获

目标捕获（Acquisition）是跟踪器记录目标的初始位置，启动对目标位置在屏幕上相继变化的检测和跟踪，从而建立目标初始运动轨迹（获得目标运动趋势）之前的雷达工作过程。目标捕获分为人工捕获和自动捕获，总吨位小于 10 000 的船舶配备的雷达可不具有自动捕获目标的功能。

在人工捕获时，驾驶员使用光标操纵设备（如轨迹球）移动屏幕光标，将其覆盖在需要关注的目标上，并按下捕获按键发出捕获指令。自动捕获是由驾驶员在雷达屏幕上设定一个或多个闭合的捕获范围，并设定捕获条件。当处于或进入该范围的目标触发了所设定的条件，目标即可由设备自动捕获。

四、目标跟踪

观测目标位置的相继变化以建立其运动的过程，称为目标跟踪。目标捕获所得到的各目标初始位置数据是孤立、离散的。利用目标运动的相关性，将各目标新的点迹数据分别连成各目标的航迹，并判明各目标的运动规律。这就是目标跟踪。

1. 实现自动跟踪的方法

雷达对目标的自动跟踪是采用天线边扫描边跟踪的方式，必须同时解决下列两个问题。

（1）航迹外推：对目标未来位置的预测，即预测目标在下一周天线扫到时的位置。由于雷达测量有误差及目标机动的随机性，航迹外推的结果必然存在误差。为使航迹外推的均方误差最小和实现航迹外推的可能性，必须对采集的点迹数据进行滤波处理，以实现最佳估计，从而获得最佳预测位置。

（2）航迹相关：对新点迹和已有航迹之间归属关系的判别。为进行点迹连线以建立各目标的航迹，首先必须判明新点迹是属于同一目标，还是属于其他目标或者属于新发现目标。为此，以预测位置为中心设置一个跟踪窗或跟踪波门，也称为相关范围、相关波门，还可简称波门。确定波门尺寸必须考虑许多因素（如雷达及录取设备误差、航迹外推用的滤波器的误差、目标机动范围与速率、天线扫描周期等）。但波门尺寸至少应保证在下一次采样到来时，对同一目标的预测与实测位置差修正后的平滑位置处在该波门内，以保持连续跟踪。这样，凡进入波门的信号就认定为相关，判为同一目标的新点迹；否则，就认定为非相关，判为其他目标的点迹。

上述航迹外推中的滤波处理，在雷达中采用 α-β 跟踪滤波器。α-β 跟踪滤波器是卡尔曼滤波器的简化形式。其构成简单可靠、容易实现，为目前雷达所普遍采用。

在实际跟踪中，必须通过对一系列带有误差的实测数据进行处理，以尽可能排除误差，找出所期望的估计值，这就是"滤波"的方法。为进行滤波而采用的跟踪滤波器，实际上可看成一种最小均方误差的估计器。

α-β 跟踪滤波器跟踪过程示意图如图 7-1-5 所示。预测、实测与平滑位置曲线如图 7-1-6 所示。

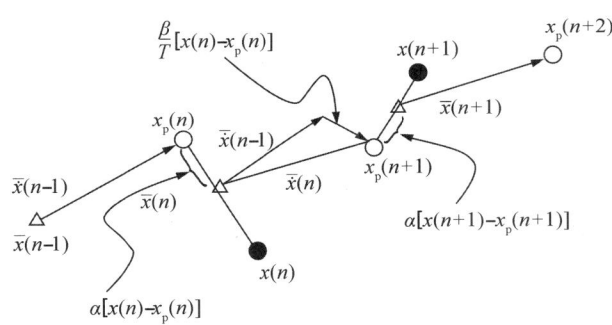

图 7-1-5　α-β 跟踪滤波器跟踪过程示意图

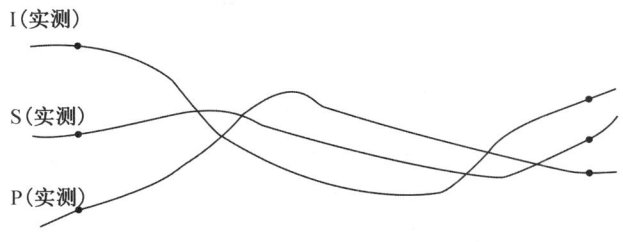

图 7-1-6　预测、实测与平滑位置曲线

从图 7-1-5 可见，第 n 次采样预测位置 $x_p(n)$ 是从第 $n-1$ 次平滑位置至 $\overline{x}(n-1)$，以第 $n-1$ 次的平滑速度 $\overline{\dot{x}}(n-1)$ 平滑而得到的；第 n 次雷达实测位置为 $x(n)$；第 n 次平滑位置 $\overline{x}(n)$ 是从 $x_p(n)$ 经位置平滑系数 α 修正而得到的，修正量为 $\alpha[x(n)-x_p(n)]$；第 n 次平滑速度 $\overline{\dot{x}}(n)$ 是从 $\overline{\dot{x}}(n)$ 开始，以第 $n-1$ 次平滑速度 $\overline{\dot{x}}(n-1)$ 平滑而得到的；$n+1$ 次及以后的情况类似。

从图 7-1-5 及图 7-1-6 均可看出,在跟踪过程中,随着采样序数的增加,预测与实测的位置差越来越小,位置及速度的修正量也逐次减小,最终使实测与预测的位置差基本一致而进入稳定跟踪状态,从而达到自动跟踪目标的目的。

可见,用 α-β 跟踪滤波器的跟踪过程就是根据目标实测位置及经计算得到的目标航速、航向数据,计算目标预测位置、平滑位置及平滑速度。置波门中心于预测位置(x_p, y_p),于是,当目标移动时,随着天线扫描,波门也跟着变化位置,但这种变化是跳跃式的。因为波门中心始终与预测位置一致,当进入稳定跟踪后,实测与预测位置趋于一致,所以,波门中心移动的轨迹也就是目标的运动航迹。

2. 波门尺寸对跟踪性能的影响

波门(跟踪窗)是个扇形窗,在自动跟踪系统中用直角坐标描述,如图 7-1-7 所示。

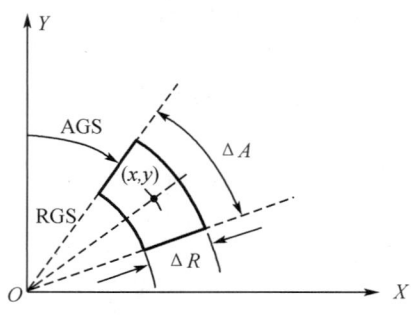

图 7-1-7　波门及其参数

图中各参数的含义是:

AGS——方位门开始;

RGS——距离门开始;

ΔR——窗深;

ΔA——窗宽。

波门中心坐标为(x, y),使用时将其置于预测位置。

该扇形窗在录取目标时,被称为录取波门;在建立航迹进入跟踪后,被称为跟踪波门。关于波门尺寸,应考虑以下几点:

(1)初始录取波门应足够大,以便录取成功并建立起航迹。但录取波门又不可太大,否则将降低录取分辨力,即相邻目标的点迹容易同时进入该波门而出现目标混淆。为了在船舶拥挤的水域提高录取分辨力,有的雷达可改用小窗录取。小窗的窗深 ΔR 为量程的 8.5%;窗宽 ΔA 为 10 个方位量化单元,小窗尺寸是常规窗的 1/4。

(2)在建立航迹后波门尺寸小,有利于提高跟踪精度和分辨力。但尺寸不能太小,以免丢失目标,也不能太大,以免发生航迹混淆。

(3)为了适应不同尺寸的目标、目标机动及跟踪误差在建立航迹过程的变化等情况,波门尺寸应能自适应调整。

从实际需要而言,波门尺寸应随着下列各种因素而变化:

①从手动转到自动的初始录取;

②暂态过程,随着采样序数 n 的增加;

③随着目标不同的机动情况;

④目标尺寸不同；

⑤目标距离的变化；

⑥雷达观测量程的变换。

波门尺寸随上述这么多因素变化而做自适应调整的计算程序将十分复杂，计算量很大，甚至难以进行实时处理。为了简化，目前常用下列两种方法：

①波门尺寸按目标尺寸自动调节。根据自动检测得到的目标几何面积设置波门尺寸，使目标面积占波门总面积的 75%，其余 25% 是考虑因目标机动或变换量程等其他因素影响而留有余地。

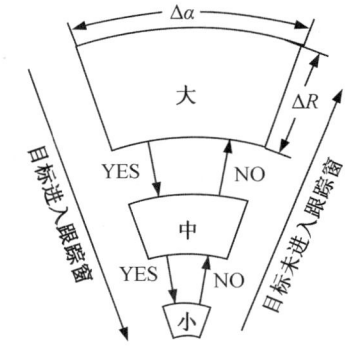

②设置大、中、小三种波门尺寸，在跟踪过程中进行自适应调整，如图 7-1-8 所示。通常初始录取目标用大波门；初始建立跟踪用中波门；进入稳定跟踪用小波门。在稳定跟踪过程中，若目标因发生机动或其他因素未进入小波门，则自动改用中波门；若能恢复跟踪目标，则改用小波门；若未能恢复跟踪，则改用大波门，待进入跟踪后，再改用中波门、小波门；若用大波门连续五次天线扫描，目标均未能进入大波门，则判定为目标丢失。

图 7-1-8　三种波门尺寸及变化示意图

3. 跟踪目标丢失的危险判断与报警

目标回波太弱等原因，导致正在跟踪的目标可能丢失，而丢失的目标可能还是逼近本船的危险甚至紧急危险的目标，因此雷达应具有目标丢失的自动判断和自动报警功能。判断目标丢失的方法如图 7-1-9 所示。

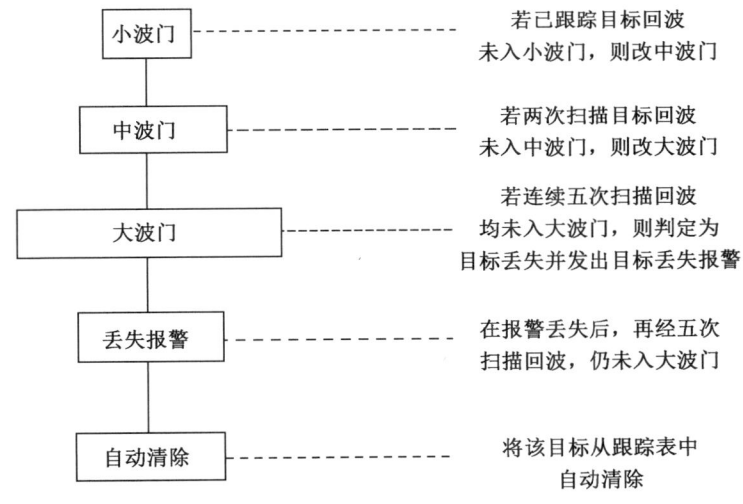

图 7-1-9　判断目标丢失的方法

进入稳定跟踪用小波门。若已跟踪目标回波未入小波门，则改用中波门。若两次扫描目标回波未入中波门，则改用大波门。若连续五次扫描回波均未入大波门，则判定为目标丢失并发出目标丢失报警。报警方式可用声、光信号或显示的运动矢量线由实线变虚线，在丢失前的目标最后位置显示一个丢失标识符。在报警丢失后，若再经五次扫描回波仍未入大波门，则将该目标从跟踪表中自动清除。

第二节　目标参数的计算及碰撞危险判断

一、目标参数的计算

（一）目标位置参数的计算

目标位置参数由该位置与本船的距离 R 和方位 B 来表示。利用相隔两次跟踪采样周期 T，连续测得目标两个位置数据：T_1 时刻的 (x_1,y_1)，T_2 时刻的 (x_2,y_2)，如图 7-2-1 所示，则可计算 T_1、T_2 的两个位置参数 R_1、B_1、R_2、B_2：

$$R_1 = \sqrt{x_1^2 + y_1^2}$$

$$B_1 = \arctan \frac{x_1}{y_1}$$

$$R_2 = \sqrt{x_2^2 + y_2^2}$$

$$B_2 = \arctan \frac{x_2}{y_2}$$

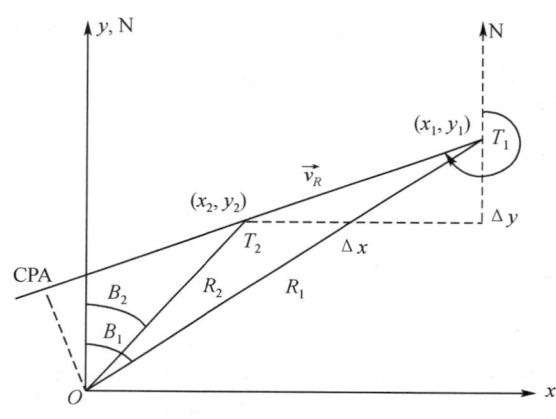

图 7-2-1　目标距离和方位的计算

（二）目标相对航速、航向的计算

由图 7-2-1 可见，目标的 T_1、T_2 两个位置差为：

$$\Delta x = x_1 - x_2$$

$$\Delta y = y_1 - y_2$$

该位置差为一矢量，其矢径除以时间 T 即为目标相对航速 V_R，其幅角即为目标相对航向 φ_R，如下式所示：

$$V_R = \sqrt{(\Delta x)^2 + (\Delta y)^2}/T = \sqrt{(R_1\sin B_1 - R_2\sin B_2)^2 + (R_1\cos B_1 - R_2\cos B_2)^2}/T$$

$$\varphi_R = \arctan \frac{\Delta x}{\Delta y} = \arctan\left(\frac{R_1\sin B_1 - R_2\sin B_2}{R_1\cos B_1 - R_2\cos B_2}\right)$$

V_R、φ_R 是以本船船体坐标为基准的目标相对运动参数。显然,采用前述的滤波估值计算航速、航向要精确得多。

(三)目标真航速、真航向的计算

目标真航速 V_T、真航向 φ_T 可由矢量三角形求得,如图 7-2-2 所示。

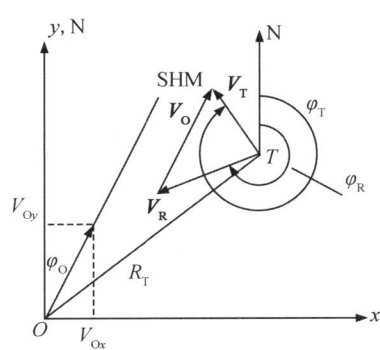

图 7-2-2　目标真航速、真航向的计算

从图中矢量三角形可见

因为

$$V_R = V_T + (-V_O)$$

所以

$$V_T = V_R + V_O$$

已知本船矢量 V_O 及目标相对矢量 V_R,则可求得目标真矢量 V_T 的大小:

$$V_T = \sqrt{(V_R\sin\varphi_R - V_O\sin\varphi_O)^2 + (V_R\cos\varphi_R - V_O\cos\varphi_O)^2}$$

$$\varphi_T = \tan^{-1}\left(\frac{V_R\sin\varphi_R - V_O\sin\varphi_O}{V_R\cos\varphi_R - V_O\cos\varphi_O}\right)$$

式中:V_O——本船船速;

$\quad\varphi_O$——本船航向。

由此可见,雷达是先求得目标相对运动参数,再加上本船的航速、航向来计算目标真运动参数的。显然,雷达测量、罗经及计程仪的误差将直接影响真运动参数的精度,从而影响后述的可能碰撞点(PPC)、预测危险区(PAD)的误差。

二、碰撞参数的计算

碰撞参数 CPA、TCPA 可由碰撞三角形 $\triangle TCO$ 求得,如图 7-2-3 所示。

$$\text{CPA} = R_T\sin(\varphi_R - B_T)$$

$$\text{TCPA} = \frac{R_T\cos(\varphi_R - B_T)}{V_R}$$

式中:R_T——目标与本船的距离;

$\quad B_T$——目标方位角。

三、碰撞危险判断与报警

危险判断是雷达用于海上避碰的关键环节,前述的参数计算为危险判断提供了依据。

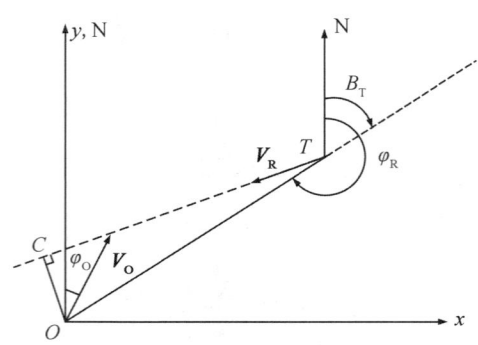

图 7-2-3　CPA、TCPA 的计算

这里要介绍的是危险判断与报警的各种方法。

（一）利用 CPA、TCPA 进行危险判断与报警

目前,雷达均以人工设置的 CPA LIM、TCPA LIM 作为安全判据,将计算获得的目标船 CPA、TCPA 值与 CPA LIM、TCPA LIM 比较便可判断出结果:

（1）若 CPA>CPA LIM,目标船是安全船。

（2）若 CPA≤CPA LIM 且 TCPA>TCPA LIM,目标船是危险船,但时间还有余量,本船应考虑避让措施。

（3）若 CPA≤CPA LIM 且 0<TCPA≤TCPA LIM,目标船是紧急危险船,本船应立即采取避让措施。

雷达一旦判断出有碰撞危险,则应立即发出碰撞危险报警。危险报警可用灯光、声响或符号等方式,例如:危险报警为三角形"△",紧急危险报警为菱形"◇"或以符号闪烁。

（二）利用警戒环进行危险判断与报警

用 VRM 设置一个以本船为中心的安全距离警戒圈,并在该圈内外以 ±ΔR（例如 0.3 n mile）为界设置一个警戒环（Guard Ring）或称为警戒区（Guard Zone）,如图 7-2-4 所示。

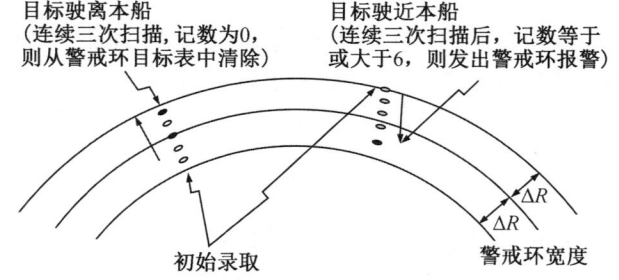

图 7-2-4　利用警戒环进行危险判断与报警

目标"入侵"该警戒区,即被自动录取和跟踪。采样输入目标距离数据超过三个,就要判断该目标是驶向还是驶离本船。为此,设置一个初始值置于 3 的警戒计数器。若本次采样距离小于前次距离数据,则计数器加 1;反之,计数器减 1。于是,若计数器等于 0,则判目标为驶离本船,报警解除。若计数器等于或大于 6,则判目标为驶向本船,激发"目标闯入"报警。报警方式可使用声或光器件。注意:第一次出现的目标已处警戒环（区）内,不报警。总之,切不

可忽视常规的瞭望。

(三)利用矢量线进行判断

雷达可利用矢量线表示被跟踪目标的动态,矢量始端、长度、方向及末端的含义前面已有叙述,此处不再重复。

所有矢量型雷达都能提供相对矢量(RV)和真矢量(TV)两种模式,以供驾驶员选用。

1. 相对矢量模式

其特点为:

(1)本船无相对矢量,故在艏线上不显示矢量线。与本船同向、同速的运动目标也不显示RV。

(2)固定或运动目标显示 RV。

(3)从本船到目标 RV 延长线的垂足为 CPA,目标航行至 CPA 的航行时间为 TCPA。

适用场合:由于 RV 模式可评估目标逼近本船航速,驾驶员能从屏幕上观测和估算 CPA、TCPA,以评估相遇船和本船有无碰撞危险。若 RV 指向本船或与设置的 MINCPA 圆相交或相切,则表明该目标为危险目标。因此,RV 模式适用于要求快速判断本船与所有目标是否存在碰撞危险的场合。

2. 真矢量模式

其特点为:

(1)本船或运动目标均显示 TV,两个 TV 长度比即航速比。

(2)固定目标没有 TV。若固定目标显示 TV,则其是受风、流影响而产生的,此时本船和其他被跟踪目标上显示的 TV 均为对水 TV。雷达用于定位导航,必须显示对地 TV,为此,必须修正风、流影响。其方法有两种:

①手动偏移修正(Manual Drift)——手动输入流向、流速,直至固定目标上的 TV 为 0,即表示风、流影响已修正;

②自动偏移修正(Auto Drift)——雷达自动计算固定目标上 TV 的方向和大小,并将其相反值加到本船及已跟踪的固定或其他运动目标的矢量计算中,使固定目标的 TV 为 0,即表示风、流影响已自动修正。雷达计算的流向、流速及风流压差等数据可在数据显示器中读取。

无论是手动或自动偏移修正,其结果一样,即固定目标的 TV 为 0。本船及目标的 TV 均由原来的对水 TV 变为对地 TV。本船对地 TV 显示在偏离航向线的航迹线方向上,航迹线与航向线的夹角即风流压差。目标真矢量也仅代表船舶的预测航迹,而不指示船舶的航向。因此,从态势图上,驾驶员难以观察目标航向的变化。

(3)若目标的 CPA 为 0(意即其 RV 延长线穿过本船当前位置),则该目标 TV 延长线与本船航向线交点为 PPC。若 PPC 落在本船航向线上(或附近),则碰撞危险存在。若本船和目标的 TV 矢端重叠或离得很近,则碰撞危险也存在。

(4)可看出目标态势角(Aspect)。目标态势角即目标 TV 与目视线(本船和目标的连线)夹角,又称为目标舷角(本船相对于目标的方位)。目标态势角可用来判断两船会遇情况。

(5)目标 TV 和真航迹的变化可用来判断目标是否机动。

适用场合:TV 模式可让操作者直接在屏幕上观察目标真航向、真航速及目标态势角,有助于避让决策的正确做出。

上述两种矢量模式的适用场合是相对的,只有真正掌握两种矢量模式的显示特点,才能正确、灵活选用。

（四）目标动态预测显示模式

在雷达系统中，目标动态预测显示模式有两种：一种是矢量模式，另一种是 PAD 模式。

（1）矢量模式为目前绝大多数雷达所采用。它有真矢量与相对矢量两种显示模式，其特点及适用场合如前所述，此处不再赘述。这类雷达的综合态势图画面较清晰，但要想得到对危险目标的避让方案，必须通过试操船。

（2）PAD 模式是 SPERRY 雷达产品的专利，在其系列产品 CAS-I、组合式的 CAS-340 和最新型的 RASCAR 3400M（光栅扫描型）等雷达中应用。用矢量前方的六边形表示预测危险区 PAD（Predicted Area of Danger）直观、简便。SPERRY 新产品除在真矢量前方显示 PAD 外，也同矢量型雷达那样，能够提供真矢量、相对矢量显示功能。

第三节　雷达目标录取与跟踪

一、目标跟踪初始设置

雷达目标跟踪的过程是跟踪器对相关传感器信息综合处理、连续计算、预测和更新目标航迹及最佳运动数据的过程。为了得到满足安全避碰的目标航行数据，需要首先进行目标跟踪初始设置，包括传感器设置和安全界限设置。

（一）传感器设置

保证雷达跟踪器正常工作的基本传感器包括雷达、陀螺罗经或 THD 和 SDME（如计程仪）。传感器设置包括雷达设置、本船艏向设置、本船航速设置。

1. 雷达设置

雷达是跟踪器的关键信息源，给跟踪器提供了定时信号、回波视频信息、天线角位置和船首标识信息。雷达故障将直接造成跟踪器不工作，并有相应指示报警；雷达信息误差将导致跟踪器输出目标信息误差，带来直接或潜在的航行危险；雷达设置和操作不当，将可能导致跟踪器无法正常实现跟踪功能，以及可能出现目标检测困难、捕获杂波、目标丢失、目标数据误差严重等问题，影响跟踪器正常工作。雷达设置包括以下内容：

（1）图像调整

在使用目标跟踪功能之前，应综合运用增益、人工/自动调谐、脉冲宽度选择、海浪干扰抑制、雨雪干扰抑制等控钮将雷达图像调整到最佳状态，保持回波图像稳定清晰。

（2）量程选择

根据性能标准的要求，具有目标跟踪功能的量程至少包括 3 n mile、6 n mile 和 12 n mile。目前，多数雷达从 0.75 n mile 量程到 24 n mile 量程都有目标跟踪功能。在通常情况下，驾驶员可以在 6~12 n mile 量程捕获目标和判断目标碰撞危险，在 6 n mile 量程确定对危险目标的避碰方案，在 3 n mile 量程实施避碰行动和评估避碰效果。

（3）显示方式选择

使用雷达目标跟踪功能应选择方位稳定的显示方式，如 N-up 或 C-up 显示方式，避免使用

H-up 显示方式。现代雷达在 H-up 显示方式下通常会禁止目标跟踪功能。

2. 本船艏向设置

雷达艏向复示器的读数应与本船艏向发送装置的示数保持一致且随动正常。根据性能标准的要求,在艏向信息失效后 1 min 内,雷达应自动切换至艏向上不稳定模式,目标跟踪功能停止工作。

3. 本船航速设置

在避碰时,雷达应采用对水航速(STW),以获得对水稳定方式;在导航时,雷达应采用对地航速(SOG),以获得对地稳定方式。本船航速通常通过传感器获得,在需要时人工输入。根据性能标准的要求,为雷达系统提供航速的传感器应能够提供本船 STW 和 SOG。

为雷达提供 STW 的传感器通常为工作在水层跟踪模式的计程仪。在计程仪故障且船舶定速航行时,可以人工输入船舶航速。

为雷达提供 SOG 的传感器可有多种选择,包括在适宜的水深条件下能够有效工作在海底跟踪模式的计程仪(如多普勒计程仪或声相关计程仪等);可以使用 EPFS 提供 SOG,目前较为常用的是 GPS 接收机;还可以设置合适的静止目标(如岛礁)作为雷达跟踪的航速参考目标。在以上传感器都无法提供 SOG 的情况下,可以在计程仪 STW 的基础上人工输入风流压差获得 SOG,或人工直接输入本船 SOG(大小和方向)。

(二)安全界限设置

通过驾驶员在雷达上设置安全界限 CPA LIM/TCPA LIM,目标跟踪功能能够自动将被跟踪目标的 CPA/TCPA 与安全界限比较,对小于安全界限的目标发出危险报警。

安全界限设置过大,虚警增加,给驾驶员带来不必要的负担;设置过小,安全系数降低甚至不能达到对碰撞危险预警的目的。安全界限的设置与很多因素有关,包括本船吨位和操纵特性、驾驶团队船艺水平、航行水域开阔程度、船舶密度、气象海况等,甚至还要考虑航行水域中可能出现的最大吨位的目标船,因此安全界限的设置值不能一概而论。根据海上航行避碰经验,结合海上避碰规则,在大洋航行时,CPA LIM 通常为 2 n mile 左右,TCPA LIM 通常不低于 18 min。在近岸航行时,结合上述因素,CPA LIM 可为 1~2 n mile,TCPA LIM 通常为 12 min 以上。在狭窄水域航行时,由于雷达避碰的局限性比较大,即使 CPA LIM 设置小于 0.8 n mile 仍然无法满足航行要求,雷达目标跟踪信息只能作为参考,驾驶员应考虑其他避碰手段。

二、目标录取

目标录取有人工录取和自动录取两种方式。

(一)人工录取

这是任何雷达设备都具备的基本录取方式。目标录取的原则是,优先录取近距离、艏向,特别是右舷的目标。在通常情况下,采用操纵杆或跟踪球将录取符号套在所需要录取的目标上,再按一下"录取"键,即完成录取。

(二)自动录取

当具有自动录取功能的雷达设备采用自动录取方式时,若录取距离范围内有岸线、陆地、岛屿等不应录取的物标存在,则必须设置限制区,以提高自动录取的目的性。在设置警戒圈时,应根据当时的实际情况来确定警戒圈(区)的大小(范围),并应注意已处在警戒圈(区)内的目标,必要时可人工补充录取。

《SOLAS 公约》和性能标准对不同吨位/船级的船舶配置的雷达最少捕获目标数量做出了明确规定,如表 7-2-1 所示,而此前的性能标准要求 ARPA 捕获目标的数量不少于 20 个。

表 7-2-1　雷达最少捕获目标数量

船舶大小	总吨位 500 以下	总吨位 500 至总吨位 1 000 以及总吨位 10 000 以下的高速船	所有总吨位 10 000 及以上的船舶
自动捕获目标	—	—	是
最少捕获目标数量	20	30	40

三、目标跟踪

被捕获的目标由跟踪器记录其前沿屏幕坐标位置,并以该位置为中心,标记一个捕获标识,开始对目标实施跟踪。这时的捕获标识也就成为跟踪标识,伴随目标运动,直到目标丢失或取消对目标的跟踪。从目标初始位置记录于跟踪器的时刻开始,雷达应在 1 min 之内指示目标运动趋势,即建立目标的初始跟踪,通常是在工作显示区域显示目标的矢量(标准只要求显示相对矢量)和 CPA。由于目标运动趋势数据精度较低,驾驶员虽然可参考此数据初步判断碰撞危险,但不可仅凭此数据采取避碰行动。在 3 min 之内,雷达指示目标的预测运动,显示目标稳定跟踪信息,即可根据驾驶员的需求,在雷达工作显示区域显示目标跟踪的图示数据和标识,如目标相对矢量、真矢量、过去位置、PAD、危险标识等,并在雷达数据显示区域显示目标跟踪数据,包括目标相对本船的距离/方位(或真方位)、目标 CPA/TCPA 和目标真航向/真航速,以及目标过船首的距离/时间(Bow Crossing Range,BCR/Bow Crossing Time,BCT)和目标的地理经纬度等,用于协助驾驶员判断目标碰撞危险和采取避碰行动。

四、矢量模式选用

矢量(Vector)是源自目标位置(雷达目标跟踪位置或 AIS 报告位置)和本船位置,预测目标和本船未来一段时间(时间长度可由驾驶员选定)运动的线段。线段的方向指示目标未来的运动方向;线段的长度指示在选定的时间内目标未来的运动航程。借助矢量指示,驾驶员可以快速地从雷达工作显示区域获得目标的预测运动,判断目标碰撞危险,了解会遇局面,求取避碰措施,实施避碰行动。换句话说,不了解矢量在会遇局面评估、危险判断、试操船和避碰行动实施中的作用和意义,就无法使用雷达实施避碰行动。

雷达目标跟踪矢量显示方式可分为相对矢量(Relative Vector,RV)和真矢量(True Vector,TV)两种。相对矢量适合目标危险判断,真矢量适合在采取避碰行动时掌握会遇局面,做出避碰决策。

(一)相对矢量

1. 相对矢量含义

相对矢量的始端表示目标当前的雷达目标位置;矢量的方向表示目标相对本船的运动方向;矢量的长度表示在设定的矢量时间内目标相对本船运动的航程;矢量的末端表示在设定的矢量时间后(假定在该时间段内本船和目标未出现机动)目标相对于本船的位置。从人工标绘的角度讲,目标的相对矢量延长后实质上等同于目标的相对运动线(RML)。

2. 相对矢量应用

(1)根据相对矢量设定的时间以及矢量的长度,驾驶员可快速判断出目标逼近本船航速。

(2)通过调整矢量时间,改变矢量长度,驾驶员可快速直观地从雷达显示器上估算目标的 CPA 和 TCPA,与设定的安全界限 CPA LIM 和 TCPA LIM 比较,评估本船与目标船的碰撞危险程度。

(3)使用相对矢量可快速判定本船与多个目标船是否有碰撞危险。为方便观测,在使用中需要经常调节矢量的长度。

(4)在本船机动的情况下,相对矢量不能直观判断目标船的机动情况,不适合在避碰操纵环境下使用。

(二)真矢量

1. 真矢量含义

本船和目标船都有真矢量。目标真矢量的始端表示目标当前的雷达目标位置;真矢量的方向表示本船或目标的真运动航向;矢量的长度表示在设定的矢量时间内目标真运动的航程;矢量的末端表示在设定的矢量时间后(假定在该时间段内本船或目标未出现机动)本船或目标真运动到达的位置。从人工标绘的角度讲,本船或目标的真矢量延长后实质上等同于本船或目标的真运动线(TML)。

2. 真矢量应用

在真矢量显示模式下,驾驶员可以直观地看出本船与目标船以及目标船与目标船间的会遇局面,明确船舶间在会遇中的责任与义务,根据相互间的会遇局面做出符合当时航行环境及《规则》的避让措施。

(三)矢量综合运用

从以上分析可以看出,相对矢量和真矢量显示是应用雷达判断碰撞危险和采取避碰行动的重要功能:在判断碰撞危险阶段应采用相对矢量,在制定避碰决策阶段应采用真矢量,在避碰方案实施阶段应根据需要随时切换真矢量与相对矢量,兼顾掌握会遇局面和危险判断。

若想了解目标是否机动,则可选用历史航迹(尾迹)显示功能。尾迹显示功能主要作用是辅助驾驶员标绘雷达目标,为会遇局面和避碰提供参考。

五、读取指定目标的数据

用操纵杆或跟踪球将录取符号移到欲读取数据的目标回波上,按数据读出键,则该目标的六个参数(方位、距离、真航向、真航速、CPA、TCPA)可从雷达数据显示器读出。

当有些雷达的录取符号离本船和被跟踪目标的几何距离大于 7.5 mm 时,雷达数据显示器还能显示录取符所在点相对于本船的位置数据(距离、方位)。

六、清除已跟踪目标

对不重要的已跟踪目标(如已交会通过的目标),可予以手动清除。手动清除分逐个清除和全部清除。逐个清除是用操纵杆或跟踪球移动录取符号套在欲清除的目标上,按"清除"键,则取消跟踪。全部清除已跟踪目标则只需按"全部清除"键即可。

在特定情况下,雷达会自动清除某些已跟踪目标,例如:

(1)已跟踪目标到达最大跟踪距离(通常长脉冲或中脉冲宽度时为 40 n mile,短脉冲宽度时为 20 n mile)。

(2)已跟踪目标变成"坏回波"较长时间,即在 60 次天线扫描(约 3 min)仍未进入跟踪窗而丢失的目标回波。

(3)已跟踪目标变成"无危险目标",即其 TCPA<-3 min,距本船至少正横后 10 n mile 的目标回波。

应当注意:被自动取消跟踪的目标,雷达不会发出丢失报警。

七、自动跟踪的局限性

目前,自动跟踪还存在一些局限性,其中最主要的是跟踪过程的目标丢失和误跟踪两大问题。现分别简述如下。

1. 目标丢失

造成已跟踪目标发生丢失而中断跟踪的原因是多方面的。

(1)目标回波信号变弱:目标远离本船,传播衰减增大,目标反射截面减小等都可能使回波信号变弱。于是,自动检测环节未能满足 MOON 的判定条件而无法送出发现目标的信号,在跟踪系统中就失去实测数据,结果造成目标丢失。

(2)杂波干扰:当杂波干扰严重时(例如目标进入海浪区),检测的目标面积将是目标回波与干扰回波的合成。回波中心从目标移到杂波干扰上,就会造成目标丢失。

(3)目标大幅度快速机动:$\alpha-\beta$ 跟踪滤波是以最小二乘法作为滤波参数的估算准则,仅适用于匀速直线运动测量数据的处理。换句话说,$\alpha-\beta$ 跟踪滤波是以目标做等速直线运动为前提的。如果目标速度变化足够小,以致在目标做曲线机动时,在几个采样周期时间内,目标曲线非匀速运动以等速直线运动来近似 $\alpha-\beta$ 跟踪滤波仍是有效的。但是,一旦目标发生了大幅度快速机动,例如水面快艇、气垫船及水上飞机等,在其大幅度急转弯时,$\alpha-\beta$ 跟踪滤波几乎是 100% 失败。海上实船试验证实了这一点。

(4)雷达测量或数据处理环节出现特大误差:雷达测量特大误差,使实测位置出现特大误差,使实测与预测位置误差不能处在波门内;雷达数据处理环节特大误差,使预测位置出现异常误差。这两种情况都会造成跟踪的失败。

(5)目标进入雷达阴影区域或被大目标遮挡:此时雷达探测不到目标,无实测数据,跟踪难以继续。上述种种原因都可能导致目标丢失、跟踪中断。此时雷达发出目标丢失报警,跟踪波门按原速、原方向滑行,并扩大波门尺寸。如果在十次天线扫描中有五次检测到目标回波,则恢复自动跟踪;否则,雷达将自动取消对该目标跟踪。

2. 误跟踪

在船舶密集水域,容易发生两个或两个以上目标落入同一个跟踪波门而引起跟踪错误的现象,称为误跟踪或目标调换(Target Swop)。

发生目标调换现象的原因是在跟踪波门内出现两个或两个以上目标回波时,雷达计算的回波分布面积的几何中心(或重心)是两个或两个以上目标回波一起构成的图像分布的几何中心。该中心从原来跟踪的目标移到另一个目标回波上时发生了调换现象。

常见的目标调换现象发生在下列几种情况下:

（1）当被跟踪的目标进入强海浪区时，雷达会错误地跟踪海浪回波，而停止对原目标的跟踪。

（2）当被跟踪的弱反射目标运动到未被跟踪的强反射目标附近（尤其当原被跟踪的弱反射目标改向）时，雷达将跟踪到强反射目标上。

（3）两个靠得较近、同向行驶的目标，一旦其中一个被跟踪的目标在前方某处转向，则可能因跟踪波门的滑行（亦称为"惯性外推"）而错误地跟踪到另一个保向航行的目标上。

（4）两个被跟踪的目标对驶靠近，在某时刻起同时进入一个跟踪波门，则可能发生相互调换跟踪。如果两个目标是一大一小，可能跟踪到大目标上，而小目标则被中断跟踪。

（5）一个被跟踪的目标靠近岸边航行并转向，可能会发生误跟踪到陆地，出现矢量上岸现象。

雷达在发生上述种种目标调换现象而出现误跟踪时，仍然继续工作，但提供的数据是错误的。尤其严重的情况是，被跟踪的目标和本船存在危险，但发生目标调换后变成不太危险甚至安全目标，会误导值班驾驶员而失去警惕性，导致碰撞事故。

为减少目标调换现象，目前雷达采取的技术措施有：

（1）当出现两个被跟踪目标靠近而使两个跟踪波门重叠时，即令雷达停止跟踪，以让两个跟踪波门分别按各自原方向、原速度滑行，直至两者分开再分别恢复跟踪。

（2）雷达应拒绝人工录取正在逼近另一个已被跟踪目标的目标，以免破坏雷达对已跟踪目标的跟踪。

（3）当跟踪波门内出现两个或两个以上分开的目标回波时，雷达只跟踪最接近跟踪波门中心的目标回波。如果跟踪波门内有五个以上清晰可辨的回波，则雷达不予标绘以免跟踪恶化，力求减小发生目标变换的可能性。

以上几种措施尚不能有效克服各种误跟踪现象。因此，如何进一步提高自动跟踪的分辨力，以有效克服误跟踪现象，至今仍是各雷达厂家努力解决的一个技术难题。

第四节　雷达附加功能的操作

一、设置导航线

当航行在狭水道、危险海区、分道通航制航道及进出港时，可根据需要设置导航线，将航道用线段在屏幕上标出，如图 7-4-1 所示。各种雷达可设置的导航线总数不等。

在采用真运动显示模式时，为保持陆地和导航线在屏幕上的位置固定不动，必须输入本船对地的航速。对地的航速可由双轴绝对计程仪提供。当采用相对计程仪时，应对风流压影响进行修正，以变成对地航速。

二、设置导航标志

有些雷达在真运动显示模式中，可用操纵杆或跟踪球在屏幕上任意位置设置导航标志点（又称为真标志），用来表示特殊目标（如浮筒、沉船、锚位、落水点）或转向点，在狭水道和进出港时与导航线配合使用十分有用。各雷达导航标志可设置的数目不尽相同，可查阅说明书。

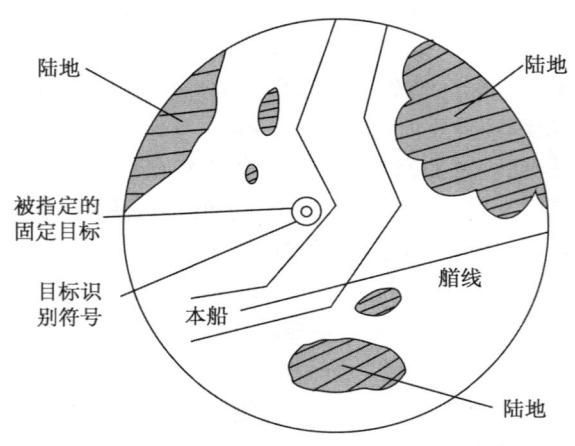

图 7-4-1　设置导航线

设置的导航标志点也可被清除。

三、设置限制线

在启用警戒圈自动录取目标前,应先用限制线确定限制录取的区域;否则,可能会立即发生目标溢出报警,特别是在有陆地、岸线、岛屿出现在本船附近时尤其如此。限制线分相对限制线和固定限制线两种。相对限制线限定相对本船的警戒区,它随本船一起运动;固定限制线限定对地稳态的警戒区。

限制线一般都是用操纵杆或跟踪球移动录取符号并按有关限制线的控钮来完成设置,在线段数目方面各机器不一致,有些雷达是用电子方位线来设置限制线的,如图 7-4-2 所示。

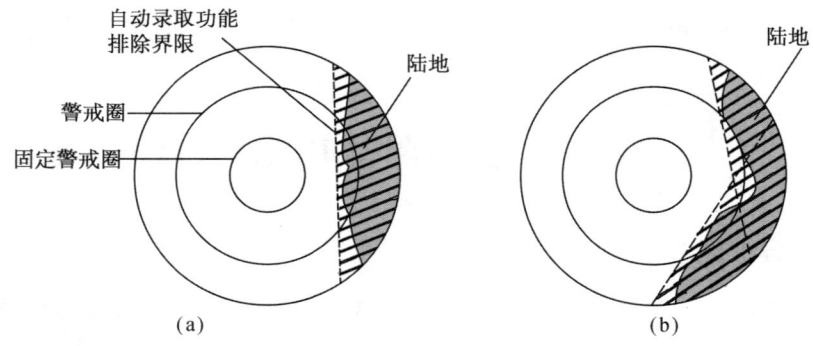

图 7-4-2　设置限制线

四、设置警戒圈(或扇形警戒区)

在采用自动录取方式时,需开启和设置警戒圈(或扇形警戒区)来自动录取目标。一般雷达可设置两个警戒圈(或扇形警戒区)。每个警戒圈都有内外两层构成警戒深度。当目标闯入警戒圈外层,雷达即自动录取并跟踪,直至目标闯入内层,雷达发出目标闯入报警,显示识别标志符号。这种措施使自动录取与报警分层,在报警前积累一定数量的目标数据,可防止虚警和减少漏警。通常,外层和内层的间距(警戒深度)不可调,但警戒圈距离可根据需要设置。

扇形警戒区的距离、扇形张角及径向深度通常都可用活动距标、电子方位线或跟踪球(杆)来设置。

五、锚位监视

有些雷达系统具有锚位监视功能,可以自动监视包括本船在内的 20 艘抛锚船的锚位情况。当雷达系统在执行锚位监视功能时,在被监视船舶中任何一艘船对其原始位置的移动超过预置报警距离时,系统就自动发出警报。

被监视的目标(除本船外)必须是已被稳定跟踪的目标。系统要判断被监视目标(含本船)是否走锚,必须选一个合适的固定目标作为锚位监视的基准目标,或称为参考回波。该基准目标的位置必须是正确的,且不受输入速度误差的影响。当雷达录取和稳定跟踪基准目标后,用操纵杆标志套住并指定为参考回波,此时在该回波旁显示"R"(Reference)以供识别。

将操纵杆标志逐个套住需要监视的目标(或本船),并按"选择回波"(Select Echo)键,则在每个回波旁出现锚位监视标识符,锚位监视开始。

有的雷达系统还可选择几个位移报警范围,例如 0.2 n mile、0.4 n mile、0.6 n mile 中任意一种。监视目标的位移超过所选值,立即报警。

被监视锚位的目标可用操纵杆标志套住,按"取消"(Cancel)键取消锚位监视。

(1)选择一个合适的已跟踪的固定目标(如小岛)作为基准目标,并用操纵杆(跟踪球)加以指定。

(2)选择锚位允许移动的距离(如 0.2 n mile、0.4 n mile、0.6 n mile)数值。该距离是指被监视船舶相对于其原始位置的位移允许值,超过此距离,系统就报警。

(3)用操纵杆(跟踪球)移动录取符至需要锚位监视的跟踪目标上,按下选择目标键,则此目标旁就出现锚更符号。当被监视目标在任意方向上移动的距离超过上述设置的数值时,蜂鸣器报警,锚更符号和指示灯会闪烁。有些雷达监视的目标数可达 20 个。

六、港口视频地图及电子海图的设置

有些雷达可以把港口(或航道)的导航电子海图或由简单点线构成的视频地图预先存储在雷达机内,数量不等,需要时可通过选择开关调出。按下海图校准键,用操纵杆(跟踪球)把雷达视频图像中的可识别目标回波,与电子海图(或视频地图)中的相应的目标重合,即可用它进行导航。

第五节　试操船

一、试操船的概念与特点

1. 试操船的概念

当相遇船和本船出现碰撞危险报警时,首先应从屏幕上确认哪一条船是危险的,然后需要根据《规则》判断本船的责任与义务。若确定本船为让路船,则必须根据《规则》采取相应的避碰措施。

本船在采取实际避让机动之前,观察并借助电子计算机判断、预测用人工输入的模拟航向和/或航速而进行模拟避让行动的效果。如果碰撞危险报警解除,则表明该模拟航向和/或航速可作为安全航向或安全航速,然后可正式叫舵或叫车。雷达的这种功能称为试操船或试操纵(Trial Maneuver)。雷达的试操船功能能够通过图形模拟方式帮助驾驶员验证拟采取避碰方案的可行性。试操船的理想结果是对已构成碰撞危险的目标报警解除,并不对其他目标产生新的危险报警。

在避碰决策过程中,试操船是十分重要的功能,特别是处在船舶交通密集、狭窄的水域或渔区等复杂会遇环境下的大型及超大型船舶,运用试操船功能,尽早地做出避让计划对保证船舶航行安全尤为重要。《SOLAS 公约》要求所有吨位大于 10 000 的船舶所配备的雷达必须具备试操船功能,并且性能标准要求该功能应包括本船动态特性的模拟,并以倒计时提供从试操船启动时刻到船舶机动时刻的模拟时间。在试操船过程中,雷达还应对实际目标继续跟踪并显示其字母和数字数据。

2. 试操船的特点

试操船功能具有以下特点,驾驶员在使用中需要做到心中有数:

(1)试操船不仅对被跟踪目标和激活 AIS 目标有效,也可以对休眠 AIS 目标有效。

(2)试操船的过程是在雷达工作显示区域,以试操船启动时刻被跟踪目标和 AIS 报告目标的数据为基准模拟本船机动的过程。在试操船过程中,工作显示区域显示的不再是雷达探测到的实时海面图像,而是试操船模拟画面。

(3)试操船功能启动时刻的初始试操船的艏向/航速通常为该时刻本船的实际艏向/航速,驾驶员可在此基础上修改,作为试操船的艏向/航速。

(4)性能标准规定,试操船应能够模拟本船的动态操纵特性,包括旋回特性(设置船舶旋回速率或旋回半径)和速度变化特性(设置速度变化率),这一点先前的标准并未要求。

(5)性能标准规定,试操船功能应以倒计时提供从试操船启动时刻到本船机动开始时刻的模拟时间。这个时间需要驾驶员在启动试操船前,根据航行需要、船舶操纵特性和避碰策略等多方面因素预先设置。

(6)试操船的过程实际上可以视为三个模拟阶段。首先,模拟本船机动之前以当前艏向/航速保速保向航行;其次,模拟本船按照输入的旋回特性和航速变化特性机动航行;最后,模拟本船以试操船艏向/航速保速航行。

(7)试操船的过程可以是试操船的艏向/航速计算结果的最终呈现,也可以是操船过程的时间比例演示,即以一定比例的时间进度快速模拟避碰过程。

(8)试操船画面用闪烁的大写英文字母"T"(Trial 的词首)或直接显示"TRIAL"或"SIM"(Simulation),提醒驾驶员注意。

(9)在使用试操船的过程中,海域的实际情况不断变化,因此不可在模拟画面停留太长时间。有的雷达在试操船画面上停留不超过 1 min,超时则自动返回实际画面。

(10)在试操船过程中,雷达继续跟踪目标,在字母和数字显示区域显示的目标数据是雷达真实跟踪数据。因此,为了有效监视目标船的动态,在启动试操船功能之前,应选择在试操船过程需要监视其动态的目标船,显示其字母和数字数据。

二、试操船的方法

以模拟航向代替罗经航向的试操船称为航向试操船。在航向试操船时,可先用电子方位线指示模拟航向,然后使本船模拟航向线与 EBL 重合。以模拟航速代替计程仪航速的试操船称为航速试操船。在航速试操船时,可用面板上的模拟航速按键(或控钮)调节输入的模拟航速值。

针对雷达不同的显示模式,分别介绍试操船的方法如下。

1. 矢量型雷达试操船(采用 RM 显示模式)

(1)相对矢量(RV)模式试操船

从图 7-5-1(a)可见,目标 T_2 的 RV 线与 MINCPA 圆相交,因而可确认目标 T_2 是引起危险报警的必须避让的目标。

本船做模拟(此处是改向)机动,使目标的 RV 线不通过本船或不与 MINCPA 圆相交,如图 7-5-1(b)所示,则危险报警解除。于是,驾驶员可按图 7-5-1(b)中 SHM 所示的安全航向下达改向指令。

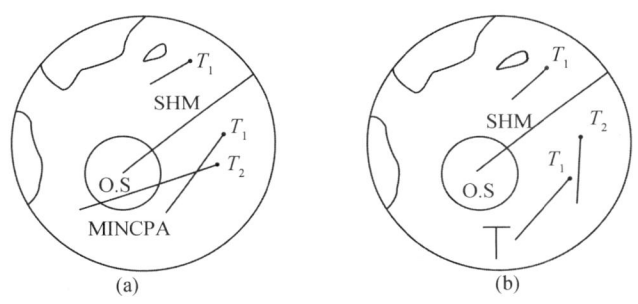

图 7-5-1　改向试操船(RM/RV 模式)

(2)真矢量(TV)模式试操船

从图 7-5-2(a)可见,目标 T_1 的 TV 线前方出现的 PPC 圆圈已落在本船现航向线上,因而可确认 T_1 是危险目标。

本船做模拟(此处是减速)机动,使目标 TV 与本船 TV 矢端不重叠或不靠近。当显示 PPC 时,使 PPC 不出现在本船的艏线上或艏线附近,如图 7-5-2(b)所示,则危险报警解除。因此,通过观察本船 TV 及 PPC 变化,可看出试操船的效果。于是,驾驶员可将试验得到的模拟航速作为安全航速下达减速指令。当采取 TM 显示模式,本船做模拟机动时,在屏幕上只看到本船参数的变化时,试操船一直进行到目标船危险报警解除,获得安全航向或航速。

2. PAD 型雷达试操船

若本船的艏线和目标真矢量前方的 PAD 相交,则激发碰撞危险报警。在试操船时,先让 EBL 不和 PAD 相交,然后本船模拟改向使艏线移至 EBL 方位;危险报警解除,EBL 方位或本船模拟航向即可作为安全航向。如果需要改变航速避让,则可以实施航速试操船,只需输入试操船航速,观察本船的艏线不与任何目标的 PAD 相交便可。

三、使用试操船功能应注意的事项

(1)应根据《规则》的允许和可能来选择试操船模拟航向和航速,一般都用改向(较简单,

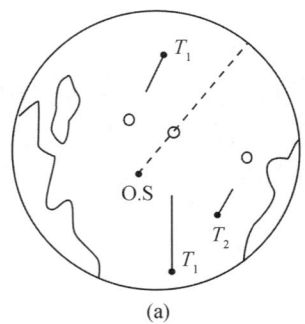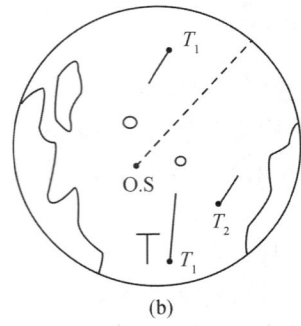

(a)　　　　　　　　　　　(b)

图 7-5-2　减速试操船（RM/TV 模式）

又符合操作习惯），但如果现场的航道较窄或两侧有其他相遇船而使改向机动受到限制，也可用变速。应注意本船从现航速减至安全航速所需要的时间。

（2）在试操船后，原先未被录取跟踪的目标可能构成对本船新的碰撞危险。因此，应及时补充录取这些目标并指定读数，以核实其态势。

（3）在试操船后，危险的目标不再危险。但其他已跟踪目标可能因本船机动而出现新的潜在碰撞危险，应注意观察、核实与判断。

（4）在对危险目标进行试操船时，应根据《规则》，并应综合考虑本船的操纵性能、本人的操船经验及当时当地的海上实态等多种因素。

（5）如上所说，考虑到海面实情在不断变化，模拟显示不可持续太长时间，并且试操船从输入模拟航向和/或模拟航速到显示出试操船执行的模拟态势图需要经过一段延时，所以试操船应该抓紧时机，迅速完成，以免因误时而酿成碰撞事故。此外，为节省航行时间及燃料消耗，在避让后要不失时机恢复原航向。

有的雷达具有试操船延迟时间（Delay Time）功能。延迟时间意指在设置好试操船模拟数据后，转到模拟开始至实际采取模拟避让行动之前的一段时间。该延迟时间可人工设置，并在模拟过程进行倒计时。例如，从设置的延时 5 min 开始倒计时，在减至 1 min 时，发出声、光报警；在减至 1 min 时，即执行试操船命令；在减至零时，屏幕上显示试操船执行结果的模拟态势图。

（6）无论是雷达跟踪目标还是 AIS 报告目标的数据都存在误差，陀螺罗经及计程仪等传感器和雷达本身均可能有误差，在使用试操船功能做决策时需要注意这些误差带来的影响，为安全避让留出适当的余量。雷达显示的态势与海面上实际情况可能有差别。因此，驾驶员任何时候都不可忽视瞭望，不可盲目依赖雷达。

（7）试操船功能对船舶操纵特性的模拟和实际情况有一定出入，因此在设置机动之前的模拟时间时，需要综合考虑本人船艺水平、航海经验、舵工水平、CPA LIM/TCPA LIM 设置值、船舶尺寸、船舶操纵性能、船舶会遇局面和操纵策略等因素。

（8）试操船的结果仅在本船和目标船不发生机动的前提下才有效。在试操船期间，一旦本船或目标船出现了机动，应立即终止试操船，等待两船航向和航速稳定后再做新的决定。

（9）试操船功能不仅仅用于避碰决策，还可以用于复杂会遇局面下为机动航行提供决策参考，例如在转向点航行时，可以预先使用试操船功能评估转向机动对航行的影响。

第六节　雷达目标跟踪报警与系统测试

一、自动报警系统

1. 报警分类及内容

（1）设备报警

雷达各部分设备在本身发生故障时自动发出的报警称为"设备报警"，共分五类：

①电源故障报警。

电源保险丝、各种交直流电源、冷却风扇电源等出现故障，就会启动电源故障报警。电源故障报警在系统故障中级别最高。

②用内设诊断程序自检的相关电路故障报警。

可自检的部分包括主处理机、目标跟踪器、警戒圈电路、数据显示器、PPI 显示器、双雷达转换器、各传感器信号及输入/输出接口（I/O 接口）等。

注意，陀螺罗经、计程仪信号丢失时会自动报警，但数据精度不符合要求不报警。

③与数据显示器有关的故障报警。

注意，常用于数据显示的七段数码管有时会出现因丢失笔画而导致数字显示不准的故障，对此，系统不报警，只能靠人工检查。

④与 PPI 显示器有关的故障报警。

⑤其他故障报警。

其包括面板指示灯不亮，工作开关指示灯不亮，音响报警不响或音量、音调不能控制等故障。

（2）工作报警

雷达系统在执行各种功能时，对出现的某些工作状态必须提醒驾驶员警觉而发出的报警称为工作报警。

工作报警主要包括以下内容：

①目标的 CPA、TCPA 违反安全判据（CPA LIM、TCPA LIM）而发出的碰撞危险报警。

②目标闯入警戒圈（区、环）报警并对其实行自动录取和跟踪，但对已经处在警戒圈（区、环）内的目标不报警。

③目标回波丢失报警或"坏回波"（可能很快丢失）报警。

④目标航迹变化报警。在雷达自动跟踪过程中，如果在各采样周期内雷达实测值经过统计分析后发现目标航迹有重大变化倾向时，则发出"航迹变化"报警。例如，在目标回波旁出现"◇"符号闪烁，面板上的"航迹变化"（Track Change）报警灯闪亮等。

当出现"航迹变化"报警时，雷达的跟踪系统便自动调整较大跟踪波门并采用较大的平滑系数值，直到检测到航迹没有变化，再恢复正常值。这一措施可以防止因航迹变化而导致跟踪中断。当然，如前所述，如果目标快速大幅度转向而发生航迹急剧变化，采用 α-β 跟踪滤波器的雷达至今仍是无能为力的。

⑤录取目标总数超过额定数报警。例如，某雷达录取额定数为 20 个目标，当手动录取第

21个目标时则发出"Over 20"报警。此时,可以清除前20个目标中不再需要跟踪的目标,腾出录取数以录取更关心的第21个、第22个等新目标

⑥错误操作报警。它是指操作错误,使雷达无法接收错误指令而发出的报警。例如,在预置本船航向初始数据时,将"070"误认为"370",就会发出报警。

⑦其他报警。例如,有的雷达具有锚位监视功能,在执行该功能时,若本船的锚位移动超出设定的监视距离范围,则系统就发出报警。

上述第①②③④项工作报警可能会同时出现在同一个目标上,而雷达在执行工作报警功能时,任一目标在同一时间都只能显示一种报警内容。当一个目标同时出现一个以上工作报警情况时,系统则按下列优先级程序报警。

——CPA/TCPA;

——航迹变化;

——闯入警戒圈(自动录取);

——目标丢失;

——走锚。

2. 报警方式

(1)视觉报警(Visual Alarm)。在报警时,红色指示灯闪光。

(2)听觉报警(Audible Alarm)。在报警时,蜂鸣器响,且音量、音调随不同报警内容而变。在已知听觉报警内容后,可按"认可"(Acknowledge)键停止,以免影响驾驶台工作。

(3)符号闪烁报警(Symbol Flash Alarm)。在报警时,有关标识符号闪烁。例如,用"◇"符号闪烁表示紧急危险报警。此类报警一直持续到局面改变才停止,即不能人为停止。

(4)数字显示报警(Data Display Alarm)。用数字表示已检测出的故障的序号。该故障序号对应的内容可查阅该雷达使用说明书。

二、系统测试功能

雷达系统是一个较复杂的电子系统。系统测试功能用于检查系统的工作性能,检查各主要部件、各输入输出信号及接口工作是否正常,用于调整雷达显示器。

雷达系统的测试功能有两种工作方式,分别介绍如下。

1. 用"TEST"(测试)功能

(1)用测试图

一种供系统调整直线性、圆度等参数简单测试图如图7-6-1所示。

一种较复杂的系统测试图如图7-6-2所示。

图中各种字、符号、图形均可用于检查机内各相关部分的工作情况,因而可用作帮助寻找故障和调整显示器。各种字、符号、图形的含义可查阅设备使用手册有关部分。

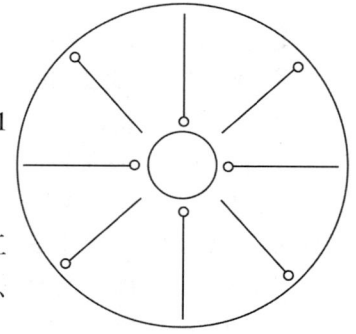

图 7-6-1 参数简单测试图

(2)用发光二极管、指示灯、数码管

有的雷达在按下面板上的"TEST"键后,可检测面板上所有控制键的发光二极管、指示灯、数码管对应的功能。若这些灯、管轮流闪亮一遍,则表示相关的电路及功能正常;未亮的灯、管则表示相应部分有故障、系统无法执行相应的功能。

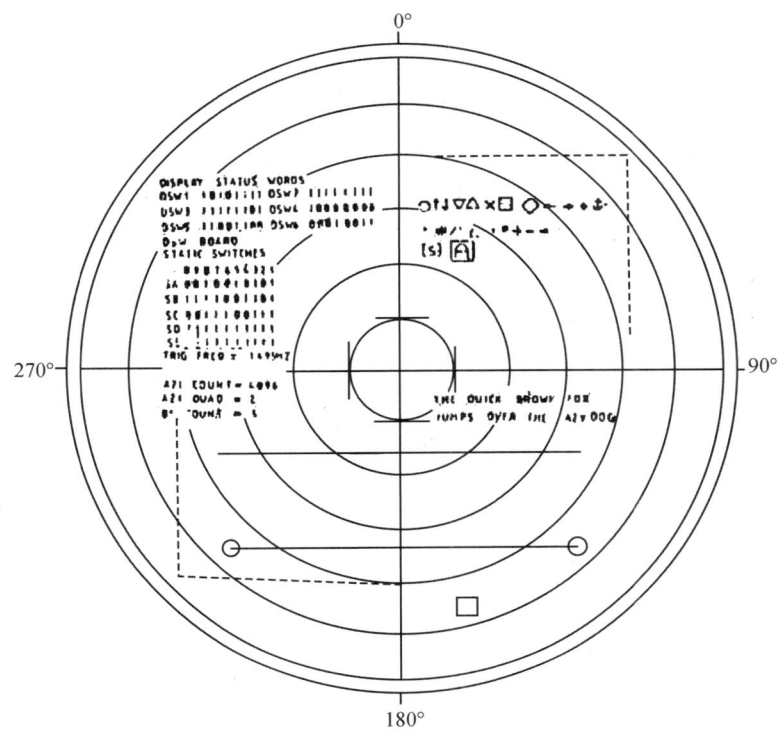

图 7-6-2　较复杂的系统测试图

（3）用测试回波视频

有的雷达在按下面板上的"TEST TARGET"键后，屏幕上会显示模拟运动目标回波"X"，其初始数据为：

$R = 5$ n mile；

$B = 45°$；

CPA = 1 n mile；

TCPA = 20 min。

在人工录取该测试目标 3 min 后，显示数据应为 CPA = 1 n mile，TCPA = 17 min。若实际读出数据与此数据误差较大，则表明该雷达录取、跟踪和计算功能有问题。

2. 用诊断程序（Diagnostic Program）自测试功能

雷达均装有自测试程序，具有自测试功能。当启动该功能时，按设计的测试周期对雷达系统中的诸如电源、输入信号、输出信号、各传感器接口及系统各主要电路等进行自检。完成一次自检约需几十分钟，不同的雷达用时不尽相同。在自检过程中，一旦查出故障就会发出警报，并在数据显示器上显示故障序号。根据故障序号查阅说明书，可知故障发生的部位及内容，以便及时检修。

第七节　雷达目标跟踪的避碰应用

一、根据跟踪目标判断相遇态势

1. 用相对矢量判断

如图 7-7-1 所示，目标 T_1 的相对矢量延长线若通过扫描中心 O 或与 MINCPA 圆相交，则表示它与本船有碰撞危险。若 T_1 的相对矢量延长线从"1"通过，则表示目标 T_1 从本船船首通过。若 T_1 的相对矢量延长线从"2"通过，则表示它将从本船船尾通过。目标 T_2 从本船左舷过；目标 T_3 从本船船首正横过；目标 T_4 从本船右舷过。

2. 用真矢量判断

如图 7-7-2 所示，目标 T_1 为右舷追越船；目标 T_2 为左舷对遇船；目标 T_3 为船首向交叉会遇船；目标 T_4 的真矢量为零，因此是静止的固定目标。

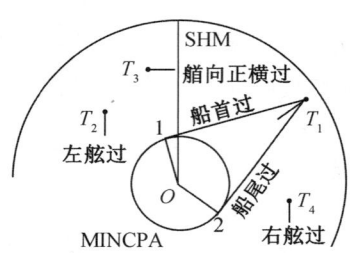

图 7-7-1　用 RV 判断相遇态势

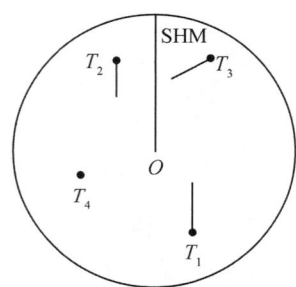

图 7-7-2　用 TV 判断相遇态势

二、根据雷达跟踪目标对碰撞危险估计

1. 用相对矢量判断

根据本船的实际情况和当时的态势，设置 MINCPA 圆，延长相对矢量线，若相对矢量线与 MINCPA 圆相交，表示该目标与本船有碰撞危险。读出该目标的 CPA 和 TCPA 值，进一步予以核实，如图 7-7-3 所示。

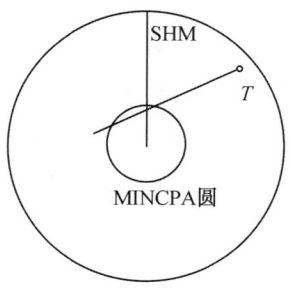

图 7-7-3　用相对矢量判断

2. 用真矢量判断

调整矢量时间长短,若本船真矢量与目标船真矢量的终端重叠或非常接近,则表示存在碰撞危险。

当采用 PCP(潜在碰撞点)或 PPC(可能碰撞点)显示时,若 PCP(或 PPC)标志出现在本船的艏线上或艏线附近时,则有碰撞危险。当采用 PAD 时,若本船航向线(受风流压影响时为航迹线)与 PAD 相交,则表示存在碰撞危险。

3. 用仅存危险矢量判断

当采用仅存危险矢量显示时,不论用相对矢量还是真矢量模式,凡是在屏幕上显示矢量的目标,即是与本船有碰撞危险的目标。

三、根据雷达跟踪目标求取避让措施

运用雷达的试操船功能,可求取本船对危险相遇船的避让措施。试操船成功的标志是碰撞危险的报警解除。

1. 当采用相对矢量显示时

本船模拟改向或变速,若能使所有目标的相对矢量都不与 MINCPA 圆相交,碰撞危险报警解除,则模拟航向或航速即为安全航向或航速。

2. 当采用真矢量显示时

本船模拟改向或变速,若能使本船和目标船真矢量矢端不相交,或 PCP(或 PPC)标志偏离本船航向线,或本船航向线不与 PAD 相交,且报警解除,则模拟航向或航速即为安全航向或航速。

3. 当采用仅存危险矢量显示时

若本船模拟改向或变速,使屏幕上不显示任何矢量,报警解除,则模拟航向或航速即安全航向或航速。

四、利用雷达跟踪目标协助避让应注意的事项

(1)最重要的是尽早发现和录取相遇船目标。一般要求在 8 n mile 外录取目标,在 6 n mile 左右应判断出其与本船的会遇结果。

(2)在试操船结束,采取避让机动后,应继续观测和瞭望,以观其避让效果。若仍出现碰撞危险报警,则应考虑对方是否采取了不协调的机动。为此,可用尾迹功能检查,并进一步采取避让措施。

(3)在狭水道雾航时,应避免在转向点与来船相遇。

(4)真矢量与相对矢量显示模式交替使用,互相验证。显示的综合图像与数据经常进行比较分析,有益于提高利用雷达避让的可靠性。

(5)实施试操船结果必须符合《规则》,特别是其中有关雷达的条款。

(6)应注意未被录取和跟踪的目标存在着潜在的危险,雷达不会加以报警。

第八章　AIS 目标信息

近些年来，随着海上交通的发展，船舶航速及船舶数量与海上交通密度不断提高给船舶避碰、港口交管和航行安全提出了新的要求。现有的通信导航设备存在着很多的局限性。VHF 无线电话虽可以进行船间对话，了解他船的信息和状态，但由于操作者语言表达和沟通中存在的歧义和误解，使信息交换速度慢且不规范，往往延误时间又没有起到协商的作用。在以往的海上船舶碰撞事故中，VHF 设备操作和语言交流上的问题不能及时解决，不了解对方船舶信息与操船意图，最终导致多起碰撞事故的发生。雷达具有避碰功能，通过对雷达目标的人工或自动标绘/跟踪可以获得目标的避碰信息。缺少目标船名称、种类等有助于识别目标的关键信息，且受气象、海况及地形的影响很大，也给协调避碰行动带来了很大障碍。AIS 的出现及 AIS 报告目标与雷达跟踪目标的关联，巧妙地解决了困扰雷达避碰多年的瓶颈问题，进一步增强了雷达在避碰行动中的作用。

AIS 是工作在 VHF 频段上的船舶和岸基广播和接收系统，能将船舶识别码、船位、船首向、航速、船舶长度、航行状态、目的港、预计到达时间和货物类型等信息自动传送给其他船舶和岸上的设备，保障船舶的航行安全。《SOLAS 公约》第 V 章对船舶配备 AIS 设备要求为，所有总吨位 300 及以上的国际航行的船舶和总吨位 500 及以上的非国际航行的船舶，以及不论尺度大小的客船，应按要求配备 1 台 AIS 设备。根据 IMO 对 AIS 的定义和设计的整体思想，AIS 需在以下应用领域发挥作用：

（1）AIS 是一种改善避碰效果的方法。

（2）AIS 是一种不用雷达也可以使 VTS 获得交通状态的方法。

（3）AIS 是一种制订船舶报告计划的方法。

第一节　AIS 简介

一、AIS 设备分类

AIS 是一种新型航海安全设备与系统，根据 AIS 设备运行时位置是否发生变化，可分为固定式 AIS 设备和移动式 AIS 设备；根据 AIS 设备安装的位置不同，又可以将航海 AIS 设备分为船载 AIS 设备、岸基 AIS 设备和空间 AIS 设备。AIS 由岸台系统和船台设备组成。同时，AIS 还包括利用和使用 AIS 信息的各种应用系统。

二、AIS 信息类型

AIS 可以收发共 27 种不同的信息类型，如表 8-1-1 所示。不同 AIS 设备硬件的配置和软件的应用能力差别较大，但其基本工作原理相似。

表 8-1-1　AIS 信息类型

信息 ID	信息名称	说明
1	船位报告	定时发射的船位报告(A 类船载移动设备)
2	船位报告	按指定时发射的船位报告(A 类船载移动设备)
3	船位报告	特别船位报告,对询问的回复(A 类船载移动设备)
4	基地台报告	基地站的位置、UTC、日期和时隙号码
5	静态和与航程有关的数据	定时的静态数据和与船舶相关的船舶数据报告(A 类船载移动设备)
6	二进制编址的信息	编址通信的二进制数据
7	对二进制信息的确认	确认接收到编址二进制数据
8	二进制广播信息	广播通信的二进制数据
9	标准搜寻与救助飞机位置报告	仅为以搜寻与救助运行的机载台使用的位置报告
10	UTC/日期查询	查询 UTC 时间和日期
11	UTC/日期回应	当前的 UTC 时间和日期(如能获取)
12	编址安全信息	编址通信的安全信息
13	安全信息的确认	确认收到编址安全信息
14	安全广播信息	广播通信的安全数据
15	询问	查询具体的消息类型(可被一个或多个台站多重回应)
16	分配模式指令	由主管部门用基地台制定某种报告行为
17	DGNSS 广播二进制	由基地台提供的 DGNSS 修正
18	标准 B 类设备位置报告	用以替代消息 1、2、3 的 B 类船载移动设备的标准船位信息
19	扩展 B 类设备位置报告	B 类船舶移动设备的扩展船位信息,包括附加的静态信息
20	数据链管理信息	为基地台预留的时隙
21	助航报告	助航设备的位置和状态报告
22	信息管理	基地台关于信通和收发机状态的管理
23	群组指配命令	由主管当局通过基站为一组移动台指配特定的报告性能
24	静态数据报告	为 MMSI 指配的附加数据 A 部分名称 B 部分静态数据
25	单时隙二进制报告	非计划中的短二进制数据发送(广播或寻址)
26	带有通信状态的多时隙二进制消息	计划中的数据发送(广播或寻址)
27	远程应用位置报告	卫星探测 AIS 专用格式

三、基本功能

AIS 的目的是协助改善船舶航行安全和航行效率,保护环境,同时改善 VTS 的工作性能。船载 AIS 设备具有的基本功能为船-船方式避碰、作为沿海国家获取船舶及其货物资料的一种方法以及作为 VTS 的工具。船载 AIS 设备应能够自动发送本船信息,包括本船静态、动态和航次信息;自动接收装有 AIS 设备的他船或岸站的 AIS 信息;支持船-船、船-岸之间的短信息交流;提供其他辅助信息以避免碰撞发生;实现船舶信息的远距离传输和管理。

船载 AIS 设备能够发送不同种类的信息:静态信息（Static Message）、动态信息（Dynamic Message）、航次相关信息（Voyage-related Message）以及安全相关信息（Safety-related Message）。

（一）静态信息

在安装时,输入船载 AIS 设备的静态信息包括:MMSI、IMO 编号（如有）、呼号和船名、船长和船宽、船舶类型和定位天线的位置等。船载 AIS 设备只有在输入船舶 MMSI 后才能发射信息。船舶类型可根据具体设备内置的编码进行选择。定位天线的位置应输入天线到船首尾和左右舷的距离。静态信息的编辑通常受密码保护,只有当船舶改变其名称、呼号或者从一种船型转换成另一种船型等情况发生时,信息才允许改变。这种信息在自主和连续工作模式下,每相隔 6 min 广播 1 次,但有信息更新或被询问时,会立即更新并发送。

（二）动态信息

船载 AIS 设备发送的动态信息包括:附有精度信息和完善性状态提示的船位、定位时间（UTC）、对地航向（COG）、对地航速（SOG）、艏向、航行状态（如系泊、锚泊、失控等）、旋回率（如有）、横倾角（如有）、纵倾和横摇（如有）。其中,除了航行状态由驾驶员根据设备内置编码选择输入,其他信息均由相关的外置传感器提供。船位、定位时间（UTC）、对地航向（COG）由 GNSS 传感器提供,大多数商船采用 GPS 作为 GNSS 传感器。对地航速（SOG）由计程仪或 GNSS 传感器提供,艏向由陀螺罗经提供。目前,大多数商船没有安装提供旋回率、横倾角、纵倾和横摇等可选动态信息的传感器。在自主和连续工作模式下,船载 AIS 设备动态信息的发射更新间隔取决于船舶的航行状态、航速、航向以及设备时间同步方式,共分为 8 种类型,如表 8-1-2 所示。其中,当船载 AIS 设备确认为同步标示台时,更新间隔类型 1~5 将变为 2 s。

表 8-1-2 动态信息更新周期表

类型	航行状态、航速、航向	更新间隔
1	锚泊或靠泊且移速不大于 3 kn	3 min
2	锚泊或靠泊且移速大于 3 kn	10 s
3	航速<14 kn	10 s
4	航速<14 kn 且正在改变航向	$3\frac{1}{3}$ s
5	航速 14~23 kn	6 s
6	航速 14~23 kn 正在改变航向	2 s
7	航速>23 kn	2 s
8	航速>23 kn 正在改变航向	2 s

(三)航次相关信息

船载 AIS 设备应自动发射由驾驶员输入的航次相关信息,包括船舶吃水、有害货物(种类)、目的港及预计到达时间(ETA)、航行计划(转向点)等。其中,目的港及预计到达时间(ETA)由船长决定,航行计划(转向点)为可选项。这种信息在自主和连续工作模式下,也是每相隔 6 min 广播 1 次,但若有信息更新或被询问,则立即更新并发送。

(四)安全相关的信息

安全相关信息是固定或自由格式的文本电文,标注有具体的目的地址(MMSI)或者是区域内所有船舶。它们的内容与安全有关,例如航行警告、气象报告、看见的冰山或移位的浮标等。在撰写该电文时,应尽可能精练,系统允许每个电文多达 156 个字符,但越短的电文越容易找到空闲的时隙以便及早发射。同时,这些电文并不要求规范一致,可以保持灵活的格式。在航行中,操作人员应确保显示和接收到安全相关短消息,且能根据需要及时地发送安全相关短消息。

四、基本操作

(一)开关机

AIS 以及相关的传感器应由船舶的主电源和应急电源供电。AIS 应能在开机后 2 min 内工作。

(二)静动态数据的检查

为确保船舶静态数据正确和及时更新,任何时候只要需要,值班驾驶员应至少每个航次或每个月检查 1 次这些数据(取时间较短者)。值班驾驶员应熟悉这些数据,仅当得到船长授权时方可更改。值班驾驶员还应定期检查 WGS-84 坐标系的船位、对地航速和传感器信息。在这些数据发送给其他船舶和岸台之前,AIS 内置的 BIIT 单元不能检查传感器输入给 AIS 数据的质量或精度。因此,在船舶航行过程中,驾驶员应进行常规检查以保证所发送信息的准确性,在沿岸水域航行时还应增加检查的频度。

船舶静态信息的输入应根据船舶国籍证书正确输入。为了便于识别,通常中文船名的输入应采用汉字拼音的全称,每个汉字的拼音间有 1 个空格,船名中如含有阿拉伯数字,则数字应与汉字有 1 个空格,且数字前不加"No."字符。在船舶呼号输入时,每个字母、字母和数字、数字和数字之间不应有空格。在船舶海上移动识别码(Maritime Mobile Service Identity,MMSI)和 IMO 编码(IMO Number)输入时,应准确无误地按照船舶有关证书上的信息进行设置,不可随便编写。MMSI 由 9 位数字组成,是 AIS 必须要求输入的信息。IMO 编码由 7 位数字组成,部分船舶允许没有 IMO 编码。AIS 中船舶类型信息是以标号(Identifier)10~99 表示(0~9 无定义),每个标号包含 2 位数字,代表船舶类型。因此,船舶类型信息标号应参照表 8-1-3 或相关说明书,选取正确的船舶类型标号输入,如普通货船的标号是 70。AIS 输入的船长和船宽是指船舶的总长和最大宽度,以 A、B、C、D 等 4 个参数表示,如图 8-1-1 所示。因此,不能随意输入船舶长度和宽度,否则会给港口主管机关和相关的船舶带来错误的信息。组合体应输入总长度和最大宽度,而不是仅输入拖船的长度和宽度。

表 8-1-3　船舶类型信息标号

第一位数字	第二位数字	第一位数字	第二位数字
0——不使用	0——此类型的所有船舶		0——从事捕鱼
1——备用	1——装载 X 类危险品		1——从事拖带
2——地效翼船（WIG）	2——装载 Y 类危险品		2——拖带长度大于 200 m 或拖带宽度大于 25 m
	3——装载 Z 类危险品	3——特殊船舶	3——从事疏浚或水下作业
4——高速船（HSC）	4——装载 OS 类危险品		4——从事潜水作业
6——客船	5——备用		5——从事军事活动
7——货船	6——备用		6——使帆
	7——备用		7——游艇
8——液货船	8——备用		8——备用
9——其他类型船舶	9——无附加说明		9——备用

第一位数字	第二位数字
5——执行公务船舶	0——引航船
	1——搜救船
	2——拖船
	3——港口补给船
	4——配有防污染设备的船
	5——执法船
	6——备用—当地船舶
	7——备用—当地船舶
	8——医疗运输船（《1949 年日内瓦公约》和相关议定书定义的）
	9——No.18 规定的船舶

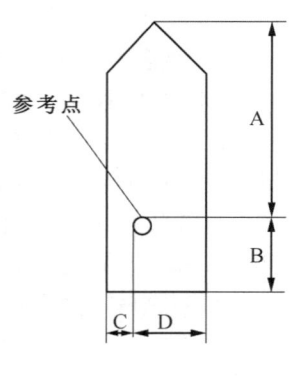

序号	取值范围（m）
A	0~511；511=511 m 或更大
B	0~511；511=511 m 或更大
C	0~63；63=63 m 或更大
D	0~63；63=63 m 或更大

图 8-1-1　AIS 输入的船长和船宽

（三）航次相关数据的检查

在 AIS 设备中，航行状态分 12 种：机动船在航（UNDER WAY USING ENGINE）、帆船在航

（UNDER WAY SAILING）、锚泊（AT ANCHOR）、失控（NOT UNDER COMMAND）、操纵能力受限（RESTRICTED MANEUVERABILITY）、限于吃水（CONSTRAINED BY HER DRAUGHT）、系泊（MOORED）、搁浅（AGROUND）、从事捕鱼（ENGAGED IN FISHING）、为高速船留用（RESERVED FOR HSC）、为地效翼船留用（RESERVED FOR WIG）和未定义（NOT DEFINED）。应根据实际情况在12种中选择其一，不能随意输入船舶的航行状态。船舶吃水应输入船舶最大吃水而非平均吃水。不能随意输入船舶吃水，否则会给VTS和相关船舶带来错误的信息。目的港的输入应按国际港口的统一名称输入，详见以下介绍。船舶预计到达时间（ETA）可以输入目的港的地方时（Local Time），也可输入目的港的世界协调时（UTC）。通常船舶在海上航行时输入UTC；当接近目的港时输入地方时，方便港口管理机关、VTS、船公司和代理等的识别。装载的有毒液体物质（种类）是指危险品、有害物质或海上污染物，在IMO规定中分为X类、Y类、Z类和OS类。船舶应按所装载的有毒液体物质（种类）在AIS设备中正确输入。正确输入有毒液体物质（种类）便于港口管理机关根据有毒液体物质（种类）的情况，重点监控，如安排巡逻艇、进行交通组织等；在发生海难、火灾或泄漏时，便于港口管理机关迅速指导或安排相应的救助，采取相应的措施。船员人数，对于客轮还应包括旅客数量的输入。尽管船舶之间的AIS设备不能互相读出，但主管机关的AIS设备能读出所监视船舶的人数，以便在事故发生时迅速安排相应的救助力量。

（四）目的港的输入

驾驶员在每一航次开始时应按要求向AIS输入船舶目的港（Destination）并在目的港改变时及时更新。一般AIS的目的港字段允许最大输入20个字符。海上实践表明，驾驶员在输入目的港时常使用不规范的目的港名称。驾驶员在输入目的港时，对同一目的港可有不同拼法，造成了其他船舶或岸上机构在识别某一船舶目的港时比较困难。为了帮助驾驶员在输入目的港时使用规范名称，IMO发布了《向AIS输入规范目的港名称指南》。该指南建议使用《联合国贸易与运输地点代码》（United Nations Code for Trade and Transport Locations，《UN/LOCODE》）中规范的港口名称输入离港和目的港的名称。《UN/LOCODE》规范了世界上众多港口6位字符的缩写，前两位字符是国家或地区的缩写，第3位字符为空格，后3位字符是港口的缩写，如我国上海港在《UN/LOCODE》中的缩写为"CN SHA"。港口的规范名称可以从网上下载的《UN/LOCODE》或我国国家标准《中国及世界主要海运贸易港口代码》中查找。常用的港口可从《无线电信号表》第六卷（NP286）中查找。

因此，建议在AIS目的港的前6个字符输入始离港缩写，再输入分隔符">"以区别始离港和目的港，最后输入目的港名称。例如，某船离我国上海港驶往荷兰鹿特丹港，如果使用《UN/LOCODE》中的规范名称，则应输入如下内容：CN SHA>NL RTM。目的港目前不确定，用"??"代替，例如：CN SHA>??。始离港的名称在《UN/LOCODE》中查不到，则输入"XX XXX"，例如：XX XXX>CN SHA。在《UN/LOCODE》中没有查到目的港，则应输入目的港的通用英文名称，并冠以"＝＝＝"（3个连续的等号），例如：＝＝＝Orrviken。在有的租船合同中，目的港可能没有明确，而是以某一区域界定，例如：目的港为美国西海岸，在此情况下，应以"＝＝＝"开始，输入NL RMT>＝＝＝US WC。

（五）液货船AIS的操作

《国际油船和油码头安全指南》（International Safety Guide for Oil Tankers and Terminals，IS-

GOTT)要求船舶在装卸状态下,无线电发射功率不应超过 1 W。目前,一般船载 AIS 的最低发射功率为 2 W。个别类型的 AIS 可手动将发射机功率设定为 1 W,或具有将 AIS 发射机人工设置为不发射状态的功能。若本船 AIS 不具备该功能,在装卸货期间如果本地港章允许,船长应指令驾驶员关闭本船 AIS。船舶停靠在其他危险环境(例如周围存在易燃、易爆气体),也应该采用此谨慎做法。

(六)图形显示

船载 AIS 除了可以在最小键盘显示器(MKD)上显示本船及他船的文本和简易图形外,还可将信息发送至其他友好界面显示。其中,雷达和 ECDIS 能够在一定的航行背景下,以图标标识、字母和数字方式直观地显示 AIS 丰富的信息内容,便于驾驶员掌握全面交通态势,进行船舶避碰,是 AIS 信息较为理想的显示终端。船载 AIS 设备在显示器上显示的目标可以分为休眠目标(Sleeping Target)、激活目标(Activated Target)、被选物标(Selected Target)、危险物标(Dangerous Target)、丢失物标(Lost Target)、轮廓目标(True Scale Outline)和航迹目标(Target Past Positions),如表 8-1-4 所示。

表 8-1-4 AIS 图形显示符号及说明

目标类型	Reported AIS Target	说明	符号
休眠目标	Sleeping Target	底边 3 mm、高度 4.5 mm 的锐角等腰三角形,指向为艏向或 COG(艏向信息缺失时),中心为目标报告位置	
激活目标	Activated Target	底边 4 mm、高度 5 mm 的锐角等腰三角形,指向为艏向或 COG(艏向信息缺失时),中心为目标报告位置,间隔为线宽两倍的短划线表示目标 COG/SOG 矢量,沿矢量可标注时间增量。起点在顶点。比速度矢量细的实线表示目标艏线,其长度为三角形长度 2 倍。在艏线末端固定长度的折线指示船舶转向,可用曲线矢量指示路径预测。如果无法计算避碰数据,则用虚线	
被选目标	Selected Target	以图标标识、字母和数字方式显示目标详细数据,激活目标图标标识周围用正方形顶角框指示	

续表

目标类型	Reported AIS Target	说明	符号
危险目标	Dangerous Target	底边 5 mm、高度 7.5 mm 的闪烁粗体三角形,红色粗线条显示速度矢量,确认后停止闪烁	
丢失目标	Lost Target	不能急速收到信号的目标,在最后已知位置显示带十字交叉线(或被一直线交叉)的三角形,指向最后已知方位,不显示矢量、艏向和旋回速率。图标标识闪烁,直到确认后停止	
轮廓目标	True Scaled Outlines	在小量程上,根据目标船长、船宽和天线位置,可以显示船舶真实比例轮廓	
航迹目标	Target Past Positions	以随时间等间距的实圆点显示历史航迹	

第二节　AIS 目标报告

一、AIS 目标报告信息内容

AIS 目标报告提供了目标的四类信息:静态信息、动态信息、航次相关信息和安全相关短消息,其中前三类为基本信息。静态信息是指在 AIS 设备正常使用时,通常不需要变更的信息,主要包括 MMSI、呼号和船名、IMO 编号、船长和船宽、船舶类型、定位天线的位置等,在 AIS 设备安装的时候设定,在船舶买卖移交时需要重新设定。动态信息是指能够通过传感器自动更新的船舶运动参数,主要包括 GNSS 船位信息、UTC 时间、SOG、COG、HDG、人工输入的航行状态(如失控、在航、锚泊)、ROT(如果有)、艏倾角(如果有)、纵倾与横摇(如果有)等,通过这些信息,能够掌握船舶的实时航行状态。航次相关信息亦称为航行相关信息,是指驾驶员输入的、随航次而更新的船舶货运信息,包括船舶吃水、危险品货物、目的港/ETA、航行计划、开航前最大吃水等。安全相关短消息亦称安全短消息,可以是固定格式的,如岸台发布的重要的航行警告、气象报告等，也可以是驾驶员以自由格式输入的航行、安全相关信息。安全相关短消息可以以寻址方式单独发送或群发给以 MMSI 为地址的特定船舶或船队，也可以用广播的方式发送给所有船舶。与雷达目标跟踪能够提供的信息相比，如目标距离/方位、CPA/TCPA、目标真航向/真航速、BCR/BCT，AIS 目标报告提供了更为丰富的目标参考信息，尤其是目标识别信息，非常有利于在复杂的会遇局面中建立有效的通信联系，为航行安全开通了有效的沟通渠道。

二、AIS 目标报告信息在雷达显示器上的显示特点

雷达目标信息处理器依据一定准则，将 AIS 报告目标与雷达跟踪目标关联，关联后的雷达显示器能够根据驾驶员的设置，提供最佳航行信息。比起 AIS 设备自身配置的 MKD，雷达显示器能够在丰富的航行背景下，以图标标识、字母和数字方式直观显示 AIS 报告目标丰富的信息内容，有助于驾驶员掌握会遇局面，做出正确避碰决策，是 AIS 信息理想的显示器。根据《SOLAS 公约》和性能标准的要求，不同吨位/类别船舶配置的雷达应显示的休眠 AIS 目标和激活 AIS 目标的数量如表 8-2-1 所示。

表 8-2-1　雷达显示的休眠 AIS 目标和激活 AIS 目标数量

船舶大小	500 总吨以下	500 总吨至 10 000 总吨以下和 10 000 总吨以下的高速船	所有 10 000 总吨及以上的船舶
最少休眠 AIS 目标数量	100	150	200
最少激活 AIS 目标数量	20	30	40

AIS 目标处理/显示容量在即将溢出时，会有相关提示信息。显示的休眠目标和激活目标之间可以通过人工激活或休眠操作相互转化，也可以在目标进入预先设置的警戒/激活区域时自动报警/激活。性能标准规定，在屏幕上设置的雷达目标警戒/捕获和排除区域同时适用于对 AIS 目标的警戒/激活和排除。在缺省状态下，AIS 目标显示为休眠目标。当屏幕上显示的 AIS 目标过多而影响到雷达观测时，可以通过设置相关参数（如目标距离、区域、CPA/TCPA 或 AB 类 AIS 目标）过滤全部或部分休眠 AIS 目标。

AIS 目标能够以图标标识、字母和数字数据两种方式显示。

图标标识显示可以清楚地指示出 AIS 目标的类型（休眠、激活、被选、危险、丢失或真实比例轮廓目标等），与本船的相对位置关系，用预测矢量指示 AIS 目标的航向和航速，在启动过去位置功能后显示过去位置。在这种显示模式下，AIS 目标默认显示为休眠目标。在休眠 AIS 目标被激活后，雷达显示器上将会出现 AIS 目标的预测矢量线段。图标标识显示模式可以直观地显示本船周围的交通动态和目标船的主要动态信息。有的雷达还设计当使用光标询问 AIS 目标时，在屏幕上可以出现浮动窗口，显示简化的 AIS 目标报告数据，主要包括船名、MMSI 等主要静态信息，便于目标识别，以及读取目标航向/航速、CPA/TCPA 等主要动态信息和避碰关键信息，便于判断会遇局面。当驾驶员选择 AIS 目标时，其详细的目标报告数据以字母和数字的形式显示在数据显示区域。当选择显示多个 AIS 目标时，有相关字母和数字标识对应 AIS 数据。根据 IMO 和 IEC 相关雷达性能标准的要求，对于选定的 AIS 目标，在字母和数字数据显示模式下要求至少能够显示目标的数据来源、MMSI、航行状态、位置及其精度、距离、方位、COG、SOG、CPA 和 TCPA、目标 HDG、ROT 以及其他请求提供的目标信息。如果选择了

对水稳定模式,则应以 CTW 和 STW 代替 COG 和 SOG。若收到的 AIS 目标信息不完整,则缺失信息对应的目标数据区域内应标记"missing"。这些信息在显示的过程中,会按照相应的 AIS 数据更新时间间隔持续更新数据,在一定时间间隔未收到数据,则报警目标丢失。

第三节　雷达跟踪目标与 AIS 报告目标关联

一、雷达跟踪目标与 AIS 报告目标关联概念

根据设定的算法判断相邻两个分别来自雷达传感器和 AIS 传感器目标的数据,如果它们的关联度符合某种准则(如位置、航迹等),则认为它们是同一个物理目标,避免了一个目标出现两个显示符号。雷达将分别来自雷达传感器和 AIS 传感器关于目标的位置、航向、航速等多元异构非等精度信息,按照时间和位置以及航向和航速,依据一定的准则优化处理、充分利用和合理支配,根据驾驶员的要求输出关于目标一致性的最佳动态信息,称为雷达跟踪目标与 AIS 报告目标关联。根据 B 类 AIS 目标报告更新间隔较低及其所配备船舶的属性,雷达在性能标准制定和设备生产时主要考虑雷达跟踪目标与 A 类 AIS 目标关联。对于已经实现关联的目标,如果 AIS 和雷达数据出现了明显的差别,则它们将被视为跟踪目标和报告目标两个目标而分别显示,并不发出任何报警。

二、雷达跟踪目标与 AIS 报告目标独立性与相关性

船舶配备 AIS 设备前,获取目标船航行动态信息的设备主要依赖于雷达对目标的探测跟踪和解算。这些航行动态信息包括目标的距离、方位、CPA、TCPA、真航向、真航速、BCR、BCT 等。雷达跟踪目标信息的精度取决于本船配备的雷达、艏向传感器和航速传感器的精度,还取决于本船与目标船的动态和海域气象、海况。在 AIS 配备后,船载 AIS 设备能够通过广播方式周期性自动播发本船的静态信息、动态信息、航次相关信息和安全相关短消息,以及接收来自周围目标船的同类信息。AIS 报告目标动态信息的精度取决于目标船所配备的 GNSS 接收机、艏向传感器、航速传感器及其他传感器,也在一定程度上受到气象、海况和具体设备因素的影响,对目标避碰参数的解算还受到本船 GNSS、HDG、COG 和 SOG 精度的影响。雷达跟踪目标信息和 AIS 报告目标信息分别通过相互独立的两个(多元)传感器系统获得,有各自独立的(异构)信息传播和获取途径,无法保持完全同步,两者关于同一个目标的信息必定存在误差。这就会给驾驶员判断会遇局面、决策避碰措施带来不确定性,直接影响到航行安全。但是对于同一个目标而言,跟踪目标信息与 AIS 报告目标信息又具有必然的相关性。

为减轻信息过载给驾驶员带来的负担,需要按照一定的准则将雷达跟踪目标与 AIS 报告目标关联,输出该目标最佳动态信息。

三、性能标准规定

性能标准对雷达跟踪目标与 AIS 报告目标的关联做出了明确规定,要求雷达必须具备基于统一条件的自动目标关联功能,避免将同一物理目标显示为两个目标图标标识。雷达跟踪目标与 AIS 报告目标两者的关联必须满足一定的关联准则(预置值,如位置、运动):当满足该

准则且雷达跟踪目标和 AIS 报告目标信息都可用时,两者将被认为是同一个物理目标显示在雷达显示器上,在默认状态下,将显示激活 AIS 目标图标标识及其字母和数字数据,雷达跟踪符号被抑制或显示相应图标标识;也可将雷达跟踪目标设置为显示状态,AIS 图标标识被抑制或显示相应图标标识,并自由选择显示雷达跟踪目标的或 AIS 报告目标的字母和数字信息。当不满足该准则时,雷达跟踪目标和 AIS 报告目标将被视为两个不同的目标,并显示为一个雷达跟踪目标和一个激活 AIS 目标,且不发生报警。这大大降低了屏幕数据的冗余,提高了雷达输出数据的可利用性。根据 IEC 62388 雷达性能及测试标准,在系统设计时,对于已经关联的目标,当雷达跟踪目标与 AIS 报告目标背离关联准则(预置值)300%时,应考虑将其视为两个独立的物理目标。雷达跟踪目标与 AIS 报告目标的关联是对设备的全局设置,不能完成对某个目标或某些目标的局部关联。

值得注意的是,在工作显示区域跟踪目标与报告目标的关联表现为位置和航迹的关联。对于同一个物理目标而言,当本船雷达及其传感器和目标船 AIS 的传感器都满足精度要求时,一般均可满足两者的关联准则,实现两者的位置和航迹关联。如发现雷达跟踪目标和 AIS 报告目标未能很好地关联(局部或全局),则需要驾驶员仔细分析判断其中原因,确定哪一个传感器的信息为可用目标信息,本节稍后将举例讨论这种情况。

四、雷达跟踪目标与 AIS 报告目标关联设置原则

AIS 报告目标的精度基于 GNSS,不低于雷达跟踪目标的精度,尤其在雷达目标跟踪使用的常规量程(3 n mile、6 n mile 和 12 n mile 量程)方面,AIS 在精度上更具有优势。因此,在通常航行状态下,当系统满足精度要求时,目标关联设置的基本原则是以 AIS 信息为参考。正如性能标准规定,如果来自 AIS 和雷达跟踪目标的数据都可用,且满足关联准则(如位置运动),则认为 AIS 和雷达信息为同一个物理目标,在默认状态下,应自动选择和显示激活 AIS 目标图标标识及其字母和数字数据。

在低于 1.5 n mile 量程中,在系统满足精度要求的航行状态下,雷达跟踪精度与 AIS 报告目标精度相当,驾驶员可以根据航行需要选择关联设置原则。

在任何量程中,当驾驶员对 AIS 精度有任何怀疑或本船 GNSS 误差较大时,若发现 AIS 报告目标位置与雷达跟踪目标位置均有较大偏离,应考虑以雷达跟踪目标为准设置目标关联。在大多数雷达设备上,完成关联需要设置的参数包括目标的距离差值、方位差值和航速差值,即满足性能标准要求的位置、运动关联准则;也有设备还需要设置目标的航向差值和地理位置差值。驾驶员在设置这些参数时,应考虑海域船舶密度、设备的精度以及气象海况对航海仪器精度的影响等因素,比如:

(1)在开阔海域船舶的间距通常不小于 1.5 n mile,在近岸航行船舶密度较大情况下也一般不小于 0.8 n mile。

(2)根据性能标准和 IEC 62388 雷达性能及测试标准的要求,雷达跟踪距离精度应为 50 m 或目标距离的+1%,取其大者;方位精度应在 2°之内。

(3)不同厂家的设备性能差异以及海上无线电信号传播环境的影响,造成 AIS 报告目标动态数据更新间隔的实际情况与性能标准的要求可能存在较大的背离。

(4)在稳定跟踪情况下,雷达系统提供的目标真航向误差不超过 5°,真航速误差不超过 0.5 kn(大型商船),但考虑到实际海况影响,尤其在恶劣气象海况环境中,实际的跟踪精度可

能低于标准要求。

在设置目标关联参数时未考虑以上因素的影响,容易引起目标关联困难或发生目标关联错误。前者产生冗余安全信息,不利于驾驶员迅速决策;后者产生错误信息,对航行安全造成危害。由于 AIS 精度通常不低于雷达精度,因此实际设置关联准则主要考虑雷达跟踪目标精度。在 6 n mile 的量程上,典型的关联参数可以是:目标距离差小于 0.15 n mile,目标方位差小于 3°,目标航速差小于 0.8 kn,目标航向差小于 5°,目标地理位置差小于 0.2 n mile。当然这里只是一个通常情况下的典型参数举例。海上航行环境千变万化,在具体海域航行时还需要驾驶员根据以上基本原则,酌情设置。

五、雷达与 AIS 目标关联异常

雷达跟踪目标与 AIS 报告目标的关联是非常复杂的航海信息处理过程,涉及设备的硬件和软件系统,不同厂家和型号的雷达和 AIS 设备处理方法各有不同,也经常会出现目标关联异常的问题。

(一)个别或部分目标无法关联

出现这种情况通常有以下原因:

(1)雷达跟踪目标信息与 AIS 报告目标信息分别来自彼此独立的传感器,船长超过 250 m 的超大型目标船舶雷达回波前沿位置可能与其 AIS 目标报告位置(主 GNSS 天线位置)相距超过 200 m。受到气象海况和雷达系统误差等因素的影响,超大型船舶的雷达跟踪目标位置与 AIS 报告目标位置之差超过 300 m 是经常出现的情况。

(2)实测数据表明,海上通信条件和具体设备性能的影响,经常会导致目标船舶 AIS 信息的实际更新间隔远低于标称值,造成 AIS 报告目标位置更新不及时。

(3)个别目标船的 GNSS 接收机或 AIS 设备出现了较大误差,位置报告误差超常。

(4)本船 THD 误差更易于造成远距离目标关联困难或无法关联。

(5)个别型号陈旧的 GNSS 接收机输出设置不当(如设置了非 WGS-84 坐标),人为造成 AIS 报告位置异常。

以上因素及其共同影响,会导致个别目标或部分目标无法正常关联的现象。驾驶员需要加强对该目标的瞭望,主动与之沟通。

(二)所有目标均无法关联

如果所有 AIS 图标标识均偏离相应的雷达回波一个稳定位置,这种情况通常是由本船雷达或 GNSS 误差造成的。雷达探测到的所有目标的位置(方位或距离)或本船 WGS-84 地理位置有误差,而 AIS 报告目标位置(目标船 GNSS 位置)准确,从而无法实现目标关联。驾驶员需要及时调整雷达或 GNSS 误差,或上报船舶责任公司申请维修。此外,本船 SDME 大的航速误差会造成雷达跟踪目标与 AIS 报告目标的航速误差过大,也会发生目标无法关联的情况。

(三)关联效果失常

这种情况表现为所有或多数目标关联不稳定,目标的 AIS 图标标识与雷达回波无规律偏离。如果确认本船 GNSS 接收机定位正常,则通常是目标跟踪环节出现了问题。驾驶员应尽快设法判断故障情况,向船舶责任公司申请维修。

第四节　AIS 目标报告优势与局限性

从原理上说，AIS 目标报告可靠性依赖于 GNSS 系统环境，目标船 AIS 设备及其传感器的精度，本船 GNSS、THD 和 SDME 传感器的精度。

一、AIS 目标报告优势

如果设计和制造工艺良好，安装电磁环境适宜，配置及设置合理，则 AIS 船载设备应能够达到最佳工作状态。AIS 目标报告具有以下优势：

（1）系统基于 GNSS，位置精度稳定在 5 m（DGNSS）~ 30 m（GNSS），报告数据精度在近量程（3 n mile 之内）时不低于雷达跟踪数据精度，在远量程高于跟踪数据精度。

（2）目标的分辨能力也取决于 GNSS 的精度，高于雷达，且不随目标距离和方位的变化而变化。

（3）报告信息时间间隔随目标船动态适时延时，对于快速机动高动态目标信息的更新间隔为 2 s，更新率不低于雷达。

（4）通信链路可靠，通信距离远，受气象海况影响小，信息传输具有一定的绕越障碍能力，覆盖范围包括河道弯曲处和障碍物之后等雷达探测不到的区域，不存在近距离盲区，扩展雷达远距离观测范围，跟踪稳定性与可靠性高于雷达。

（5）不会因海浪和降水杂波干扰而丢失弱小目标，不会发生目标交换现象，抗干扰能力高于雷达。

（6）能够提供比雷达跟踪目标更为丰富的船舶相关信息：静态信息如船名、MMSI、船长和船宽、船舶类型等；动态信息如船位、COG、SOG、HDG、ROT、航行状态等；航次相关信息如船舶吃水、目的港、航线计划等，为驾驶员掌握目标船的属性和动态，评估会遇局面和机动状态提供参考。

（7）从本质上说，AIS 设备接收目标船播发的对地真运动数据，借助本船 GNSS 数据解算相对运动数据进而判断碰撞危险，因此获得对地真运动数据精度优于相对运动数据，在可以忽略风流影响的航行环境中，更有利于船舶会遇局面判断。

二、AIS 目标报告局限性

AIS 的应用极大地促进了航行安全信息的交互，推动了现代信息航海的进程。但 AIS 报告信息只应作为雷达跟踪目标信息的有益补充，协助雷达设备评估会遇局面。其主要原因如下：

1. AIS 脆弱性

AIS 的核心是卫星导航系统，因此它具有 GNSS 固有的脆弱性，运行能力、功能和精度都受隶属国家或组织机构利益的控制，也受卫星工作环境的影响。当卫星定位精度受系统环境或其他原因影响而下降或受限时，AIS 精度也受到限制，但驾驶员可能对此一无所知。并且，作为广播系统，AIS 对射频干扰敏感，由于 AIS 的 VHF 数据链路（VDL）受到各种因素干扰和 AIS 设备差异，现实中经常会出现信息更新间隔超时现象，不能稳定维持信息的标称报告间隔。

2. AIS 不能提供完整航行环境

AIS 不是自主探测设备,不能显示岛屿、岸线和未装备 AIS 设备的导航标识。并非所有在航的船舶(如非《SOLAS 公约》要求的船舶、游艇、渔船、军用船舶等)都配备了 AIS 设备,配有 AIS 设备的船舶也可能随时将设备关闭。一些小型船舶安装的 B 类 AIS 设备,发射功率低,信息更新间隔延长至 30 s,特别在 VHF 数据链路繁忙时,CS-AIS 设备会暂时自动延迟船位报告发送,信息无法得到及时更新。目前的雷达设备并没有很好地解决雷达跟踪目标与 B 类 AIS 报告目标关联的问题。

3. AIS 设备安装与设置不规范问题

如果 AIS 设备安装不规范,通信天线就会受到干扰,从而引起信息传输困难。定位天线安装位置不恰当造成数据不稳定或误差偏大,静态信息设置不准确或在使用过程中管理不善被随意篡改,个别船舶上型号陈旧的 GNSS 设备的不恰当设置导致 WGS-84 船位偏差等现象经常发生。尤其 MMSI 被错误输入,恰好与他船重名时,会引起 AIS 目标交换现象,数据显示混乱。

4. AIS 报告信息精度难以把握

总的来说,AIS 报告目标精度通常不低于雷达跟踪目标,但与雷达相比,AIS 报告精度更难以把握,主要原因如下:

(1)无论是岸基设施、本船还是目标船,都无法准确把握 GNSS 系统环境,因而 AIS 的系统精度存在不确定性。

(2)AIS 对目标的监测依赖目标船 AIS 设备的配置、传感器的正常工作和数据精度,静态信息可能被篡改、不准确或错误,航次相关信息依赖对方驾驶员的及时更新,本船驾驶员在接收端无法获得目标船设备的完好性、传感器数据的精度和完善性信息。

③本船 GNSS 位置的精度与 AIS 设备计算目标船 CPA/TCPA 的精度有直接关系。驾驶员应该清醒地认识到,AIS 错误、不准确信息的传递,以及本船 GNSS 位置误差对判断目标船的会遇危险可能导致错误结果。因此,驾驶员应随时将 AIS 报告信息与雷达跟踪信息对比,在有任何疑问时,应及时通过 VHF 无线电话与目标船沟通,证实目标报告信息的准确性。

5. AIS 数据用于避碰行动可靠性弱

驾驶员对碰撞危险判断应关注目标船相对本船的运动,避碰船则应以海面为参考,而 AIS 信息以 WGS-84 地理坐标为参考,指示目标船对地真运动。因此,从本质上说,AIS 的原始数据并不适合直接用于避碰,必须通过解算,获得目标船 CPA/TCPA 和 STW,才能用于判断碰撞危险和避碰操船。换句话说,AIS 设备提供目标船的对地运动数据精度高于对水运动数据。

三、AIS 协助雷达避碰优势与局限性

(一)AIS 协助雷达避碰优势

AIS 协助目标跟踪,可扩展雷达远、近距离的探测范围,增强雷达信息的参考价值,辅助提高雷达的观测效率和性能,加强雷达预报碰撞危险的功能,改善避碰效果,避免或减少紧迫局面和碰撞事故的发生,改善航行安全环境。

在雷达显示器上,雷达跟踪目标与 AIS 报告目标关联后,可以降低屏幕冗余信息量,减少屏幕信息干扰,改善目标信息精度,AIS 信息辅助雷达目标跟踪的优势十分明显。

（二）AIS 协助雷达避碰局限性

按照《SOLAS 公约》要求,2008 年 7 月 1 日之后装船的雷达设备必须满足性能标准的要求。在雷达设备上集成处理和显示 AIS 信息,有效地促进了雷达在避碰中的应用,极大地增进了海上船舶避碰信息的交互和优化。但驾驶员也应注意到,信息源和信息量的增加并不意味着困扰船舶避碰的问题会迎刃而解,也并不一定不存在负面影响,主要表现为以下方面:

1. 屏幕干扰

在船舶密集区域,AIS 图标标识信息可能使屏幕显示繁杂,甚至掩盖弱小雷达目标,影响正常雷达观测。在必要时,驾驶员只有暂时将 AIS 目标置于休眠状态或屏蔽 AIS 目标的显示,才能获得最佳雷达观测效果。

2. 操作复杂

AIS 信息集成造成雷达人机交互界面更为复杂,信息量增加,驾驶员需要更多专业培训和长时间的练习才能够掌握现代雷达设备的避碰功能。驾驶员对设备部分功能操作生疏会造成对设备的全部或关键功能缺乏信心。在历史上,由于雷达操作生疏和失误而引发的紧迫局面和海难事故时有发生。

3. 数据冗余

在雷达跟踪目标与 AIS 报告目标未进行关联的屏幕上,由于雷达回波与 AIS 数据来源、处理方式和精度不同,同一个物理目标的雷达跟踪数据和 AIS 报告数据也就会有差别,造成屏幕数据(包括图示标识、字母和数字数据)冗余,给驾驶员判断会遇局面带来负担。

4. 关联误差与关联困难

性能标准规定,在设置目标关联时,不能对单一目标做个别设定,应在默认状态下系统选择和显示激活 AIS 目标图标标识、字母和数字数据;用户可以将雷达跟踪目标改设为默认状态并可以选择雷达跟踪或 AIS 报告字母和数字数据。事实上,无论是雷达跟踪数据还是 AIS 报告数据都存在误差,不同航行状态的 AIS 目标动态信息报告间隔不一致,而雷达图像的更新则始终保持恒定的更新频率,其位置和航迹参数必然会有差别。总体上说,误差符合一定的统计规律,但就特定时刻的具体目标而言,误差是随机的。因此,无论是将跟踪数据还是将报告数据设为默认状态,关联后的目标都仍然残留误差,个别目标数据精度反而降低(取用了两者的低精度数据),还可能由于误差较大而出现全部或部分目标关联困难的现象。

5. 关联设置

从系统角度分析,在设备工作环境相对于性能标准要求的理想环境较为满意时,AIS 报告数据精度不低于雷达跟踪数据精度,因此性能标准倾向于使用 AIS 数据作为关联后目标数据输出,而以雷达跟踪目标为准关联时,驾驶员可以根据情况选择雷达跟踪数据或 AIS 报告数据作为关联后目标字母和数据输出。

关联的设置参数包括目标的位置和运动参数,具体地说可有目标的距离和方位、WGS-84 地理坐标、目标的航向和航速等。如何设置这些参数,也需要驾驶员根据实际情况做出专业的判断。

问题的关键就在于,原则上探讨目标关联的设置原则并不困难,但海上实际情况千变万化,在特定的海域和气象海况中,对于特定的船舶和会遇局面,在特定雷达及操作设置下,如何在诸多综合复杂的因素中恰到好处地完成关联设置,考验驾驶员对系统工作原理的掌握、设备操作水平的发挥、实际航行经验的运用、临场应变决策能力等多方面综合素质。

6.漏失目标

无论是雷达还是AIS,都存在无法发现目标和丢失目标的情况。更值得注意的是,处于雷达杂波之中的小型船舶,可能并未安装AIS设备,因此无论是雷达传感器还是AIS传感器,都可能无法发现这样的目标。

四、尾迹显示功能在避碰中的优势与局限性

尾迹显示是数字信息处理雷达标准配备的功能,其主要作用是辅助驾驶员标绘雷达目标,为会遇局面和避碰提供参考。

1.尾迹功能在避碰中的优势

(1)尾迹功能操作简单,显示具有实时、连续、明显、直观反映目标动态的特点,尤其真尾迹能够方便分辨运动目标与静止目标。

(2)尾迹配合VRM/EBL或ERBL,能够定性标绘目标运动,方便会遇局面判断。

(3)对于快速机动目标,转向幅度越大,目标的尾迹变化越明显,越有利于及早发现目标的机动。

(4)在避碰行动中,尾迹与雷达跟踪目标或AIS报告目标配合,有利于做出正确的避碰决策。

(5)尾迹功能与雷达目标跟踪功能不同,不需要对目标捕获,也不需要复杂的目标滤波过程,只需要通过数字显示设备记录屏幕回波的运动轨迹,因此目标尾迹不存在目标跟踪功能固有的局限性,如量程限制、容量限制、处理延时、目标交换和目标丢失等跟踪可靠性问题。

(6)尾迹与目标跟踪功能配合使用,能够定性验证雷达对目标的跟踪的可靠性,及时发现目标交换现象。

(7)与AIS报告目标相比,尾迹是自主探测设备独立具备的功能,不依赖其他船舶传感器数据。

(8)综合运用尾迹、过去位置、矢量和AIS报告数据等功能,相互验证,有利于《规则》"利用一切可用的手段"对碰撞危险做出充分的估计。

2.尾迹功能在避碰中的局限性

(1)由于尾迹只是定性记录目标在屏幕上的运动,因此不能像跟踪目标或报告目标一样提供目标的精确运动参数,无法像过去位置一样提供定量的速度机动参考数据,不具备碰撞危险报警功能。

(2)尾迹显示对应包括杂波在内的所有屏幕回波。在不稳定图像显示模式下(H-up),尤其在近岸航行时,回波中包含陆地,导航标识、海浪、雨雪杂波等复杂显示环境信息,这时的尾迹使屏幕图像繁杂模糊,严重影响雷达观测。即使在N-p和C-up稳定显示模式下,回波闪烁和某些引起图像不稳定的因素也会由于尾迹的作用,造成回波模糊,屏幕分辨力下降。

(3)在恶劣天气复杂环境中使用相对尾迹显示时,杂波的尾迹容易产生屏幕干扰,影响雷达观测和对危险目标的判断。

(4)尾迹仅提供了不充分的雷达观测资料,驾驶员不能仅凭尾迹判断会遇局面。

第九章　船用雷达新技术

　　船用雷达已经历半个多世纪的发展，从使用的器件上看，经历了电子管、晶体管、集成电路及大规模集成电路等几个发展时代。虽然雷达脉冲的工作体制未变，但新理论、新器件、新工艺及各种新技术的应用，使其性能、功能及工作可靠性也均得到明显的提高。计算机技术、信号处理技术等的发展与应用，使雷达的性能、功能及工作可靠性不断提高和完善。

　　那么，当今的船用雷达应用了哪些新技术？本章就此问题进行简要的介绍。

第一节　雷达天线新技术

　　20世纪60年代以来，船用雷达普遍采用隙缝波导天线。如前所述，这种天线是在一根矩形波导的窄边上开缝（几十至一百多个缝），每个缝的辐射大小严格按照特定的数学分布，综合形成所要求的波束形状。经过30余年的发展，这种天线的分布理论更加成熟，进而设计、制造出主瓣更窄、旁瓣电平更低的天线。在隙缝口处安装极化栅等，可实现多种极化方式的转换。

　　近年来，小型船舶大多安装两单元雷达。两单元雷达的最主要优点是安装方便，并且因为没有天线至收发机之间的波导传输损耗，所以增大雷达作用距离。

　　为减轻两单元雷达天线的重量，国外一些厂家采用了适用于小型船舶用的微带天线，以代替常规的隙缝波导天线。微带天线采用的基本材料是介质基片，并用已趋成熟的微波集成技术加工制成。和常规的隙缝波导天线相比，微带天线具有尺寸小、重量轻，易于安装，成本低及结构牢固，易于成批生产等优点。

　　目前，微带天线还存在的主要缺点有：工作频带窄（几百兆赫兹，对船用雷达已满足要求），功率容量较低（对船用雷达常用的几十千瓦脉冲功率而言，也不致发生击穿问题），天线增益较低。因此，微带天线还仅限用于小型船用雷达中。

　　此外，为了适应快速船舶的需求，以保证雷达图像显示及跟踪的稳定性与可靠性，雷达天线的转速也相应提高到 $30 \sim 40$ r/min，甚至可达 80 r/min。天线转速达到 80 r/min，还可以"平滑"海浪干扰影响，起到抗海浪干扰的作用。

第二节　雷达收发机新技术

一、发射机新技术

雷达发射管仍沿用磁控管,但其寿命更长,早期失效率已明显降低,有的磁控管寿命可达到 3 000 h。

脉冲调制开关常用 SCR(可控硅)、MOSFET 及磁开关,使电路简单,可靠性高。其中,MOSFET 的开关速度快,有利于形成更窄的调制脉冲。

整个雷达发射机除磁控管外,均已固态化,使发射机体积更小,并大大降低了故障率。这也是可将发射机与天线装在一起,构成上述两单元雷达的重要条件之一。

二、接收机新技术

(1)采用微波场效应放大管作为雷达超外差接收机的高放管,可将接收机的噪声系数改善 3~4 dB,提高了接收机灵敏度,等效于将发射机功率降低,而避免了大功率带来的诸如电路复杂、可靠性低、寿命短等一系列问题。当然,接收机灵敏度的提高还可增大雷达作用距离。

(2)采用微波集成电路(Microwave Integrated Circuit,MIC)。MIC 组成是集微波放大、本振、混频和控制电路于一体的。MIC 组件框图如图 9-2-1 所示。

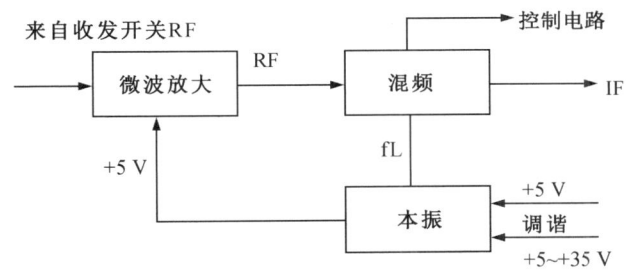

图 9-2-1　MIC 组件框图

图中的微波放大可用上述微波场效应放大管,其输入、输出端均接入微带滤波器。本振采用耿氏(Gunn)器件,并用变容二极管进行本振电调谐(包括机内电路板上的"粗调"与显示器面板上的"细调")。混频采用微带 3 dB 桥。4 只混频晶体的双平衡混频器,具有很好的本振噪声抑制及镜像回收功能。

MIC 组件具有可靠性高、电路设计简化等优点,使用中仅需调整调谐输入电压(可调范围为 5~35 V),其他内部电路均无须调整。

(3)采用小信号增强技术。在远量程上,目标回波往往呈现为一个细小的点,不容易被观测到。采用的小信号增强技术,即回波增强(Echo Stretch)技术,通过对小信号的幅度进行提升和脉冲展宽,可提高小信号回波的显示效果,从而提高目标发现概率。

在使用回波增强功能时要注意选用量程与脉宽的配合。另外,该功能不仅放大了目标回波,同时放大了海浪及雨雪干扰回波,因此在使用该功能时,应先将海浪及雨雪干扰抑制掉。

（4）普遍采用线性-对数中放代替全线性中放。线性-对数中放既可保留小信号时的高增益，又可防止大信号时发生饱和或过载现象，从而大大增加了接收机的动态范围。同时，线性-对数中放也有利于实现CFAR（恒虚警率）处理，而CFAR处理是目前ARPA进行海杂波处理的一种重要方法。

第三节　雷达显示器新技术

近几十年来，显示器部分是船用雷达中采用新技术最多的部分，因而也是变化最大的部分。船用雷达显示器除CRT外已全部固态化。超大规模集成电路（VLIC）及微处理器（μP）等器件及DSP等信号处理专用芯片的应用，简化了显示器的电路结构，并且大大增加了显示的信息量，使显示器性能得到显著的提高。

相对于ARPA显示器而言，雷达显示器是较简单的。但现代雷达显示器与传统的雷达显示器相比，也有很多变化，也应用了一些新技术，例如，有一定的信号和数据处理能力，具有目标跟踪和标绘功能；采用高亮度光栅扫描、杂波处理和视频处理技术，以改善图像显示效果；采用双EBL、双VRM和电子光标、偏心扫描和屏幕上显示字符、数据，为操作使用提供方便性。

ARPA显示器应用了更多的新技术，更集中地反映了显示器的新进展。

（1）目标跟踪能力：目前，一些ARPA可跟踪30~50个目标。跟踪滤波算法多采用自适应α-β跟踪滤波及双波门跟踪算法等。普遍采用的光栅扫描显示器，不仅可实现高亮度显示，便于数据、图形和各种符号显示，而且可使用标绘的计算机图形显示终端，极大简化了显示器的设计。

（2）人机界面：除专用键和跟踪球外，还普遍采用菜单方式。此外，近年来，在一些新型ARPA中，触摸屏显示器也得到了应用。

（3）杂波处理能力：现已普遍采用数字式CFAR处理技术。DRAM的读写速度及容量的不断提高，使杂波处理不仅可采用发射脉冲间（Sweep to Sweep）解相关处理，而且可采用天线扫描间（Scan to Scan）解相关处理，后者可有效地抑制海杂波干扰。

（4）电子海图显示功能：早期ARPA显示的视频地图现已被功能更全的国际标准化电子航海图（Electronic Navigation Chart，ENC）取代。ENC数据符合IHO S-57标准，由授权的航道部门提供，并具有各种改正途径。

（5）助航功能：除具有试操船功能外，还具有航线设计、修改及存储等功能。

（6）NMEA接口：提供标准NMEA 0183数据输入、输出接口，以实现雷达、ARPA和其他导航传感器之间的相互传递数据。

（7）近距离本船船形显示：一些雷达在最小量程挡（可达到0.125 n mile）显示本船船形，以便于大型船舶靠离码头。

下面就上述各种新技术中的若干问题做简要的介绍。

1. 目标标绘功能

以日本古野公司产品FR-2020X雷达为例，该雷达可标绘10个目标。被标绘的目标在屏幕上显示运动矢量及历史航迹点，如图9-2-1所示。

被指定读取数据的标绘目标，可在屏幕左上方显示该目标标绘数据表，如图9-2-2所示。

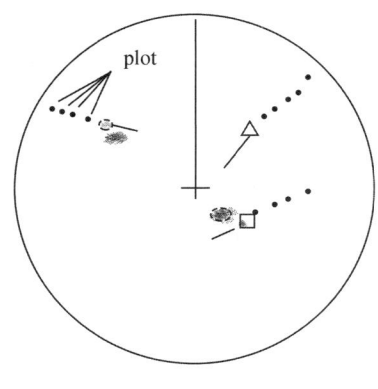

图 9-2-1　标绘显示

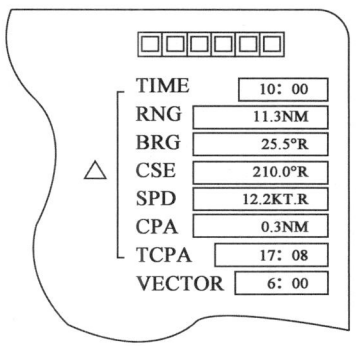

图 9-2-2　标绘目标数据

2. 高亮度显示与光栅扫描

传统雷达 PPI 是靠 CRT 余辉显示图像的,因而亮度较低。这种低亮度显像,必须用遮光罩,仅供一人观测。不易看清小目标,尤其在狭水道航行时,影响到安全;因屏内外光线差别大,驾驶员会感到不适。为了克服这些缺陷,实现高亮度显示,出现了下列新的显示技术。

（1）采用距离慢扫方式

传统雷达 PPI 的近距挡扫描速率快,回波光点的"书写"速率太快,降低了显示图的亮度。采用所谓"距离慢扫方式",实质上是通过增加扫描时间来降低"书写"速率,从而达到提高 CRT 显像亮度的目的。

当扫描持续时间从 T_1 增加到 T_1' 时,必须使视频也同倍数展宽,如图 9-2-3 所示,则展宽后图 9-2-3（b）显示回波的距离才能和展宽前图 9-2-3（a）相同。可见,在近距离上,只要扫描时间与视频回波同步展宽,即可提高显示图像的亮度。

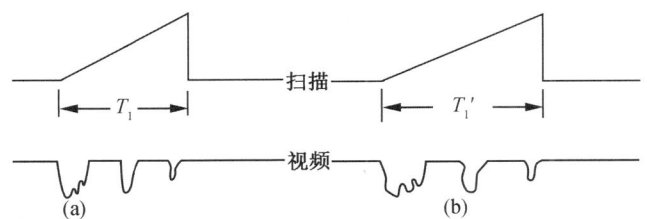

图 9-2-3　扫描与视频回波同步展宽

基于上述视频展宽法实现高亮度,具体有下列两种方法。

①用电荷耦合器件（CCD）的方法

CCD 从原理上可理解为模拟移位寄存器,即是一种将模拟量进行移位寄存的器件,如图 9-2-4 所示。在窄"写书"控制期间,回波"快写"入 CCD;"写"终"读"始,在宽"读门"控制期间,回波信号被"慢读"出。可见,视频信号被展宽了。在"读门"作用下,显示器产生锯齿扫描波,读出的缓存视频信号就以慢速扫描显示在 CRT 上,从而实现了高亮度显示。

②用数字存储器的方法

由于扫描速率 k 不随量程变化,各量程所采用的主扫描速率相当于通常 6 n mile 量程所采用的速率,因此换量程无须亮度补偿,近远各量程扫描线亮度相同,其要适当选择 CRT 栅偏

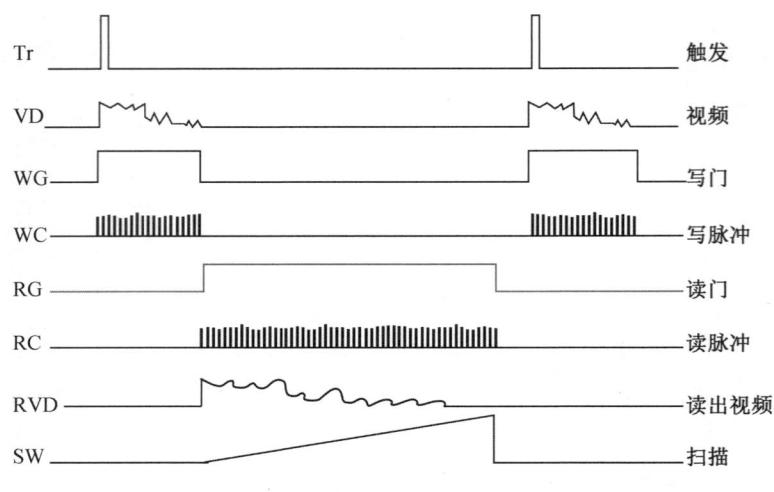

图 9-2-4　快写慢读时间波形图

压，便可实现高亮度显示。

在各量程都用一种扫描速率时，为使目标回波在各量程显示在正确的位置上，必须进行视频再定时。视频再定时的基本思想是将原始视频量化后，用随量程而变的合适的时钟频率写入 RAM，然后再以固定的时钟频率在显示器开始扫描时从 RAM 中读出视频并送往 CRT 显示，即"快写慢读"，快写与发射同步，慢读与扫描同步。在更换量程时，只改变写入的时钟频率，而不改变扫描速率。因此，无论显示器工作在哪个量程，CRT 屏幕上均为均匀的高亮度显示。

事实上，在保证固定比例关系的前提下，存储器写入、读出频率及存储器单元可互相配合，随量程变换做适当改变。

（2）光栅扫描

光栅扫描雷达诞生于 20 世纪 80 年代中期。光栅扫描具有高亮度，便于彩色显示及采用计算机显示终端等优点，在航海雷达与 ARPA 中得到广泛的应用。

3. NMEA 接口

为了提高船用雷达与 ARPA 的性能，增加其使用功能，必须解决雷达、ARPA 和其他导航设备之间的相互传递数据问题，也就是必须解决它们之间的相互配接问题。

随着电子技术与计算机技术的迅速发展和广泛应用，各种新型航海仪器均已实现了数字化和计算机化。于是，上述的相互配接实际上就是计算机之间的通信问题。目前，各种航海仪器之间的通信一般都采用 NMEA 0183 标准接口。NMEA 0183 通信方式是由美国国家海洋电子协会制定的。该标准规定数据是由异步串行 ASCII 码组成的。

目前，新型光栅扫描 ARPA 均具有数据输出能力，同样使用 NMEA 0183 数据输出格式。输出的数据主要包括被跟踪目标的航行与避碰数据。

上述 NMEA 0183 接口的应用，可使雷达、ARPA 提供的图像和避碰数据等信息很方便地接入小型 VTS 系统、船舶自动航行系统、舰载火控系统、电子海图显示与信息系统及军事指挥自动化系统，或称为 C3I 系统。C3I 是指挥（Command）、控制（Control）、通信（Communication）、情报（Information）4 个英文字头的缩写组合。

第四节　船用雷达的发展趋势

由于常规脉冲船用雷达尚有技术潜力,进一步提高性能仍有余地,而新体制雷达因船上条件的限制及其造价还不可能很快下降到用户可接受的水平,因此,预计在21世纪中期之前,对常规脉冲制雷达进一步进行技术改进和完善仍占主导地位。但在21世纪中期之后,新体制船用雷达的研制将会加快,并可能推广应用于船上。

随着微电子技术、微波集成电路技术的发展,对船用雷达进一步的技术改进将继续朝着标准化、模块化方向发展,设备的性能将进一步提高,可靠性和寿命也将进一步提高。

船用雷达天线仍以隙缝波导-喇叭形为主,但将力求降低旁瓣电平至30 dB以下,主瓣宽度将窄到0.5°以下。天线水平尺寸将保持在4 m以内,为中型船舶所接受。小型雷达微带天线将进一步推广应用,并且小型雷达天线的转速可能进一步提高以适应对高速船舶的跟踪要求。

雷达发射机将沿用磁控管,但磁控管的寿命可能延长到8 000 h,在X波段可能产生0.03 μs的窄脉冲。刚性、软性、固态脉冲调制器将会并存,但以SCR为调制开关的固态调制器可能会占优势。

雷达接收机将继续推广应用微波集成组件,使系统噪声系数减小到5 dB以下,以提高发现概率。为适应0.03 μs脉宽,通频带将增至30 MHz以上。各种相关处理功能将进一步增强,以降低机内外杂波干扰。

终端显示及数据处理仍将是今后研究和发展的重点,将普遍采用原始视频、处理视频、视频地图或电子海图、各种避碰标志等多层信息的综合显示,并采用多色调和的彩色显示,以区分多层信息。大尺寸、高亮度、宽通带、高鉴别力的彩色显像管,TV光栅扫描等高亮度显示设备及触摸屏人-机交互设备等也将被普遍采用。为了进一步提高数据处理能力和处理速度,数据处理系统将继续朝着多处理机并行处理方向发展。进一步提高信号自动检测设备灵敏度,以大大降低漏录取、误录取概率。通过研制性能更好的自适应恒虚警处理装置及多种相关技术的综合运用,进一步提高抗杂波干扰能力,较妥善地解决误跟踪问题。通过进一步改善自适应 α-β 跟踪滤波器的性能,改善对快速机动目标的跟踪性能,神经网络跟踪理论等新技术可能被应用于跟踪算法中。此外,更多地利用目标的特征参数进行目标识别,多媒体技术将在ARPA中应用,语音合成技术将以自然语音进行声音报警。

雷达图像、ARPA避碰信息将成为新型导航系统重要的传感信息。雷达、ARPA、ECDIS、GPS及计算机等各种设备及人工智能、专家系统等技术有机地组合,将构成功能更完善、使用更方便、工作更可靠的智能船舶数据桥系统或船舶自动航行系统。

附录

附录一　雷达设备性能标准

海安会 MSC. 192(79) 决议
（2004 年 12 月 6 日通过）
通过经修订的雷达设备性能标准

海上安全委员会，

忆及国际海事组织公约第 28(b) 条关于本委员会的职能，

还忆及 A. 886(21) 决议，大会决定应由海上安全委员会代表本组织履行通过性能标准和技术规则及其修正案的职能，

注意到 A. 222(Ⅶ) 决议、A. 278(Ⅷ) 决议、A. 477(Ⅶ) 决议、MSC. 64(67) 决议附件 4、A. 820(19) 决议和 A. 823(19) 决议包括适用于现在正在生产以及在过去不同时间段安装的船用雷达的性能标准，

还注意到船用雷达是与船上要求配备的其他导航设备（例如自动目标跟踪设备、ARPA、AIS、ECDIS 和其他）一起使用的，

认识到需要在总体上统一船用雷达的标准，尤其是与航行相关信息图像显示的标准，审议了航行安全分委会在其第 50 次会议上提出的经修订的雷达设备性能标准建议案，

1. 通过经修订的雷达设备性能标准建议案，其文本载于本决议附件中；

2. 建议各国政府确保 2008 年 7 月 1 日或以后安装的雷达设备符合不低于本决议附件中所规定的性能标准。

附　件
经修订的雷达设备性能标准建议案

目　录

6 人-机工程学衡准

7 设计和安装

8 界面

9 备份和后备装置

1 设备范围

通过指示与本船相关的其他水面船只、障碍物和危险物、航行目标和海岸线的位置,雷达设备应能有助于安全航行和避免碰撞。

为此,雷达应综合并显示雷达图像、目标跟踪信息,源自本船位置的位置数据(EPFS)以及地理参照数据。应提供 AIS 信息的综合和显示以补充雷达信息。可提供显示电子导航海图所选部分和其他矢量海图信息的功能以协助航行和监控位置。

如果符合以下功能要求,雷达及其他传感器或报告信息(例如 AIS)应能通过协助船舶有效航行和保护环境,提高船舶的航行安全:

——沿岸航行和进港时,清晰显示陆地和其他固定危险物;

——作为提供更清晰的航行图像和增强对现场情况的意识的方法;

——以船对船模式协助避免发现和报告的危险物碰撞;

——发现小型漂浮和固定危险物时,避免碰撞并确保自身船舶安全;和

——发现漂浮和固定导航装置(见表 2,注 3)。

2 标准的适用范围

只要表 1 中未规定特殊要求,且符合船舶特定船级的附加要求(按《SOLAS 公约》第 V 章和第 X 章规定),本性能标准应适用于经修正的《SOLAS 公约》规定的所有任何形状的船载雷达装置,而无论其:

——船型;

——使用的频带;和

——显示器类型。

除满足大会 A.694(17)决议规定的一般要求外,雷达装置还应符合下列性能标准。

不同导航设备和系统间的密切联系和相互作用,使得在考虑本标准时必须结合其他相关的 IMO 标准。

表 1 《SOLAS 公约》适用的不同大小/种类船舶的性能要求的差别

船舶大小	500 总吨以下	500 总吨至 10 000 总吨以及 10 000 总吨以下的高速船	所有 10 000 总吨及以上的船舶
最小操作显示区直径	180 mm	250 mm	320 mm
最小显示区	195 mm×195 mm	270 mm×270 mm	340 mm×340 mm
自动捕获目标	—	—	是
最少被捕获的雷达目标数	20	30	40
最少被激活的 AIS 目标数	20	30	40
最少静止的 AIS 目标数	100	150	200
试航操纵	—	—	是

3 参考资料

参见附录1。

4 定义

参见附录2。

5 雷达系统的操作要求

雷达的设计和性能应基于用户要求和最新的航海技术。该设计和性能应能确保在本船周围与安全相关的环境内有效发现目标并应允许进行快速和简易的状况评估。

5.1 频率

5.1.1 频谱

雷达应在ITU分配的船用雷达波段范围内发射信号，并应符合《无线电规则》以及适用的ITU-R建议案的要求。

5.1.2 雷达传感器要求

本性能标准包括X和S波段的雷达系统：

——X波段（9.2~9.5 GHz）具有高识别率、良好敏感度以及跟踪性能；和

——S波段（2.9~3.1 GHz）能确保在各种变化的和不利条件下（例如雾、雨和海面杂波干扰等）保持目标探测和跟踪能力。

正在使用的波段应予以标示。

5.1.3 干扰敏感度

雷达应能在典型的干扰环境下正常工作。

5.2 雷达距离和方位精度

雷达距离和方位精度要求为：

距离：30 m或在用量程标尺的1%内，取大者；

方位：1°内。

5.3 探测性能和防杂波干扰功能

应采用所有可用的目标探测法。

5.3.1 探测

5.3.1.1 无干扰情况下的探测

无杂乱回波时，对于远距离目标和海岸线探测，雷达系统的要求基于正常传播状况、海面无杂波、无降雨和大气波导、天线高度在海平面以上15 m。

基于：

——10次扫描（或等效）中至少8次显示目标；和

——雷达探测错误报警概率10^{-4}。

应符合表2中对X波段和S波段设备的要求。

应采用雷达系统配备的最小天线达到探测性能要求。

认识到本船与目标间的相对航速可能很高，应规定和认可雷达适用于正常航速航行（<30 kn）或高速航行（>30 kn）的本船级别（相对航速分别为100 kn和140 kn）。

表 2　无杂乱回波时的最小探测距离

目标描述	目标特点	探测范围,n mile[6]	
目标描述[5]	海平面以上高度,m	X 波段, n mile	S 波段, n mile
海岸线	升至 60	20	20
海岸线	升至 6	8	8
海岸线	升至 3	6	6
SOLAS 船舶(5 000 总吨以上)	10	11	11
SOLAS 船舶(500 总吨以上)	5.0	8	8
配有符合 IMO 性能标准[1]的雷达反射器的小船	4.0	5.0	3.7
配有角形反射器的导航浮标[2]	3.5	4.9	3.6
典型的导航浮标[3]	3.5	4.6	3.0
无雷达反射器、船长为 10 m 的小船[4]	2.0	3.4	3.0

注:1. IMO 经修订的雷达反射器性能标准[MSC.164(78)决议]—雷达横剖面(RCS)7.5 m^2(X 波段),0.5 m^2(S 波段)。

2. 导航浮标(用于测量)取 10 m^2(X 波段)和 1.0 m^2(S 波段)。

3. 典型的导航浮标取 5.0 m^2(X 波段)和 0.5 m^2(S 波段);对于典型的航道标志,其中 RCS 为 1.0 m^2(X 波段)和 0.1 m^2(S 波段)且高度为 1 m,探测范围分别为 2.0 n mile 和 1.0 n mile。

4. 对于 10 m 的小船,RCS 取 2.5 m^2(X 波段)和 1.4 m^2(S 波段)(作为合成目标)。

5. 反射器作为点目标,船舶为合成目标,海岸线为分配目标(岩石海岸线为典型值,但取决于外形)。

6. 实践中,探测范围受很多因素的影响,包括大气条件(如大气波导)、目标速度和方位、目标材料和目标结构等。这些因素和其他因素可能会扩大或降低所述的探测范围。在第一个探测目标和本船之间,雷达回波可能因多路信号而减弱或增强,而多路信号又取决于天线/目标形心高度、目标结构、海况和雷达波段。

5.3.1.2　近距离的探测

在表 2 所述条件下近距离探测目标时,应与 5.4 的要求兼容。

5.3.1.3　杂波状况下的探测

相对 5.3.1.1 和表 2 中的探测能力而言,典型的降雨和海面杂波状况引起的性能限制会导致目标探测性能降低。

5.3.1.3.1　雷达的设计应使雷达具有最佳和最一致的探测性能(仅受限于传播的物理限制)。

5.3.1.3.2　在近距离不利的杂波状况下,雷达系统应能增强目标的能见度。

5.3.1.3.3　用户手册中应明确说明在下列情况下在不同量程和目标速度时探测性能的下降情况(相对表 2 的数据而言):

——小雨(4 mm/h)和大雨(16 mm/h);

——海况 2 和海况 5;和

——以上情况的组合。

5.3.1.3.4　确定 5.3.1.3.3 杂波环境中定义的杂波,特别是初次探测距离中的性能时,应根据试验标准规定的基准目标进行测试和评估。

5.3.1.3.5 用户手册中应清楚说明长传输线、天线高度或受其他因素影响导致的性能下降。

5.3.2 增益和防杂波干扰功能

5.3.2.1 应尽可能采取措施适当降低多余的回波,包括海面杂波、雨和其他形式的降雨、云、沙暴和其他雷达的干扰。

5.3.2.2 应设有增益控制功能以设定系统增益或信号灵敏限级。

5.3.2.3 应设置有效的手动和自动防杂波干扰功能。

5.3.2.4 允许自动和手动相结合的防杂波干扰功能。

5.3.2.5 对增益及所有防杂波干扰控制功能,应清晰永久地标示其状态和程度。

5.3.3 信号处理

5.3.3.1 应设法增加显示器上的目标图像显示。

5.3.3.2 应有充分的有效图像更新期,等待时间应尽量少以确保符合目标探测要求。

5.3.3.3 图像应以平稳和连续的方式更新。

5.3.3.4 设备手册应解释信号处理的基本概念、特点和局限。

5.3.4 SART 和雷达信标的操作

5.3.4.1 X 波段雷达系统应能在相关频带探测雷达信标。

5.3.4.2 X 波段雷达系统应能探测 SART 和雷达目标放大器。

5.3.4.3 应能关闭信号处理功能,包括极化模式,这样可以防止探测和显示 X 波段雷达信标或 SART。状态应予以标示。

5.4 最小距离

5.4.1 当自身船舶航速为零、天线高度为海平面以上 15 m 且海面平静时,应在距天线位置 40 m 的最短水平距离至 1 n mile 范围内,在不改变距离标度转换开关以外的控制功能的设定情况下探测到表 2 中的导航浮标。

5.4.2 如安装了多根天线,每根所选天线应自动进行距离误差补偿。

5.5 分辨力

应在平静海况、小于等于 1.5 n mile 的距离标度以及所选距离标度 50% 和 100% 之间测量距离和方位的分辨力。

5.5.1 距离

雷达系统应能在间距为 40 m 的相同方位,显示代表 2 个不同物体的 2 点目标。

5.5.2 方位

雷达系统应能在方位间隔 2.5° 的相同距离,显示代表 2 个不同物体的 2 点目标。

5.6 横摇和纵摇

当本船发生至 ±10° 的横摇或纵摇时,设备的目标探测性能不应受到严重损害。

5.7 雷达性能最优化和调谐

5.7.1 应有措施确保雷达系统工作时处于最佳性能状态。如适用于雷达技术,应设有手动调谐,并可设有自动调谐。

5.7.2 无目标时,应有相应指示以确保系统以最佳性能工作。

5.7.3 应自动或手动操作以在设备处于工作状况时确定系统性能的严重下降情况(相对设备安装时校核的标准而言)。

5.8 雷达的可用性

雷达设备应能从冷状态开启后 4 min 以内完全进入运行状态,还应有备用状态,此时无操作雷达传送。雷达应能从备用状态 5 s 以内完全进入运行状态。

5.9 雷达测量——统一共同基准点(CCPR)

5.9.1 距离应从自身船舶(例如距离刻度圈、目标距离和方位、游标、跟踪数据)相对于统一共同基准点(例如指挥位置)测得。应有能补偿安装时天线位置与统一共同基准点间偏差的设备。如果安装了多根天线,应有对每根雷达系统内的天线采用不同位置偏差的规定。当选定了雷达传感器后,偏差就应自动启动。

5.9.2 在适当的距离标尺上应有本船的标度外形。图上应标示统一共同基准点与所选雷达天线位置。

5.9.3 图像居中后,统一共同基准点应位于方位标尺中心。偏心限界应适用于所选天线的位置。

5.9.4 距离测量应以海里(n mile)为单位。此外,在较低距离标尺上可使用米制。所有测得的距离值应清楚明确。

5.9.5 应在直线距离标尺上显示雷达目标,且不应有距离指针的延迟。

5.10 显示距离标尺

5.10.1 应有 0.25 n mile、0.5 n mile、0.75 n mile、1.5 n mile、3 n mile、6 n mile、12 n mile 和 24 n mile 的距离标尺。强制设备外允许附加距离标尺。除强制设备外,还可提供低的米制距离标尺。

5.10.2 选定的距离标尺应永久标示。

5.11 固定距离刻度圈

5.11.1 对选定的距离标尺,应有一些间距相等的距离刻度圈。显示时,应标示距离刻度圈标尺。

5.11.2 固定距离刻度圈的系统精度应为在用距离标尺的最大距离的 1% 之内或 30 m,取其大者。

5.12 活动距标(VRM)

5.12.1 应至少配备 2 个活动距标。每个活动距标应有数字示值读数和与在用的距离标尺兼容的清晰度。

5.12.2 活动距标应能使用户测量在操作显示区内的目标距离,最大系统误差为在用距离标尺的 1% 或 30 m,取其大者。

5.13 方位标尺

5.13.1 在操作显示区周边应有方位标尺。方位标尺应指示从统一共同基准点看到的方位。

5.13.2 方位标尺应在操作显示区之外。应至少每隔 30° 进行刻度标识,且分隔标记至少为 5°。应能清楚区分 5° 和 10° 分隔标记。如能互相区分,也可采用 1° 分隔标记。

5.14 艏向标志线

5.14.1 统一共同基准点至方位刻度的图线应指示艏向。

5.14.2 应采用电子方法调整艏线至 0.1° 内。如果有多根雷达天线(见 5.35),选定雷达天线后,应保存并自动采用艏向倾斜(方位偏差)。

5.14.3　应能临时取消艏向标志线。该功能可与取消其他图示结合使用。

5.15　电子方位线（EBL）

5.15.1　应至少有 2 个电子方位线用于测量操作显示区内任何点目标的方位，显示器周围最大系统误差为 1°。

5.15.2　电子方位线应能进行相对艏向和相对真北向的测量。方位基准（即真或相对）应清晰标明。

5.15.3　应能将电子方位线起点从统一共同基准点移至操作显示区内的任何点，并通过快速简单的操作重新设定电子方位线至统一共同基准点。

5.15.4　应能固定电子方位线起点或以本船的航速移动电子方位线起点。

5.15.5　应有措施确保用户能顺利地在任一方向定位电子方位线，且增量调整足以确保系统测量精度要求。

5.15.6　每个活动的电子方位线应有一个数字示值读数，其清晰度应足以确保系统测量精度要求。

5.16　平行指标线

5.16.1　应至少有 4 根独立的平行指标线，同时能缩短和关闭单线。

5.16.2　应能简单快速设定平行指标线的方位和波束距离。如有要求，应能提供任何所选指标线的方位和波束距离。

5.17　距离和方位偏差测量

应有方法测量相对操作显示区内任何其他位置的显示器上某一位置的距离和方位。

5.18　用户游标

5.18.1　应有用户游标以能快速简洁地标示操作显示区中的位置。

5.18.2　游标位置应有连续的示值读数以表明距离和方位，测至统一共同基准点，和/或交替或同时显示的游标位置的纬度和经度。

5.18.3　游标应能选择和选择断开操作显示区内的目标、图标或物体。此外，游标可用于选择模式、功能，改变参数和控制操作显示区外的菜单。

5.18.4　应能在显示器上易于确定游标位置。

5.18.5　游标提供的距离和方位测量的精度应符合活动距标和电子方位线的相关要求。

5.19　方位角稳定

5.19.1　应通过电罗经或性能不低于本组织通过的相关标准的等效传感器提供艏向信息。

5.19.2　除稳定传感器和传播系统类型的限制，在船舶可能会达到的回转率情况下，雷达显示的方位角调整精度应在 0.5° 内。

5.19.3　艏向信息应以允许船舶罗经系统进行精确调准的数字清晰度显示。

5.19.4　艏向信息应参照统一共同基准点（CCRP）。

5.20　雷达图像显示模式

5.20.1　应设有真运动显示模式。本船的自动复位可根据显示器上的位置或相关时间进行或同时根据两者进行。如选择至少每次扫描或等同情况时进行复位，这应等同于有固定起点的真运动（实际上等同于以前的相对运动模式）。

5.20.2　应设有北向上和航向向上的方向模式。如果显示模式等同于有固定起点的真运动(实际上等同于以前的相对运动艏向上模式),可提供艏线向上。

5.20.3 应设有运动和方向模式指示。

5.21 偏心

5.21.1 应设有手动偏心操作,以将所选天线位置定位在距操作显示区中心至少50%半径在内的任意点。

5.21.2 选择偏心显示时,所选天线位置应能被定位在显示器上直至距操作显示区中心至少50%半径、但不超过75%半径距离的任意点上。

5.21.3 真运动中,所选天线位置应能自动复位(最多50%半径)至一个能确保沿本船航线最大视角的位置。应有对所选天线位置进行早期复位的规定。

5.22 对地和对水稳定模式

5.22.1 应有对地和对水稳定模式。

5.22.2 必须明确显示速度传感器的来源及对应的稳定方式。

5.22.3 本船航速的来源应予以标明,并应由一个符合本组织相关稳定模式要求的传感器提供。

5.23 目标轨迹和先前位置

5.23.1 应提供可变长度(时间)目标轨迹,且有轨迹时间和模式标示。对所有真运动显示模式,应能从复位状态选择真轨迹或相对轨迹。

5.23.2 轨迹应能与目标区分。

5.23.3 在进行了下列操作后,应保留缩小比例的轨迹或先前位置或两者,并应在2次扫描或等同情况内予以显示。

——距离标尺的增缩;

——雷达图像位置的补偿和复位;和

——真轨迹与相对轨迹间的变化。

5.24 目标信息的显示

5.24.1 目标应按本组织通过的船载航行显示器有关航行信息显示的性能标准显示,并使用SN/Circ.243规定的相关符号。

5.24.2 可由雷达目标跟踪功能和自动识别系统(AIS)报告的目标信息提供目标信息。

5.24.3 本标准中还定义了雷达跟踪功能的操作和报告的AIS信息的处理。

5.24.4 表1中规定了与显示器大小相关的显示目标数。当雷达目标跟踪能力或AIS报告目标处理/显示能力即将达到其极限时,应显示相关指示。

5.24.5 操作、显示和标示AIS和雷达跟踪信息的用户界面和数据格式应尽实际可能保持一致。

5.25 目标跟踪(TT)和捕获

5.25.1 概述

雷达目标由雷达传感器(收发设备)提供。信号可由相关杂波控制装置协助进行过滤。雷达目标可采用自动目标跟踪设备手动或自动捕获和跟踪。

5.25.1.1 自动目标跟踪计算应基于雷达目标相对位置和本船运动的测量值。

5.25.1.2 如有其他任何信息源,均可采用以达到最佳跟踪性能。

5.25.1.3 至少应在3 n mile、6 n mile和12 n mile距离标尺上有TT设施。跟踪距离应

扩大到至少 12 n mile。

5.25.1.4　当本船以正常航速航行或高速航行时,雷达系统应能跟踪具有与其等级相应的最大相对航速的目标(见5.3)。

5.25.2　被跟踪目标容量

5.25.2.1　除对 AIS 报告的目标进行处理外,应还能按表1规定跟踪最少数量的雷达跟踪目标并提供全图像显示功能。

5.25.2.2　当目标跟踪容量即将达到极限时,应有指示。雷达系统的性能不应因目标溢出而降低。

5.25.3　捕获

5.25.3.1　应能手动捕获雷达目标,最少的目标数应符合表1中的规定。

5.25.3.2　表1中规定应提供自动捕获。在这种情况下,应向用户提供确定自动捕获区边界的方法。

5.25.4　跟踪

5.25.4.1　当捕获目标时,系统应在 1 min 内显示目标运动的趋势,并在 3 min 内预报目标运动。

5.25.4.2　TT 应能自动跟踪并更新所有被捕获目标的信息。

5.25.4.3　系统应连续跟踪雷达目标,并且在显示器上每 10 次连续扫描中有 5 次(或等效情况)能清楚分清这些雷达目标。

5.25.4.4　TT 的设计应确保目标矢量和数据光顺有效,同时还应尽早探测目标操纵。

5.25.4.5　应通过设计把跟踪偏差(包括目标交换)的概率减至最低。

5.25.4.6　应有能取消一个或全部目标的独立设备。

5.25.4.7　假定本组织相关性能标准允许的传感器误差,当被跟踪目标达到稳定状态时,应达到自动跟踪精度。

5.25.4.7.1　对速度达到最大 30 kn 真航速的船舶,跟踪设备应在 1 min 稳定状态跟踪内显示相对运动趋势,并在 3 min 后显示一个目标的预计运动,且在以下精度值范围内(95%的概率):

表3　被跟踪目标精度(95%概率值)

稳定状态时间(min)	相对航向(°)	相对速度(kn)	CPA(NM)	TCPA(min)	真航向(°)	真航速(kn)
1 min:趋势	11	1.5 或 10%(取大者)	1.0	–	–	–
3 min:运动	3	0.8 或 1%(取大者)	0.3	0.5	5	0.5 或 1%(取大者)

目标捕获、本船操纵、目标操纵或跟踪干扰期间或之后都可能会严重降低精度;同时,精度也取决于本船的运动和传感器精度。

测得的目标距离和方位应在 50 m(或目标距离的±1%)和 2°范围内。

测试标准应有具体的目标模拟试验以证实相对速度至 100 kn 的目标精度。表中的个别精度值可做适当变动以说明本船在所采用的试验场景中目标运动的相对情况。

5.25.4.7.2　对于航速可大于 30 kn 的船舶[一般为高速船(HSC)]以及航速最高达到

70 kn 的船舶,应进行附加稳定状态测量以确保在 3 min 的稳态跟踪后,在目标相对速度最高至 140 kn 时能保持运动精度。

5.25.4.8 应有基于静止跟踪目标的地面参照功能。用于该功能的目标应使用 SN/Circ.243 定义的相关符号进行标注。

5.26 自动识别系统(AIS)报告的目标

5.26.1 概述

AIS 报告的目标可按用户定义的参数进行滤波。目标可以是静止的或被激活的。被激活目标的处理方法与雷达跟踪目标的类似。

5.26.2 AIS 目标容量

除对雷达跟踪要求外,还应能按表 1 的规定显示最少数量的静止和被激活 AIS 目标并提供全图像显示功能。当 AIS 目标的处理/显示容量即将达到极限时,应有指示。

5.26.3 AIS 静止目标的滤波

为减少显示杂波,应有 AIS 静止目标图像的滤波方法,以及滤波状态的指示(例如通过目标距离、CPA/TCPA 或 AIS 目标 A/B 级等)。单独的 AIS 目标应不能从显示器上消除。

5.26.4 AIS 目标的激活

应有激活静止的 AIS 目标和使一个已被激活的 AIS 目标再次不活动的方法。如有自动激活 AIS 目标的区域,它们应与自动雷达目标捕获区一样。此外,当遇到用户定义的参数(例如目标距离、CPA/TCPA 或 AIS 目标 A/B 级)时,静止的 AIS 目标可自动激活。

5.26.5 AIS 显示状况

表 4 AIS 显示状况

功能	应显示的状况		显示
AIS 开/关	AIS 处理打开/图像显示关闭	AIS 处理打开/图像显示打开	图标标识或字母和数字
静止 AIS 目标的滤波	滤波状况	滤波状况	图标标识或字母和数字
目标的激活		激活衡准	图标标识
CPA/TCPA 报警	功能开/关 包括静止目标	功能开/关 包括静止目标	图标标识、字母和数字
失踪目标报警	功能开/关 失踪目标滤波衡准	功能开/关 失踪目标滤波衡准	图标标识、字母和数字
目标关联	功能开/关 关联衡准 缺失目标优先	功能开/关 关联衡准 缺失目标优先	字母和数字

5.27 AIS 图表显示

应按本组织通过的船载航行显示器有关航行信息显示的性能标准和 SN/Circ.243 的规定使用适当符号显示目标。

5.27.1 显示的 AIS 目标应在缺失时显示为静止目标。

5.27.2 应通过预计运动矢量指示跟踪雷达目标或报告的 AIS 目标的航向和航速。矢量时间应能进行调整并对任何目标图像显示都有效而无论其来源。

5.27.3　应永久指示矢量的模式、时间和稳定。

5.27.4　当在同一显示器上对被跟踪雷达和 AIS 符号与其他信息进行调准时,应采用统一共同基准点。

5.27.5　在大比例/低距离显示器上,应能显示一个被激活的 AIS 目标的真比例轮廓。还应能显示被激活目标的先前轨迹。

5.28　AIS 和雷达目标数据

5.28.1　应能选择任何被跟踪雷达或 AIS 目标以用字母数字显示数据。所选的显示字母数字信息的目标应采用相关符号标识。如果选择一个以上目标显示数据,应清晰标明相关符号和对应数据。应清楚标明目标数据系来自雷达或 AIS。

5.28.2　对每个所选被跟踪雷达目标,应以字母数字形式显示下列数据:数据来源、目标实际距离、目标实际方位、相遇最近点(CPA)的预计目标距离、至最近会遇时间(TCPA)、目标真航向和目标真速度。

5.28.3　对每个所选 AIS 目标,应以字母数字形式显示下列数据:数据来源、船舶标识、航行状况、位置(如有)及其质量、距离、方位、COG、SOG、CPA 和 TCPA。还应提供目标艏向和报告的回转率。如有要求,还应另附加目标信息。

5.28.4　如收到的 AIS 信息不完整,则缺失信息应在目标数据域内清楚标明"失踪"。

5.28.5　在选择另一目标显示数据或窗口关闭前,应显示并保持更新数据。

5.28.6　如有要求,应能显示本船的 AIS 数据。

5.29　操作报警

应明确说明所有报警衡准的原因。

5.29.1　如被跟踪或被激活的 AIS 目标的计算 CPA 和 TCPA 值小于设定值,则:

——应发出 CPA/TCPA 报警。

——应清楚标出目标。

5.29.2　预先设定的雷达目标和 AIS 目标适用的 CPA/TCPA 限定值应相同。在缺失情况下,CPA/TCPA 报警功能应适用所有被激活的 AIS 目标。用户要求时,CPA/TCPA 报警功能也可适用于静止目标。

5.29.3　如有用户定义的捕获/激活区设置,先前未捕获/激活目标进入区域或在区域内发现时应使用适当符号清楚标识并发出警报。用户应能设定区域的距离和外形。

5.29.4　如果被跟踪雷达目标失踪,系统应提醒用户,而不是以预先确定的距离或预先设定的参数排除该目标。目标的最后位置应在显示器上清楚标示。

5.29.5　应能开启或关闭 AIS 目标的失踪报警功能。如果关闭失踪目标报警功能,则应有相应指示。

对于失踪的 AIS 目标,如符合下列情况:

——AIS 失踪目标报警功能开启。

——根据失踪目标滤波衡准,目标是重要的。

——在设定时间内没有收到信息,取决于 AIS 目标的标称报告率。

然后:

——最后已知位置应清楚地标示失踪目标并发出报警。

——当再次收到信号或应答报警后,失踪目标显示应消失。

——应能恢复以前报告中有限历史数据。

5.30　AIS 和雷达目标关联

对同一物理目标,基于协调衡准的自动目标关联功能避免显示 2 个目标符号。

5.30.1　若可同时有 AIS 和雷达跟踪目标数据且满足关联衡准(如位置、运动),从而可认为 AIS 和雷达信息为一个物理目标,则缺失情况下,应能自动选择和显示被激活的 AIS 目标符号和 AIS 目标的字母数字数据。

5.30.2　用户应能选择改变缺失情况至显示被跟踪雷达目标,并应允许选择雷达跟踪数据或 AIS 字母数字数据。

5.30.3　对关联目标,如果 AIS 和雷达信息完全不同,AIS 和雷达信息应视为 2 个不同目标,并应显示一个被激活的 AIS 目标和一个被跟踪的雷达目标。不应发出警报。

5.31　试航操纵

系统应能(如表 1 有此要求)模拟在潜在危险情况下本船操纵的预计影响,并应包括本船的动态特点。试航操纵模拟应予以清晰标示。具体要求如下:

——本船航向和航速的模拟应为可变的。

——应进行操纵模拟时间倒计时。

——模拟期间,目标跟踪应继续并应指示实际目标数据。

——试航操纵应适用于所有被跟踪目标以及至少所有被激活的 AIS 目标。

5.32　地图、航线和航路的显示

5.32.1　用户应能手动建立和改变、保存、装载和显示参照本船或地理位置的简单地图/航线/航路。操作员应能通过简单操作取消数据显示。

5.32.2　地图/航线/航路可包括线、符号和基准点。

5.32.3　线的外观、颜色和符号定义于 SN/Circ. 243 中。

5.32.4　地图/航线/航路图不应严重降低雷达信息的质量。

5.32.5　当设备关闭时,应保存地图/航线/航路。

5.32.6　当替换相关设备模块时,地图/航线/航路数据应能予以转移。

5.33　海图的显示

5.33.1　为提供持续和实时位置监控,雷达系统可提供在操作显示区内显示 ENC 和其他矢量海图信息的方法。操作员应能通过简单操作取消海图数据的显示。

5.33.2　ENC 信息应是主要信息来源并应符合 IHO 相关标准。其他信息的状况应采用固定指示标示。应提供来源和最新信息。

5.33.3　作为最低要求,当选择某一类或某一层而不是单个目标时,应可使用 ECDIS 标准显示器的部件。

5.33.4　海图信息应采用与雷达/AIS 相同的参照和坐标衡准,包括数据、标尺、方向、CCRP 和稳定模式。

5.33.5　应优先显示雷达信息。海图信息的显示应使雷达信息不会受到严重的遮蔽、变得模糊或降低等级。海图信息应清晰可见。

5.33.6　海图数据来源的故障不应影响雷达/AIS 系统的操作。

5.33.7　符号和颜色应符合本组织通过的船载航行显示器有关航行信息显示的性能标准

（SN/Circ. 243）。

5.34　报警和指示

报警和指示应符合本组织通过的船载航行显示器有关航行信息显示的性能标准。

5.34.1　"图像静止"时，应向用户提供警示。

5.34.2　如使用中的信号或传感器发生故障时（包括回转仪、测程仪、方位角、视频、同步和艏向标志），应发出报警。系统机能应限制在后备模式，或在某些情况下，应禁止显示器显示（见第9节后备装置）。

5.35　综合多雷达

5.35.1　系统应防止单点系统故障。当发生综合故障时，应采用故障自动防护条件。

5.35.2　雷达信号的来源、处理或组合应予以指示。

5.35.3　应能获得每个显示位置的系统状态。

6　人-机工程学衡准

6.1　操作控制设备

6.1.1　设计应确保雷达系统易于操作。操作控制设备应有协调的用户界面并易于识别和使用。

6.1.2　雷达系统应能在主系统雷达显示器或控制位置打开或关闭。

6.1.3　控制设备功能可以是专门的硬件、存取屏幕或两者的组合；然而主要控制功能应是专门的硬件控制器或软键，且在统一直观位置指示其相关状态。

6.1.4　以下被定义为主要雷达控制功能，这些功能应能便于随时操作：

雷达备用/RUN、距离标尺选择、增益、调谐功能（如适用）、抗雨干扰、抗海浪干扰、AIS功能打开/关闭、报警应答、游标、设置EBL/VRM的方法、显示器亮度和雷达目标捕获。

6.1.5　除主控制器外，还可从遥控操作位置操作主要功能。

6.2　显示图像

6.2.1　显示图像应符合本组织通过的船载航行显示器有关航行信息图像显示的性能标准。

6.2.2　显示的颜色、符号和图表应符合SN/Circ. 243。

6.2.3　显示器尺寸应符合表1的规定。

6.3　须知和文件

6.3.1　文件语言

操作须知和生产商文件的书写应清晰并易于理解，还应至少有英文版本。

6.3.2　操作须知

操作须知应包括适合的解释和/或用户要求的正确操作雷达的信息说明，包括：

——不同气候条件的适当设定；

——监控雷达系统性能；

——在故障或后备情况下的操作；

——显示，跟踪过程和精度的限制，包括延迟；

——采用艏向和SOG/COG信息避碰；

——目标关联限值和条件；

——目标自动激活和取消的选择衡准；

——显示 AIS 目标和限定的方法；

——试航操纵技术原则,包括本船操纵特点的模拟,如有；

——报警和指示；

——7.5 节所列的安装要求；

——雷达距离和方位精度；和

——探测 SART 的特别操作(例如调谐);和

——雷达测量中 CCRP 的作用和其具体值。

6.3.3 生产商文件

6.3.3.1 生产商文件中应描述雷达系统和可能影响探测性能的因素,包括信号处理的等待时间。

6.3.3.2 文件应描述 AIS 滤波衡准和 AIS/雷达目标关联衡准的依据。

6.3.3.3 设备文件应包括安装信息的详细情况,包括对装置位置和可能降低性能或可靠性的因素的附加建议案。

7 设计和安装

7.1 工作设计

7.1.1 只要实际可能,雷达系统的设计应能便于简单故障诊断和最大可用性。

7.1.2 雷达系统应包括一个记录任何部件在使用寿命期间的工作总时间的装置。

7.1.3 文件应描述航线服务要求,并应包括有限使用寿命部件的详细情况。

7.2 显示器

显示器设备的物理要求应满足本组织通过的船载航行显示器有关航行信息图像显示的性能标准(SN/Circ.243)中的规定以及表 1 中的规定。

7.3 发射机静默

设备应有静默装置以禁止雷达能量在预先设定的扇区发射。应有扇区静默状况指示。

7.4 天线

7.4.1 天线应设计成能在安装天线的船舶可能遇到的相对风速下开始工作并连续工作。

7.4.2 组合雷达系统应能为安装天线的船舶提供适当信息更新率。

7.4.3 天线旁瓣应满足本标准定义的系统性能要求。

7.4.4 应有方法防止当工作时或人员在顶桅装置附近时天线转动和发射。

7.5 雷达系统安装

雷达系统安装的要求和指南应纳入生产商文件中。应包括下列主题：

7.5.1 天线

盲区应尽可能少,并不应位于船正前方向至在船正横以后 22.5°的水平弧内,并且特别应避免正前方向(相对方位 000°)。天线的安装应确保雷达系统性能不受严重影响。天线应安装在不会引起信号反射的结构处,包括其他天线和甲板结构或货物。此外,确定天线高度时,还应考虑到在海面杂波情况下与首次探测距离和目标能见度相关的雷达探测性能。

7.5.2 显示器

显示器方向应确保用户向前看,图像观察视图不会变模糊,同时显示器上环境光应尽可能暗。

7.6 操作和培训

7.6.1 设计应确保雷达系统易于由受过培训的用户操作。

7.6.2 应设有用于培训的目标模拟设备。

8 界面

8.1 输入数据

雷达系统应能接收来自下列设备要求的输入信息：

——陀螺罗经或舶向传送装置(THD)；

——航速和距离测量设备(SDME)；

——电子定位系统(EPFS)；

——自动识别系统(AIS)；或

——其他传感器或本组织接受的提供等效信息的网络。

根据经公认的国际标准*,雷达应与性能标准要求的相关传感器相连接。

8.2 输入数据的整合和等待时间

8.2.1 雷达系统不应使用标示为无效的数据。如输入数据为质次的数据,则应清晰注明。

8.2.2 只要实际可能,应在使用前通过与其他相连传感器的比较或通过试验至有效和合理的数据限界,对数据的完整性进行核查。

8.2.3 处理输入数据的等待时间应尽量少。

8.3 输出数据

8.3.1 所有由雷达输出界面至其他系统提供的信息应符合国际标准。

8.3.2 雷达系统应向航行数据记录仪(VDR)提供显著的输出。

8.3.3 应至少有一个常闭触点(独立)用以指示雷达故障。

8.3.4 雷达应有一个双向界面以便于通信,而使雷达报警能传送至外部系统并且能从外部系统减弱雷达的听觉报警。报警应符合相关的国际标准。

9 备份和后备装置

如果出现部分故障,同时为保持最少基本操作,则应提供下列后备装置。对未能提供的输入信息应有固定指示。

9.1 舶向信息故障(方位角稳定)

9.1.1 设备应以非稳定的舶线向上模式正常工作。

9.1.2 在方位稳定失效后的 1 min 内,设备应自动开启至非稳定的舶线向上模式。

9.1.3 如自动抗杂波处理能在非稳定状态阻止探测到目标,则应在方位稳定失效后的 1 min 内自动关闭处理。

9.1.4 应有指示说明只能使用相对方位测量。

9.2 对水航速信息故障

应提供手动速度输入法并清楚标明其使用方法。

9.3 对地航向和航速信息故障

设备操作时,可采用对水航向和航速信息。

9.4 位置输入信息故障

如果只定义和使用一个单个参照目标或手动输入位置,应取消海图数据和地理参照海图的覆盖。

9.5 雷达视频输入信息故障

没有雷达信号时,设备应根据 AIS 数据显示目标信息。不应显示静止的雷达图像。

9.6 AIS 输入信息故障

无 AIS 信号时,设备应显示雷达图像和目标数据库。

9.7 综合或网络系统故障

设备应能等效于独立系统工作。

附录 1 参考资料

IMO《SOLAS 公约》第Ⅳ、Ⅴ和Ⅹ章	船载要求
IMO 决议 A.278(Ⅶ)	航海雷达设备性能标准建议的补充
IMO 决议 A.424(Ⅺ)	陀螺罗经性能标准
IMO 决议 A.477(Ⅻ)	雷达设备性能标准
IMO 决议 A.694(17)	作为全球海上遇险和安全系统组成部分的船载无线电设备和电子助航设备的一般要求
经修正的 IMO 决议 A.817(19)	ECDIS 性能标准
IMO 决议 A.821(19)	高速船陀螺罗经性能标准
IMO 决议 A.824(19)	速度和距离指示装置的性能标准
IMO 决议 MSC.86(70)	INS 性能标准
IMO 决议 MSC.64(67)	新的和经修正的性能标准的建议案[经 MSC.114(73) 修正的附件 2]
IMO 决议 MSC.112(73)	经修订的船载全球定位接收设备的性能标准
IMO 决议 MSC.114(73)	经修订的船载 DGPS 和 DGLONASS 海上无线电信标接收设备性能标准
IMO 决议 MSC.116(73)	船用发送航向装置(THD)的性能标准
IMO MSC/Circ.982	驾驶台设备和布置人-机工程学衡准指南
IHO S-52 附录 2	ECDIS 颜色和符号规定
IEC 62388	雷达测试标准(替代 60782 和 60936 系列测试标准)
IEC 60945	海上导航和无线电通信设备和系统—一般要求—测试方法和要求的测试结果
IEC 61162	海上导航和无线电通信设备和系统—数字接口
IEC 61174	海上导航和无线电通信设备和系统—电子海图显示和信息系统(ECDIS)—操作和性能要求、测试方法和要求的测试结果
IEC 62288	航行信息图像和显示
ISO 9000(全部)	质量管理/保证标准

附录2　定义

被激活的 AIS 目标	一个代表静止目标被自动或手动激活的目标,用以显示附加的图表显示信息。目标通过"被激活的目标"符号显示,包括: ＊ 矢量(COG/SOG); ＊ 艏向;和 ＊ ROT 或旋转方向指示(如有)以指示航向改变
雷达目标的捕获	捕获目标并开始跟踪的过程
AIS 目标的激活	为显示附加图示和字母数字信息而对一个静止 AIS 目标的激活
捕获的雷达目标	自动或手动捕获启动雷达跟踪。当数据达到稳定状况时,显示矢量和先前位置
AIS	自动识别系统
AIS 目标	AIS 信息产生的目标。见被激活目标、失踪目标、被选目标和静止目标
关联目标	如果捕获的雷达目标和 AIS 报告目标有相似的符合联合编码要求的参数(例如位置、航向和航速),则这些目标被认为是同一目标并成为关联目标
捕获/激活区	由操作人员建立的一个区域;进入区域时,系统应自动捕获雷达目标并激活报告的 AIS 目标
CCRP	统一共同基准点系本船上的一个位置,所有水平测量,例如目标距离、方位、相对航向、相对速度、最近会遇点(CPA)或最近会遇时间(TCPA),均参照此位置,一般为驾驶台的指挥位置
CPA/TCPA	最近会遇点/最近会遇时间:到最近会遇点(CPA)以及最近会遇时间(TCPA)。由本船操作人员设定限界
对地航向(COG)	船上测量的、以自真北向的角度单位表示的船舶相对陆地的运动方向
对水航向(CTW)	船舶对水运动的方向,通过穿越船舶的子午线与对水船舶运动方向间的角度定义,以自正北的角度单位表示
危险目标	预计 CPA 和 TCPA 违反操作员设定值的目标。各自的目标以"危险目标"符号标示
显示模式	相对运动:本船位置保持固定且所有目标相对本船移动的一种显示。 真运动:本船以其真运动移动的一种显示
显示方向	北朝上显示:采用陀螺罗经输入(或等效)且北处于图像最上端的方位角稳定显示。 航向向上显示:采用陀螺罗经输入或等效方法且选择时船舶航向位于图像的最上端的方位角稳定显示。 艏向上显示:本船的艏向位于图像最上端的非稳定显示
ECDIS	电子海图显示和信息系统
ECDIS 显示库	不能从 ECDIS 显示器上删除的信息的级别,由所有地理区域和所有情况下在任何时候都要求的信息组成,但并不打算足以用于安全航行
ECDIS 标准显示器	当海图初次显示在 ECDIS 上时应显示的信息级别。用于航线制定或航线监控的信息级别可由航海者按其需求进行修改
ENC	电子航行海图。由政府颁布或由政府授权颁布的在内容、结构和格式方面均按相关 IHO 标准标准化的数据库

续表

EPFS	电子定位系统
ERBL	带指示器的电子方位线,与距离指示器一起用于测量自本船或两个物体之间的距离和方位
大气波导	捕获雷达能量以贴近海面传播的低波导(空气密度的改变)。波导可增强或降低雷达目标探测距离
艏向	艏所指的方向,以与正北的角位移表示
HSC	高速船(HSC),符合《SOLAS 公约》中对高速船定义的船舶
等待时间	实际与显示数据间的延迟
失踪的 AIS 目标	代表 AIS 目标在其数据接收丢失前最后有效方位的目标。该目标以"失踪 AIS 目标"符号显示
失踪的被跟踪目标	由于信号微弱、失踪或被遮蔽而不再收到目标信息。该目标以"失踪的被跟踪雷达目标"符号显示
地图/航线	操作员定义的或制订的航线,用以标示航道、分航计划或航行重要区域的边界
操作显示区	用于图示海图和雷达信息的显示区,不包括用户对话区。在海图显示器上为海图图像显示区。在雷达显示器上为雷达图像区域
先前位置	相同时间间隔的先前位置标示一被跟踪目标或报告目标及本船的位置。先前位置的轨迹可以是相对的或真实的
雷达	(无线电方向和距离)允许确定反射物体和发射装置的距离和方向的无线电系统
雷达信标	通过产生雷达信号标明其位置和身份来应答雷达传送的航标
雷达探测故障报警	雷达故障报警概率表示杂波将穿过探测阈,并将在只有杂波存在时称为一个目标的概率
雷达目标	位置和运动由连续的雷达距离和方位测量确定的任何固定或移动目标
雷达目标增强器	一个电子雷达反射器,其输出功率为所收到的除限幅外未经处理的雷达脉冲的放大形式
参照目标	表示把关联的被跟踪静止目标作为地面稳定速度参照的符号
相对方位	自本船参照位置的目标位置的方向,表示为自本船的艏向的角位移
相对航向	相对于本船方向的目标运动方向(方位)
相对运动	相对航向和相对速度的结合
相对速度	相对本船航速数据的目标速度
回转率	每个时间单位艏向的变化
SART	搜救应答器
SDME	速度和距离测量设备
被选目标	手动选择的用于在独立数据显示区内显示字母数字信息的目标。该目标以"被选目标"符号显示
静止 AIS 目标	指示在特定位置配备了 AIS 的船舶的存在和方向的目标。该目标以"静止目标"符号显示。被激活前不显示附加信息

续表

稳定模式	地面稳定:航速和航向信息系参照地面并采用地面轨迹输入数据或 EPFS 作为参照的显示模式。 海面稳定:航速和航向信息系参照海面并采用回转仪或等效装置和水速记录仪输入数据作为参照的显示模式
标准显示	当海图首次在 ECDIS 上显示时应显示的信息级别。为制定航线或监控航线而提供的信息级别可按航海者需要由其进行修改
标准雷达反射器	安装在海平面以上 3.5 m 且在 X 波段的有效反射面积为 10 m² 的基准反射器
稳定状态跟踪	在稳定运动时开始跟踪一个目标: ——捕获过程完成后,或 ——未操纵目标或本船,或 ——无目标交换或干扰
对地航速(SOG)	船上测量的相对于大地的船速
对水速度	相对于水面的航速
SOLAS	国际海上人命安全公约
被删除区域	操作人员设定的不进行目标捕获的区域
目标交换	被跟踪目标的雷达数据与另一个被跟踪目标或非跟踪雷达回波错误地联系在一起的情况
目标的预计运动	基于雷达上目标距离和方位的先前测量确定的现在运动以线性外推法对目标的未来航向和航速的预测
目标跟踪(TT)	为建立目标运动而观察雷达目标位置变化的计算机程序。该目标为被跟踪目标
轨迹	通过目标雷达回波以余辉形式显示航线。轨迹可为真实的或相对的
试航操纵	图像为导航和避碰目的,通过显示至少所有被捕获或被激活目标的预计未来状况作为本船模拟操纵的结果,协助操作员进行计划操纵的图表模拟设备
真方位	自本船基准位置或其他目标位置的目标方向,以自真北的角位移表示
真航向	相对地面或海面的目标运动方向,以自真北的角位移表示
真运动	真航向和真速度的结合
真速度	相对地面或海面的目标的速度
矢量模式	真矢量:代表目标预计真运动的矢量,显示参照地面的航向和航速。 相对矢量:相对本船运动的目标的预计运动
用户设定的显示	用户为手头特定工作设定的显示器显示图像。图像显示可包括雷达和/或海图信息,以及其他航行或船舶相关数据
用户对话区	显示区域,包括数据域和/或菜单,菜单主要以字母数字形式交互显示,输入或选择操作参数、数据和命令

附录二 "雷达操作与应用"适任评估大纲

《海船船员考试大纲(2022版)》

评估大纲	适用对象	
	无限航区 500总吨及以上 二/三副	沿海航区 500总吨及以上 二/三副
1 雷达基本操作与设置		
1.1 雷达主要控扭操作	√	√
1.2 雷达开关机操作	√	√
1.3 雷达传感器设置与数据核实	√	√
1.4 保持清晰观测目标的雷达操作方法	√	√
1.5 准确测量目标位置的操作方法	√	√
2 雷达观测		
2.1 雷达目标识别	√	√
2.2 雷达定位		
2.2.1 适合雷达定位的目标	√	√
2.2.2 雷达定位方法	√	√
2.2.3 准确测量目标距离和方位	√	√
3 雷达导航		
3.1 平行线导航	√	√
3.2 距离避险线	√	√
3.3 方位避险线	√	√
4 雷达人工标绘		
4.1 转向避让措施	√	√
4.2 变速避让措施	√	√
5 雷达自动标绘		
5.1 目标捕获		
5.1.1 手动捕获在不同航行环境中的应用	√	√
5.1.2 自动捕获设置,目标闯入报警,自动捕获的局限性	√	√
5.2 目标跟踪		
5.2.1 目标被录取后最初的跟踪,目标运动趋势的获取	√	√

续表

评估大纲	适用对象	
	无限航区 500 总吨及以上 二/三副	沿海航区 500 总吨及以上 二/三副
5.2.2 目标稳定跟踪条件,目标预测运动及其数据的获取与解释,危险目标判断与报警	√	√
5.2.3 目标数据精度判断	√	√
5.2.4 目标丢失的各种可能性,目标丢失报警	√	√
5.2.5 目标交换的各种情况	√	√
5.2.6 本船机动和目标机动的影响	√	√
5.2.7 目标跟踪最大距离	√	√
6 AIS 报告目标		
6.1 AIS 目标信息解读	√	√
6.2 雷达跟踪目标与 AIS 报告目标位置不一致时处理原则	√	√
7 试操船		
7.1 试操船启动前的准备和试操船启动时机	√	√
7.2 正确进行试操船操作	√	√

附录三 "雷达操作与应用"适任评估规范

(适用对象:总吨位 500 及以上船舶二/三副)

一、评估目标

通过考生完成雷达开机及准备、雷达定位、雷达导航、雷达避碰、基本人工标绘等评估任务,获取其熟练掌握和运用相应知识和技能的证据,以此评价其是否满足《STCW 公约》及中华人民共和国海事局海船船员适任评估的有关要求。

二、评估任务

考生应完成以下所有评估任务:

(一)雷达开机及准备;

(二)雷达定位;

(三)雷达导航;

(四)雷达避碰;

(五)基本人工标绘。

三、评估标准

详见评估标准表(附件 1)。

四、评估时间

每位考生评估时间不超过 40 min;其中任务(一)至(四)合计 20 min 内完成;任务(五)20 min 内完成。

五、评估记录

详见评估记录表(附件 2)。

六、成绩评定

每位考生共有 15 项评估要素,其中关键要素(以●符号标注)3 项,一般要素(以◎符号表示)12 项,关键要素全部合格,且所有要素通过 60% 及以上(不少于 9 项)的,则本项目合格,否则不合格。

附件1

《雷达操作与应用》（500总吨及以上船舶二/三副）评估标准表

适任要求	评估任务	评估实施	评估要素	评价标准
1.2 保持安全的航行值班（1.2.7 雷达导航）	1. 雷达开机及准备	1. 评估方式：使用模拟器或真机评估。 2. 任务（场景）描述： (1)某船在某海港准备开航，雷达处于关机或待开机状态；现场提供相应质质的纸质海图和作图工具； (2)评估员在每位考生评估前，事先将雷达增益、调谐和杂波抑制等调至最小位置。 3. 操作要求： (1)开启雷达，检查及设置各传感器； (2)调整功能控钮使雷达目标回波清晰饱满，并根据评估员要求设置量程和显示方式； (3)分组方式：独立完成； (4)评估时间：不超过20 min（包含任务1～4）。 4. 获取评估证据的方法：评估员观察考生的操作过程，可根据情况提问	◎1.1 雷达开机	1. 开机前检查雷达天线周围清爽； 2. 开启雷达电源，磁控管自动预热； 3. 开启发射； 4. 设置与核查雷达传感器数据，包括但不限于：全球卫星导航设备（GNSS），航速航程测量装置（SDME），艏向发送装置（THD），船载自动识别终端（AIS）
			●1.2 雷达控钮操作与图像调整	1. 正确使用雷达控钮，包括但不限于：亮度、增益、调谐、海浪杂波抑制、雨雪波抑制和同频干扰抑制； 2. 正确设置量程和显示方式（北向上、艏向向上）； 3. 正确设置运动模式（真运动、相对运动）； 4. 能够使用偏心显示
	2. 雷达定位	1. 评估方式：同任务1。 2. 任务（场景）描述：同任务1。 3. 操作要求：识别雷达回波，选取合适的物标，测量其方位和距离，并根据题卡要求在海图上进行船位定位。 4. 获取评估证据的方法：同任务1	◎2.1 选择合适的雷达物标和定位方法	1. 正确识别可供雷达定位的物标，包括但不限于：孤立小岛、岩石、岬角、突堤、灯塔和雷康等显著目标； 2. 选择合适的雷达定位方法，应考虑的因素包括但不限于：尽可能选择距离多、近距离目且位置线夹角合适的物标；雷达测量精度。
			◎2.2 物标测量	1. 掌握物标距离和方位的测量方法，包括但不限于：活动距离识别圈（VRM）、电子方位线（EBL）或光标； 2. 掌握减少雷达测量误差的方法
			●2.3 在海图上绘画船位线	1. 能够在海图上画出规范的船位线； 2. 雷达船位误差在合理的范围

续表

适任要求	评估任务	评估实施	评估要素	评价标准
1.2 保持安全的航行值班（1.2.7 雷达导航）	3. 雷达导航	3. 操作要求： (1)设置雷达为向北向上显示模式，使用平行线进行导航； (2)选取合适的目标，设置距离避险线	◎3.1 平行线导航	能够在雷达向北向上对地真运动显示模式下： 1. 正确设置平行线和距离圈标识离导航； 2. 正确判断船舶是否偏航
			◎3.2 避险线避险	能够在雷达向北向上对地真运动显示模式下： 1. 正确设置距离避险线或方位避险线； 2. 正确使用避险线判断本船是否存在航行危险
	4. 雷达避碰	1. 评估方式： 同任务1。 2. 任务（场景）描述： 同任务1。 3. 操作要求： (1)检查各传感器，选择合适的量程，运动模式及矢量； (2)根据评估员要求对目标进行手动捕获或自动捕获； (3)获取跟踪目标数据； (4)获取AIS目标信息； (5)AIS目标与雷达跟踪目标关联设置； (6)判断碰撞危险及会遇局面； (7)对指定目标进行航向（或航速）试操；或者利用试操船确定船舶回航时机； (8)说明评估船结果的方法。 4. 获取评估证据的方法： 同任务1	◎4.1 目标跟踪设置	1. 正确设置量程，显示方式和航速来源； 2. 正确设置CPA和TCPA安全界限
			◎4.2 目标捕获	1. 掌握手动捕获的方法； 2. 掌握自动捕获的方法
			◎4.3 目标跟踪	1. 掌握目标跟踪精度及稳定跟踪条件； 2. 能够设置目标的跟踪数据； 3. 了解目标丢失和目标交换可能的原因及应对措施
			◎4.4 使用AIS协助雷达避碰	1. 开启并设置类AIS目标显示功能； 2. 能够识别各类AIS目标，并读取AIS目标相关信息； 3. 正确设置AIS目标与雷达跟踪目标关联
			●4.5 判断碰撞危险及会遇局面	掌握判断目标碰撞危险及会遇局面的方法（包括以下一种或多种方法）： 1. 使用CPA和TCPA判断； 2. 使用方位变化判断； 3. 使用真矢量和相对矢量判断
			◎4.6 试操船操作	1. 能够完成以下其中一项试操船： (1)根据避碰规则，航行环境及本船操纵性能进行航向和（或）航速试操； (2)使用试操船延迟功能确定能恢复原航向和（或）航速的时机； 2. 理解试操船功能的局限性

续表

适任要求	评估任务	评估实施	评估要素	评价标准
1.2 保持安全的航行值班（1.2.7 雷达导航）	5. 基本人工标绘	1. 评估方式：使用雷达标绘纸或在雷达模拟器上进行评估。 2. 任务（场景）描述：给定本船真运动数据和具有碰撞危险的目标船的多组相对运动雷达观测数据。 3. 操作要求： （1）求取目标船的航向、航速、CPA 及 TC-PA，判断碰撞危险； （2）转向或变速避让措施的标绘； （3）求取恢复原航向和航速的时机； （4）分组方式：独立完成； （5）评估时间：不超过 20 min。 4. 获取评估证据的方法： 评估员检查标绘作业情况，并可让考生说明作业过程加以验证	◎5.1 求取目标船运动要素 ◎5.2 采取避让措施	1. 使用标绘工具，观测并标绘目标船的相对运动线； 2. 正确标绘目标船相对运动矢量三角形，求取目标船的航向、航速、CPA 及 TCPA 1. 正确判断碰撞危险及会遇局面； 2. 能够根据避碰规则拟定避让措施； 3. 能够求取恢复原航向和航速的时机

附件 2

《雷达操作与应用》(500 总吨及以上船舶二/三副) 评估记录表

考生姓名			准考证号		考生序号（组号）			
评估任务	题卡编号	评估要素		表现记录	评价结果			评估员签名
1. 雷达开机及准备	◎1.1	雷达开机			□合格	□不合格		
	●1.2	雷达控钮操作与图像调整			□合格	□不合格		
2. 雷达定位	◎2.1	选择合适的雷达物标和定位方法			□合格	□不合格		
	◎2.2	物标测量			□合格	□不合格		
	●2.3	在海图上绘画船位线			□合格	□不合格		
3. 雷达导航	◎3.1	平行线导航			□合格	□不合格		
	◎3.2	避险线避险			□合格	□不合格		
4. 雷达避碰	◎4.1	目标跟踪设置			□合格	□不合格		
	◎4.2	目标捕获			□合格	□不合格		
	◎4.3	目标跟踪			□合格	□不合格		
	◎4.4	使用 AIS 协助雷达避碰			□合格	□不合格		
	●4.5	判断碰撞危险及会遇局面			□合格	□不合格		
	◎4.6	试操船操作			□合格	□不合格		
5. 基本人工标绘	◎5.1	求取目标船运动要素			□合格	□不合格		
	◎5.2	采取避让措施			□合格	□不合格		
			总评结果		□合格	□不合格		

每位考生共有 15 项评估要素，其中关键要素（以●符号标注）3 项，一般要素（以◎符号表示）12 项，关键要素全部合格，且所有要素通过 60% 及以上（不少于 9 项）的，则本项目合格，否则不合格。

附录四　雷达常用词汇英汉对照表

英文	中文
abeam	正横
ACK. = acknowledge	承认,认可
ACQR. = acquire	录取,捕捉
ACQUI. = acquire	录取,捕捉
acquisition	录取,捕捉
actual	实际的
adaptive threshold	自适应门限
aerial	天线
AFC = automatic frequency control	自动频率控制
ahead	向前,前头,船头(首)
AIS AtoN = AIS aid to navigation	AIS 航标
AIS = automatic identification system	自动识别系统
AIS-SART = AIS search and rescue transmitter	AIS 搜救发信器
alarm	报警,告警,警告
align	调整,校准
all cancel	全部清除
amplifier	放大器
AMRD = autonomous marine radio device	自主水上无线电设备
analog	模拟量
anchor watch	锚位监视
antenna	天线
Anti-clutter rain	雨雪干扰抑制
Anti-clutter sea	海浪干扰抑制
ARPA = automatic radar plotting aids	自动雷达标绘仪
aspect	态势角,反舷角
astern	向后,船尾
AtoN = aid to navigation	航标
audio	音频的,声音的
AUTO	自动的

续表

英文	中文
AUTO ACQUIRE	自动录取,自动捕捉
AUTO DRIFT	自动偏移修正
AUTO FTC	自动雨雪干扰抑制
AUTO STC	自动海浪干扰抑制
azimuth	方位,方位角
back track	尾迹,航迹
bad echo	坏回波,不良回波
barrier	阻挡线,障碍线
BCR＝bow crossing range	过艉距离
BCT＝bow crossing time	过船首时间
bearing	方位
BITE＝built in test equipment	内装测试设备
Blanking	消隐
BNWAS＝bridge navigational watch alarm system	驾驶台航行值班报警系统
bottom-lock	海底基准
boundary	边界,界线
BRG＝bearing	方位
BRILL：brilliance	亮度,辉度
bug	可移标,可移距离标志
buzzer	蜂鸣器
cable	电缆,链(＝1/10 n mile)
CAL＝calibrator	固定距标
calibrate touch	校准触摸键位置
cancel	消除,清除,取消
carry	携带
CCRP＝consistence common reference point	统一公共基准点
CD＝Centre Display	中心显示
cease tracking	取消跟踪,停止跟踪
CFAR＝constant false alarm rate	恒虚警率
chart	海图
CIR POLAR＝circ polarization	圆极化

续表

英文	中文
circle	圆,圆圈
circle marker	圆标志
circle own ship	圆标志在本船
CLR.＝clear	消除,清除
CMR＝civil marine radar	民用航海雷达
coast	滑行,海岸
COG＝course over ground	对地航向
collision	碰撞
collision avoidance	避碰,避让
collision point	碰撞点
collision warning	碰撞告警,碰撞警报
compass	罗经,陀螺罗经
compass Repeat	罗经复示器
computer	计算机
CONT＝continue	继续,延伸
contrast	对比度
control	控制,控钮
correction	修正
course	航向
CPA＝closest point of approach	最近会遇点,最近会遇距离
criterion	准则,判据,规范
CRS＝CSE＝course	航向
CRT＝cathode ray tube	阴极射线管,显像管
CTW＝course through water	对水航向
C-up＝course up	航向向上
cursor	方位标尺,方位刻度盘 固定方位盘,光标,游标
DA＝data area	数据区
dangerous	危险的
data	数据
data processor	数据处理器
dB＝decibel	分贝

续表

英文	中文
DCPA = distance to closest point of approach	最近会遇距离
decrease	减少
defruiter	同频干扰抑制器
degree	度(数)
delay	延时,延迟
delay line	延时线
delay time	延时时间
delete	清除,消除,删去
DESG. = designate	指定
DGNSS = differential globe navigation satellite system	差分全球导航卫星系统
DGPS = differential GPS = differential global position system	差分 GPS,差分全球定位系统
diagnostic program	诊断程序
dial	刻度
digital	数字的
dim	照明
dimmer	照明,调光器
direction	方向
display	显示,显示器
distance	距离
DNGR. = danger	危险
DR CHART	推算海图
DR = dead reckoning	推算船位
DRAM = dynamical random access memory	动态随机存取存储器
drift	漂移,偏移,潮流,流速
drop	落下,丢失,消除,放弃
EBL free	电子方位线自由(移动)
EBL fixed	电子方位线固定
EBL = electronic bearing line	电子方位线
EBM = electronic bearing marker	电子方位标志
ECDIS = electronic cart display and information system	电子海图显示与信息系统

续表

英文	中文
echo enhance	回波增强，回波展宽
echo reference	回波参考
edit	编辑
ENC=electronic navigation chart	电子航海图
encounter	交会，会遇，遭遇
enter	输入，置入
entry	输入，送入
EPFS=electronic position fixing system	电子定位系统
EPIRB=emergency position indicating radio beacon	应急无线电示位标
erase	消除，清除，删去
ERBL=electronic range bearing line	电子游标（电子距离方位线）
error	错误，误差
ETA=estimated time of arrival	预计到达时间
exclusion	排除，限制，把……除外
exclusion area	限制区，排除区
exit	退出
fade，fading	衰落，闪烁
failed	失效
failure	故障，损坏
fairway	航道
fault	故障
fixed	固定的
flash	闪亮
focus	聚焦
FTC=fast time constant	快时间常数
FTE=false target eliminate	假回波抑制
function	功能
gain	增益
GHz=gigahertz	千兆赫兹
glint	回波闪烁，回波起伏
GNSS=globe navigation satellite system	全球导航卫星系统

续表

英文	中文
GPS = global positioning system	(美国)全球定位系统
ground position	对地位置
guard	警戒
guard ring	警戒圈
guard zone	警戒区
GUI = graphical user interface	图形用户界面
Gyro	陀螺,陀螺仪
Gyro compass	陀螺罗经
Gyro STAB	罗经稳定
H. M. = heading marker	船首标志
H' LINE = H. L = heading line	艏线
harbour = harbor	港口,港湾
HDG SET	航向设置
HDG = heading	艏线,艏线,船首
history	历史,历程,航迹
HOR = horizontal	水平的
HSC = high-speed craft	高速船
H-up = head up	艏向上,首向上
IF = intermediate frequency	中频
IAMSAR Manual = international aeronautical and maritime search and rescue manual	国际航空和海上搜寻救助手册
identify	识别,辨认
IEC = international electrotechnical commission	国际电工委员会
illumination	照明
IMO = international maritime organization	国际海事组织
increase	增加,增大
index	标志线
information	信息,数据,资料
inner	内部的
input	输入
INS = integrated navigation system	综合导航系统
inshore traffic zone	沿岸航行区

续表

英文	中文
instead of	替代
integrity	可靠性,完整性
intensity	亮度,强度
interpretation	解释,判断
inter-switching unit	互换装置
interval	间隔
INTF REJECT	干扰抑制,干扰去除
INTF = interference	干扰
INTRSW = inter switch	互换开关
intruder	入侵者,闯入者
invalid command	无效指令
invalid order	无效指令
inverter	逆变器
IR = interference rejection	同频干扰抑制
Joystick	操纵杆
KEYBRD = keyboard	键盘
KT = knot = kn	节
KTS = knots	节
LAT = latitude	纬度
LCD = liquid crystal display	液晶显示器
LED = light emitting diode	发光二极管
length	长度
level	电平,强度
LIN/LOG	线性/对数中放转换
line	航线,线
lively	较大的,鲜明的
LMT = limit	极限,限制
LOG	计程仪
Log select	计程仪选择
LON = longitude	经度
lost	丢失

续表

英文	中文
LP = long pulse	宽脉冲
magnetron	磁控管
malfunction	故障
manoeuvre = maneuver	操纵,机动
manual	人工的,手册,说明书
map	地图
map align	地图校准
MAX. = maximum	最大值,极大值
menu	菜单
message	信息,消息
MFD = multi-functional display	多功能显示器
MIN = minimum	最小值,极小值
MIN = minute	分(钟)
miss	丢失
Mixer	混频器
MMSI = maritime mobile service identify	水上移动通信业务标识码
MNL. = manual	人工的
MOB = man over board	人员落水
mode	模式,方式
MODIF = modification	变更,修改
module	模块,指令组
monitor	监视器
motion	运动
MP = medium pulse	中脉冲
MSC = (IMO) maritime safety committee	(IMO)海上安全委员会
NAV. = navigation	导航,航行,航海
NAV. LINE	导航线,航线
negligible	可忽略不计的,微不足道的
NM = n mile = nautical mile	海里
NMEA = national marine electronics association (USA)	美国国家海洋电子协会
north	北,真北

续表

英文	中文
N-up＝north up	北向上,真北向上
off center	偏心
only	仅,只
OOW＝officer of the watch	值班驾驶员
option	选购件
orientation	定向,取向
origin	原点
overload	过荷,过载
own ship	本船
PAD＝predicted area of danger	预测危险区
panel	面板
PCP＝potential collision point	潜在碰撞点
PI＝parallel index line	平行指示线
pick up	采集,测出,接收到
picture	图像
picture shift	图像偏移
PIP＝possible intercept point	可能截获点(即 PCP)
Pitch	纵摇
pixel	像素
plotter	标绘器,作图器
PM＝performance monitor	性能监视器
polarization	极化,偏振
port	左舷,港口
POSN＝position	位置
power	电源,功率
power boost	功率提升
power supply	电源
PPC＝possible point of collision＝predicted point of collision	可能碰撞点
PPI＝plan position indicator	平面位置显示器
presentation	显示,表示,显示方式
PRF＝pulse repetition frequency	脉冲重复频率

续表

英文	中文
printer	打印机
process video	视频处理
processor	处理机,处理器
PSC = port state control	港口国监督
pulse width	脉冲宽度
quantization	量化,分层
r/min = revolution/minute	转/分钟
racon = radar beacon	雷康,雷达应答标
radar AtoN = radar aid to navigation	雷达航标
Radar off/on	雷达关/开
radar reflector	雷达反射器
radar selector	雷达选择器
ramark = radar mark	雷达方位信标
random	随机的,偶然的
range	距离,量程
raster scan	光栅扫描
raw video	原始视频
readout	读出,读数
recall	重读
receiver	接收机
recovery	重新开始,恢复
reduced	减小的
reference	参考的,基准的
reflector	反射器
REL = relative	相对的
release	释放,清除
repeat	重复
repeater	(罗经)复示器
request	要求,请求
reset	复位,重调
RIC = radar interence cancel	同频雷达干扰抑制

续表

英文	中文
ring	环,圈
risk	危险
RM＝relative motion	相对运动
RNG＝range	距离,量程
roll	横摇
roll ball	跟踪球,滚球
ROT＝rate of turn	旋回速率
route map	航线图
route plan	航线计划
RPM＝revolutions per minute	转/分钟
RR＝range rings	固定距标圈
RT＝real time	实时
RTE＝radar target enhancer	雷达目标增强器
rule	规则,法则
RV＝relative vector	相对矢量
SART＝search and rescue transponder	搜救应答器
scale	刻度,度盘
scanner	天线
SCP＝solve correlation processing	解相关处理
SDME＝speed and distence measurement equipment	船舶航速和航程测量设备
SDS＝self-diagnosis system	自诊断系统
sector	扇形区
select	选择
self check	自检
self test	自检
SENC＝system electronic navigation chart	系统电子海图
sensitivity	灵敏度
set	设置,流向
silence	消音
simulation	模拟,试验
SOG＝speed over ground	对地速度

续表

英文	中文
SOLAS = international convention for safety of life at sea	国际海上人命安全公约
solid line	实线
SP = short pulse	窄脉冲
SPD = speed	速度
speaker	喇叭,扬声器
stabilize	稳定
stand-by	预备
starboard	右舷
start	开始,起始,开端
status change	状态变化,状态改变
STB LMT = star board limit	右舷限制
STBY = stand by	预备,准备
STC = sensitivity-time control	灵敏度时间控制,海浪干扰抑制
STCW = international convention on standards of training, certification and watchkeeping for seafarers	海员培训、发证和值班标准国际公约
stern mark	船尾标志
stop	终止,中止,停止
store	存贮
strategy	方案,策略
stretch	(脉冲)展宽,加宽
STW = speed through water	对水速度
suppression	抑制,限制
suppression area	抑制区
suppression line(ring)	限制线(圈)
suspect	可疑,不可信
swap	交换,调动
symbol	符号
system	系统
T/R cell	收发开关
T/R monitor	收发监视器
Target Detect	目标检测

续表

英文	中文
target swap	目标交换
target threat	存在碰撞危险目标
TB = true bearing	真方位
TCPA = time to CPA	到达最近会遇点的时间
tell-back	回复
test	试验,测试
test program	测试程序
test target	测试目标,试验目标
TGT = target	目标
THD = transmitting heading device	发送艏向装置
threat	威胁,危险
threshold	门限,阈值
time delay	延时,时间延迟
timer	定时器
TM = true motion	真运动
touch screen	触摸屏
track change	航迹变化
track full	跟踪满额
trackball	跟踪球
trail	航迹,轨迹
transmitter	发射机
trial	试操船,模拟操船
trial maneuver = manoeuvre	试操船,模拟操船
trigger	触发,触发电路
TRK = track	跟踪
true marker	真标志
true vector	真矢量
TT = target tracking	目标跟踪
tune	调谐
tuning	调谐
TV = true vector	真矢量

续表

英文	中文
unstab＝unstabilize	不稳定
UTC＝coordinated universal time	协调世界时
value	数值
VDA＝variable data area	可变数据区
VDR＝voyage data recorder	航行数据记录仪
VDU＝visual display unit	字符显示器
vector	矢量
vector length	矢量长度
vector time	矢量时间
VERT＝vertical	垂直的
VHF＝very high frequency	甚高频
video	视频
video detector	视频检波器
video expander	视频扩展
video pre-amplifier	前置视放
violation	违反,扰乱
volume	音量,响度
VRM＝variable range marker	可移距标,活动距标
VTS＝vessel traffic service	船舶交通服务系统
water based input	对水基准输入
WGS-84＝world geodetic system 1984	世界大地坐标系 1984
window	窗,跟踪窗
wrong	错误
x-axis	x 轴,横坐标轴
X-band	X 波段
yard	码
yaw	偏荡
zone	区域

参考文献

［1］缪德刚. 航海雷达. 大连：大连海运学院出版社，1990.

［2］刘文勇. 航海仪器. 大连：大连海运学院出版社，1993.

［3］王世远. 航海雷达与 ARPA. 大连：大连海事大学出版社，1998.

［4］吴兆麟，王清煜. 自动雷达标绘仪（ARPA）. 北京：人民交通出版社，1989.

［5］刘德新. 航海学. 大连：大连海事大学出版社，2008.

［6］中国海事服务中心. 海船船员适任证书知识更新. 北京：人民交通出版社，2012.

［7］刘彤. 航海仪器（下册：船舶导航雷达）. 大连：大连海事大学出版社，2013.

［8］赵学军，刘永利. 雷达操作与应用. 大连：大连海事大学出版社，2015.

［9］IMO. Model course 1. 07 radar navigation at operational level. London：Albert Embankment，2016.

［10］应士君. 航海雷达. 上海：上海交通大学出版社，2017.

［11］陈宇里. 航海仪器. 上海：上海浦江教育出版社，2012.

［12］刘彤. 航海仪器（下册：船舶导航雷达）. 3 版. 大连：大连海事大学出版社，2023.